鄱阳湖水文情势变化研究

张 奇等 著

科 学 出 版 社

北 京

内 容 简 介

受气候变化，特别是人类活动的强烈影响，长江中游通江湖泊鄱阳湖水文情势近 10 多年来发生了巨大的变化。本书就鄱阳湖及其流域的基本属性和 2000 年以来新的水情问题进行阐述（第 1 章和第 2 章）；基于地面站点长序列气象水文观测数据，对鄱阳湖及其流域气象水文要素的变化特征进行分析（第 3 章和第 4 章）；发展了鄱阳湖及其流域的水文水动力模拟方法（第 5 章），并运用模型对湖泊干旱和洪水等极端水文事件的成因进行解析（第 6 章和第 7 章）；本书还就湿地植被分布及水文变化对湿地植被水分利用的影响进行了模拟研究（第 8 章和第 9 章）；运用气候水文模型，预估未来气候变化影响下流域产水的变化及湖泊水量的可能变化态势（第 10 章）；本书的第 11 章是对全书的总结和进一步研究的展望。

本书内容涉及气候学、水文学、湖泊水动力学、湿地生态水文学等，可作为高等院校本科生、研究生和科研人员的参考书目使用。

审图号：赣 S（2018）056 号

图书在版编目（CIP）数据

鄱阳湖水文情势变化研究 / 张奇等著. —北京：科学出版社，2018.6

ISBN 978-7-03-057957-7

Ⅰ. ①鄱… Ⅱ. ①张… Ⅲ. ①鄱阳湖-水文情势-研究 Ⅳ. ①P344.256

中国版本图书馆 CIP 数据核字（2018）第 131408 号

责任编辑：王腾飞 沈 旭 冯 钊 / 责任校对：杨聪敏
责任印制：张克忠 / 封面设计：许 瑞

科学出版社出版
北京东黄城根北街 16 号
邮政编码：100717
http：//www.sciencep.com
三河市春园印刷有限公司印刷
科学出版社发行 各地新华书店经销
*
2018 年 6 月第 一 版 开本：787×1092 1/16
2018 年 6 月第一次印刷 印张：13
字数：309 000

定价：128.00 元

（如有印装质量问题，我社负责调换）

序

长江中下游是我国最发达的地区之一，人口密度大，城镇化程度高。社会经济的快速发展使河湖水资源的开发强度日益增大，同时，伴随着水质下降和水生态恶化等问题的产生，严重制约了区域的可持续发展。鄱阳湖是长江中游的淡水湖泊，至今仍保持着与长江的自然连通，是为数不多的典型的通江湖泊之一，在调节长江洪水、维持长江中下游水资源供水等方面具有不可替代的作用。鄱阳湖湿地面积巨大，是候鸟等珍稀动物的重要栖息地，已被列入了国际重要湿地名录。鄱阳湖的湖泊水域和洲滩湿地共同组成了鄱阳湖独特的湖泊湿地生态系统，在湿润区具有典型性。因此，鄱阳湖是中国生态系统研究网络的代表性生态系统，也是“国际地圈生物圈计划”和全球生命湖泊研究网络的重要研究区。受气候变化和人类活动的影响，鄱阳湖的水文情势正发生着巨大的变化。尤其是 2000 年以来，受流域和湖区强人类活动的干扰和长江上游大型水利工程（如三峡水利工程）的影响，鄱阳湖与流域和长江的水文关系发生了改变，引起鄱阳湖水量平衡关系的变化，表现为湖泊枯水期水位持续偏低、枯水期提前、汛后水位消退加速等干旱化现象，给湖区生产生活带来了巨大的挑战。同时，鄱阳湖洪水频发，严重威胁湖区人民的生命和财产安全。21 世纪以来鄱阳湖水情的巨大变化及其引发的一系列生态和环境问题引起了政府、学术界和民众的高度重视和普遍关注。因此，迫切需要认识鄱阳湖水情变化的影响因子、驱动机制及未来发展趋势，以便采取合理的调控措施，来减缓气候变化带来的影响，科学管理湖泊资源的人为开发，维护鄱阳湖水量和水生态安全，保障区域社会经济的发展。

国家科学技术部于 2012 年启动了国家重点基础研究发展计划（973 计划）“长江中游通江湖泊江湖关系演变及环境生态效应与调控”（项目编号：2012CB417000）。该项目以长江中游及洞庭湖和鄱阳湖为研究区，重点就江湖关系的历史演变、江湖关系变化对两湖水文情势、水环境和水生态的影响、江湖关系的优化调控等方面开展研究。项目由中国科学院南京地理与湖泊研究所主持，分六个课题实施，于 2016 年结题。《鄱阳湖水文情势变化研究》一书的内容来源于由中国科学院南京地理与湖泊研究所张奇研究员主持的第三课题“江湖水情与极端水文事件对江湖关系变化的响应”（课题编号：2012CB417003）的相关研究成果。该书重点总结归纳了鄱阳湖干旱和洪水等极端水文事件对江湖关系变化的响应等核心研究成果。围绕鄱阳湖水文水动力过程和湖泊水量平衡关系，就流域气候水文过程、长江径流过程、湖盆变化等对鄱阳湖水情的影响机制开展了深入的研究，重点阐明了 2000 年以来鄱阳湖水情变化的驱动机制，辨析了不同时间尺度上的主控因子，解释了鄱阳湖极端水文事件的成因，评估了三峡工程运行、湖区人类活动、流域气候变化等的影响程度，对客观认识鄱阳湖干旱和洪水发生机制均具有重要的参考价值。该书还就鄱阳湖湿地植物时空演变与水文的关系及鄱阳湖水情变化对湿地水分循环的可能影响进行了阐述，揭示了鄱阳湖洲滩湿地地下水埋深对植物耗水的影响，对认识湿润区地下水与湿地植物的相互作用机制具有重要的价值。针对未来气候变化的影响，模拟预测了鄱阳湖水量的可能变化趋势，为湖泊水资源的合理开发和长江-湖泊-流域的综合管理提供了重要依据。该书重点归纳了数学模型的研发及应用，主要包括流域地表径流-地下水耦合的分布式水文模型、湖泊水动力模型和湿地生态水文模型，涵盖了鄱阳湖流域-湿地-湖泊系统的水文与水动力过程。这些模型的研发及其联合使用发展了大型通江洪泛型湖泊的生态水文和水动力耦合模拟方法，为其他类似河湖水系统的模拟提供了重要借鉴。

鄱阳湖由于其重要地位及其河-湖-江复杂多变的水文连通性，长期以来一直是学术界的研究热点。论文计量分析显示，自 2000 年以来，以鄱阳湖为主题的 SCI 研究论文每年的发文量呈逐年上升的趋势，特别是 2010～2016 年每年以 45%的增长率递增，显示了其持续增长的热度。该书以鄱阳湖水文为主题对最新的研究成果进行了系统的总结，反映了近期关注的热点问题，是对已有文献的重要补充。书中翔实的数据、综合的研究方法和主要结论为后续研究提供了重要基础。

中国科学院南京地理与湖泊研究所依据中国科学院“一三五”战略部署，将长江中游河湖水系及流域作为长期的研究基地。近年来，依托中国生态系统研究网络鄱阳湖湖泊湿地观测研究站和中国科学院流域地理学重点实验室等平台，取得了丰硕的成果。该书的出版对丰富相关研究积累、进一步推动流域地理学研究具有积极的作用。希望该书对长期关注长江中游湖泊研究的读者有所帮助。

杨桂山

2017 年 12 月 15 日

前　言

鄱阳湖位于长江中游，是我国第一大淡水湖泊。汛期湖泊面积为3000km^2，蓄水量可达149.6亿m^3，水质优良，是我国宝贵的淡水资源。在鄱阳湖枯水期，随着水位的下降，湖泊面积缩小为不足1000km^2，形似河流。湖泊水面积的季节性变化形成了大面积的洲滩湿地，这些洲滩湿地受洪水水位上涨淹没和水位消退出露这一自然节律的作用，孕育了丰富的湿地植物，也是众多珍稀动物的栖息地。鄱阳湖生态系统由水域和洲滩湿地组成，两者相互作用、相互依存，生态系统完整而独特，是一个具有全球意义的生态宝库，已被列入了国际重要湿地名录。鄱阳湖至今仍保持着与长江的自然连通，在长江中下游洪泛平原湖群中具有典型性和代表性。

鄱阳湖来水主要是流域径流和湖面直接降水，而水面蒸发、湿地植物耗水和向长江排泄则是其主要的水量损失途径。鄱阳湖流域面积巨大，由赣江、抚河、信江、饶河和修水五个子流域组成，面积为16.2万km^2。流域海拔空间变化大，范围由山区的2200m变化到湖区的30m。流域城镇化程度不高，森林和灌木面积占流域总面积71%，农作物种植面积占25%，其余少量为草地、城市和水体。鄱阳湖流域为亚热带气候，降水量丰沛，多年平均年降水量为1654mm，其中55%的降雨发生在3～6月。年均潜在蒸散发量为1049mm，其中5～9月为蒸散发量最大的季节。

自2000年以来，鄱阳湖水文情势发生了显著变化。长序列多年平均观测数据显示，2000～2010年湖泊水位总体低于1953～2010年的平均值，其中10月、11月下降最为明显。而1990～2000年由于受洪水影响，湖泊水位总体高于多年平均值，其中7月和8月最为明显。2000年后湖泊趋于干旱的特征对湖泊用水和水环境水生态带来了一定的影响。同时，鄱阳湖湖区仍然洪水多发，可谓洪旱并存。受气候变化和人类活动的影响，洪旱等极端水文事件越加频发，且两极分异趋势越发严重。鄱阳湖水情的变化，尤其是2000年的趋枯特征以及由此引发的水环境水生态恶化现象，引起了公众、政府和学术界的关注和重视。国家科学技术部于2012年立项启动的国家重点基础研究发展计划（973计划）"长江中游通江湖泊江湖关系演变及环境生态效应与调控"（项目编号：2012CB417000），以长江中游及洞庭湖和鄱阳湖为研究区，重点研究江湖关系的演变、江湖关系变化对两湖水文情势、水环境和水生态的影响机理、江湖关系的优化调控等。项目分六个课题实施，于2016年结题。本书的内容主要依据中国科学院南京地理与湖泊研究所张奇研究员主持的第三课题"江湖水情与极端水文事件对江湖关系变化的响应"（课题编号：2012CB417003）的相关研究成果。本书的部分内容还来自于国家自然科学基金项目"季节性受淹湖泊洲滩湿地水文与植物相互作用机制研究"（项目编号：41371062）和江西省重大生态安全问题监控协同创新专项研发"鄱阳湖湖泊流域水文过程与湖泊水量变化的模拟研究"（专项任务编号：JXS-EW-10）的相关研究成果。本书的主要内容包括鄱阳湖流域气象水文要素的时空演变、鄱阳湖低枯水位演变及发生机制、鄱阳湖洪水演变及发生机制、鄱阳湖湿地植物空间分布及其与水文要素的关系及鄱阳湖水情未来变化趋势预测等。全书尽可能系统地反映目前关注的关于鄱阳湖水文的热点问题，并提出明确的结论。本书发展了湖泊与流域的水文水动力联合模拟方法，体现了统计计算、遥感反演、模型模拟的有机结合，对相关大湖流域的研究具有重要的参考价值。本书成果得到中国科学院流域地理学重点实验室和中国科学院鄱阳湖湖泊湿地观测研究站的支持；得到了挪威奥斯陆大学许崇育院士、南京大学许有鹏教授、河海大学李致家教授和陈喜教授、中国科学院南京地理与湖泊研究所杨桂山研究员和王苏民研究员等众多同事、同行的指导。在此，一并表示衷心感谢。

本书由序、前言和十一个章节组成。前言由张奇撰写；第 1 章由张奇、李相虎、李云良撰写；第 2 章由谭志强、许秀丽、张小琳撰写；第 3 章由张丹、叶许春撰写；第 4 章由李梦凡、李云良撰写；第 5 章由李云良、姚静撰写；第 6 章由姚静、张奇、郭华撰写；第 7 章由李相虎、叶许春撰写；第 8 章由谭志强撰写；第 9 章由许秀丽、林欢撰写；第 10 章由李云良撰写；第 11 章由姜三元、张丹、张奇撰写；张奇负责全书的构思和最终审核。

希望本书对长期从事鄱阳湖研究的同行有所借鉴。需要指出的是，本书只限于张奇课题组的研究，内容的疏漏和不足之处，恳请读者指正。

张　奇

2017 年 12 月 15 日

目　录

第1章 绪　论

1.1 鄱阳湖水问题

长江是中国第一大河，世界第三大河。它不仅是中华文明的发源地之一，也是当代中国经济社会发展的重要命脉。长江干流自西而东横贯中国中部，数百条支流辐辏南北，流域面积达180万km^2，约占中国陆地总面积的19%，加之备受世界瞩目的三峡水库的建设与运行，使长江流域水问题受到了全世界的高度关注。而长江中下游地区水系特别发育，支流众多，河网发达，河湖关系典型且复杂（《中国河湖大典》编纂委员会，2010）。同时，该地区湖泊密布，湖泊总面积可达15200km^2，约占全国湖泊总面积的1/5。历史上这些湖泊均与长江自然连通，形成了自然的江、河、湖复合生态系统（杨桂山等，2009，2011）。我国最大的两个淡水湖泊鄱阳湖和洞庭湖即位于此，至今仍保持着与长江自然相通的状态（图1-1）。

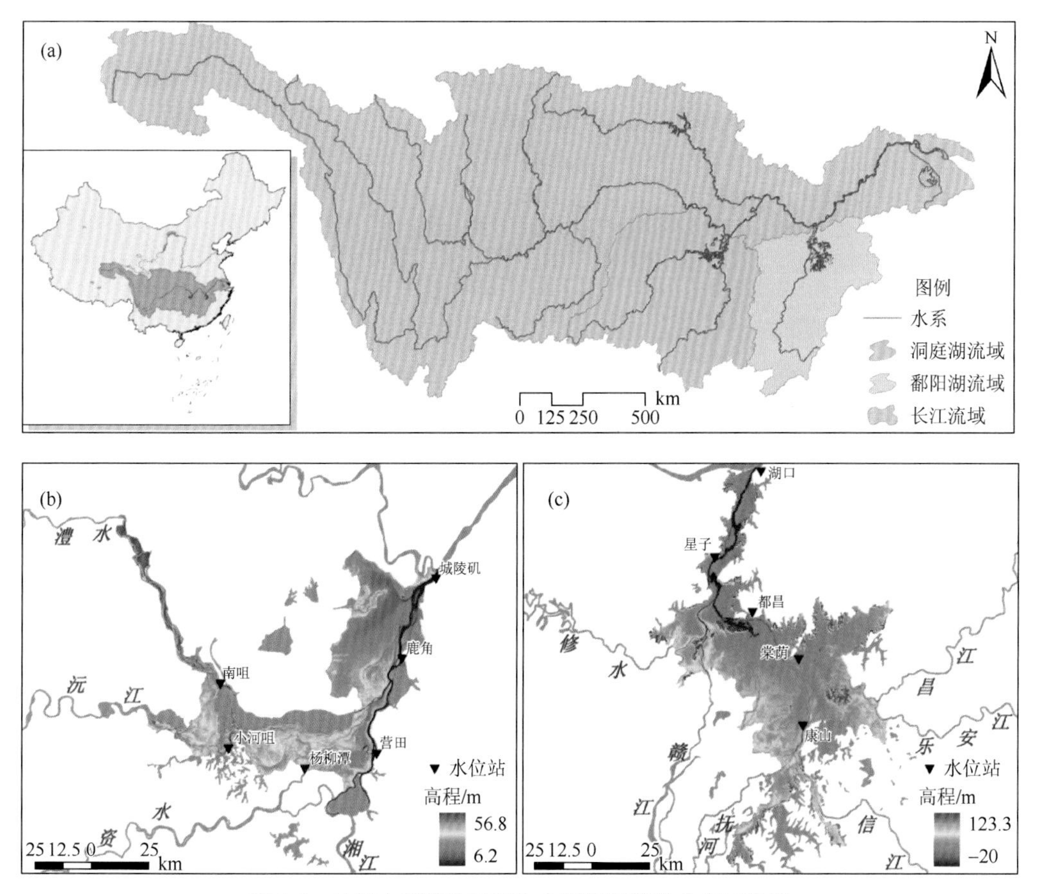

图1-1　长江中下游地区两个大型通江湖泊分布示意图

鄱阳湖是我国第一大淡水湖泊，它承纳赣江、抚河、信江、饶河、修水（简称流域“五河”）及环湖区间来水，经湖盆调蓄后由湖口北注长江，形成了完整的鄱阳湖水系（图 1-2）。鄱阳湖流域面积为 16.2 万 km^2，约占长江流域总面积的 9%，年均径流量是长江流域年均径流量的 16.3%，每年注入长江的水量超过黄河、海河、淮河的径流总量，承担着保障长江中下游水安全和生态安全的重要使命（胡振鹏，2009；郭华等，2012）。鄱阳湖是一个季节性吞吐型湖泊，其水情变化受流域“五河”与长江的双重影响，水位年内变幅巨大，为 9.79～15.36m，而年际间差异更大，最高水位和最低水位差可达 16.68m（崔奕波和李钟杰，2005；揭二龙等，2007）。水位的这种巨大变幅，形成了鄱阳湖“洪水一片，枯水一线”的独特景观（朱海虹和张本，1997）。

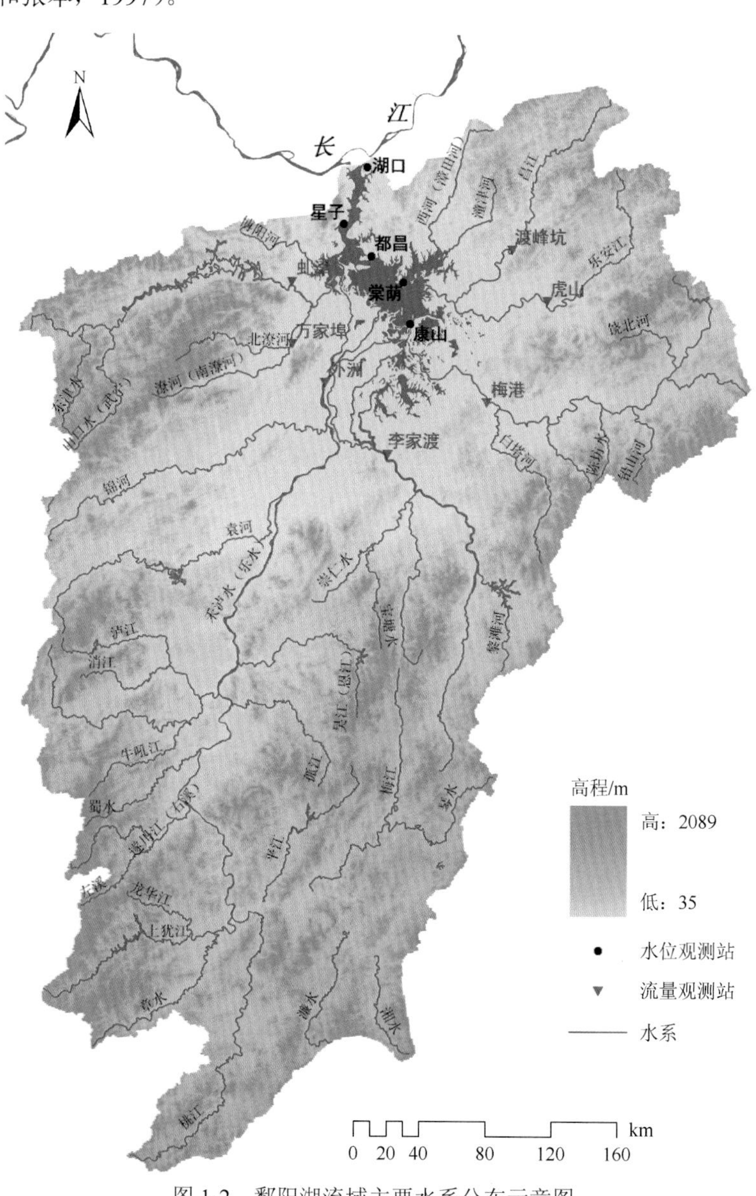

图 1-2　鄱阳湖流域主要水系分布示意图

20世纪80年代以来，鄱阳湖流域社会经济快速发展，大型水利工程建设不断推进，改变了流域的下垫面特性以及鄱阳湖与周围水系的水量交换关系。加之全球升温引起的气候反常，进一步加剧了鄱阳湖流域水量平衡关系的变化（Zhang et al.，2012），使鄱阳湖的极端水情频繁出现，洪旱灾害频发，严重危及湖区人民的生命财产安全，制约着湖区社会经济的发展（闵骞，2002）。据资料统计，1983年鄱阳湖洪水湖口水位达21.71m，超过了1954年特大洪水时的21.68m，滨湖地区108座圩堤溃决，427km^{2}农田被淹没。而至90年代，鄱阳湖洪水发生的频率和强度更是显著增加，大的洪涝灾害就有4次（1995年、1996年、1998年、1999年），比历史上任何时段都更为频繁（闵骞，2002）。其中，1998年特大洪水湖口实测水位最高达22.59m，为有记录以来的最高水位，造成沿湖区的湖口、星子、德安等城市严重受淹，138座圩堤溃决，460km^{2}耕地被淹没，受灾人口达60多万，江西省洪灾直接损失达376亿元（朱宏富等，2002）。同时，鄱阳湖区的干旱灾害也异常严重，1992年、1996年该区域都经历了罕见的干旱。进入21世纪，鄱阳湖干旱发生的强度和频度都有明显的增加，2003年、2006年和2007年枯水期都发生了持续枯水事件。2007年12月，湖区内都昌水文站的水位曾连续20多天低于历史最低水位，鄱阳湖几近枯竭，导致湖区水草和芦苇大面积枯死，严重危及鄱阳湖湿地的生态安全，造成湖区成千上万居民的用水困难。而2009年2月2日鄱阳湖湖口水位跌破8.0m，创下有实测水文资料以来历史同期最低水位纪录（刘元波等，2012）。鄱阳湖的干旱问题已引起了*Nature*等国际一流刊物的关注（Lu et al.，2011；Qiu，2011）。

鄱阳湖的洪水、干旱问题固然主要受区域气候变化的影响，但强烈的人类活动干扰，也进一步加剧了洪旱灾害的严重程度。据《长江保护与发展报告2011》数据，鄱阳湖因围垦，湖泊面积已由中华人民共和国成立初期的5200km^{2}急剧减少到2933km^2，湖泊容积减少了80亿m^3。湖泊面积和容积的减少直接导致湖泊洪水调蓄功能下降，在相当程度上引发了江湖洪水位的不断抬升、最高洪水位的不断突破。1998年长江流域特大洪水之后，国家在以往防洪减灾经验教训的基础上，及时提出了“平垸行洪、退田还湖”等长江流域洪水治理的32字方针。据《长江保护与发展报告2009》统计，1998年洪水之后，鄱阳湖退还湖面积880km^2，增加蓄洪容积约49.1亿m^3。平退工程的实施，对扩大鄱阳湖地区洪水调蓄能力，无疑将起到一定的作用。另外，以三峡工程为核心的水利工程的建设大大提高了长江中下游地区的防洪标准和防洪能力。据模型测算，三峡水库建成运行后，若长江流域再遭遇1998年规模的洪水，可使鄱阳湖湖口汛期水位下降0.37m，湖口最高洪水位削减0.28m，降至22.25m，低于保证水位22.5m。但同时，三峡水库的秋季蓄水，却进一步加剧了鄱阳湖日益严重的秋季干旱问题（Zhang et al.，2012），造成鄱阳湖枯水期提前、枯水期水位降低、持续时间拉长，广大洲滩湿地提前出露、出露面积扩大且时间延长等一系列问题。这也使三峡工程遭遇了更为激烈的利弊之争和广泛的社会舆论质疑。

鄱阳湖水文情势的改变也直接影响了鄱阳湖湿地植被的萌发、存活、生长演替及分布格局。湖泊干旱事件使得湿地植被系统正面临着生态退化、演替速率加快、物种多样性减小等一系列威胁（Han et al.，2015）。已有报道发现，连续的低枯水位已经导致湿生植被旱生化、生产力降低、物种多样性弱化等一系列问题（吴龙华，2007；余莉等，2011）。

高水位下降且持续时间缩短使得高位滩地提前出露、淹水时间减少，土壤含水量的降低不能满足植被的生态需水，高位滩地湿地面积破碎化，植被出现明显的矮化和旱化趋势，部分湿生植物被旱生植物所取代成为新的优势种（胡振鹏等，2010）。同时，位于高位滩地的芦苇群落分布面积萎缩，部分低位芦苇滩地被薹草群落所取代，而薹草群落分布面积不断向湖心扩展，挤占沉水植被分布范围（吴建东等，2010），湿地植被的生产力整体下降，其中，薹草群落的生物量下降近 2/3，芦苇-芦荻群落的生物量不足 20 年前的 1/10（吴建东等，2010）。湿地生态系统的退化对候鸟越冬的栖息地和食物来源等也产生了明显的不利影响，同时，也影响到了鱼类的产卵和繁殖，给当地的渔业资源造成了极大的损失，严重制约了湖区经济社会的发展（Kanai et al.，2002；刘成林等，2010）。

目前鄱阳湖整体的水环境尚未呈现严重的富营养化情况，但是水质却表现出明显的下降趋势。据水文部门的监测数据，20 世纪 80 年代鄱阳湖水质以 I 类、II 类为主，平均占湖泊总面积的 85%，呈缓慢下降趋势；90 年代仍以 I 类、II 类水为主，平均占 70%，下降趋势有所加快；进入 21 世纪，特别是 2003 年以后，I 类、II 类水只占 50%，而下降趋势急剧增加；到 2006 年后，鄱阳湖水全年优于III类的水不到 60%，属于III类的约有 20%，劣于III类的则逼近 20%。自 2006 年以来鄱阳湖整体上已经呈现出中度营养化的状态，而且近年在部分湖湾已发现有小规模的蓝藻水华出现。

鄱阳湖是一个开放的、江-湖-河相互作用的复杂系统，以资源开发和利用为主的人类活动对该系统的演变起着主导作用。进入 21 世纪后，人类活动的影响更为剧烈，如湖区采砂、污染物排放、三峡工程及上游控制性枢纽工程的建设运行等。强烈的人类活动再叠加气候变化的影响，使鄱阳湖水文情势表现得更为复杂多样，极端干旱事件频发、湖泊萎缩、湖泊水质下降、湿地生态系统结构和功能退化等，这一系列变化引起了国内外科学界和社会舆论的广泛关注，也引起了国家和地方政府的高度重视。而随着长江中游经济带、鄱阳湖生态经济区建设的不断推进和流域开发强度的持续加大，区域气候变化与人类活动叠加对鄱阳湖水文情势和水环境影响的力度也不断增强。因此，迫切需要系统认识人类活动影响下鄱阳湖水文情势变化趋势及其驱动机制，阐明江湖关系改变对鄱阳湖水位、湖泊水量平衡、湖泊水动力场及洲滩湿地生态的影响，揭示洪水和干旱事件关键水文变量对江湖关系改变的响应机制，分辨三峡工程和气候条件对鄱阳湖典型洪、旱灾害的贡献分量，科学解释旱涝事件的成因，提出科学的应对策略，维护鄱阳湖水量和水生态安全，保障区域资源环境与经济社会的协调发展。

1.2 国内外研究进展

1.2.1 湖泊水文情势变化主要影响因素

湖泊水文情势变化的影响因素可以分为气候变化和人类活动两种因素。近些年来，区分气候变化和人类活动对湖泊水文水资源所带来的影响已成为国际上的一个热门话题，受到了国内外科学和社会各界的高度关注。无论是封闭型还是开放型湖泊系统，湖泊水位、水面积等要素均是湖泊水文情势对气候变化和人类活动响应的重要指示和表征（Jones et al.，2001；Lai et al.，2014a）。开展湖泊水文情势变化及其影响因素的研究是深入了解湖泊系统对外部综合环境变化适应能力的重要内容，也是加强对湖泊水情的预警和预防、提高防御和减轻自然灾害能力的重要科学前提。

国内外学者在气候变化和人类活动对湖泊水文情势影响及其贡献区分方面开展了大量的相关研究。目前，关于气候变化对湖泊水文情势影响的研究已相对比较成熟。影响湖泊水文情势的气候因子包括湖区及其流域的降水、气温、蒸发、风速、辐射、湿度等。其中，降水是影响湖泊水文情势的最重要因素，例如，Kebede 等（2006）发现塔纳湖水位和湖泊出流量对降雨变化的敏感性要明显高于其他影响因素。气温、蒸发、风速、辐射和湿度等气象要素通过改变湖泊及其流域的蒸发量进而对湖泊水文情势产生影响，如张娜等（2015）发现蒸发的显著上升是影响呼伦湖水域面积和水位下降的主要原因。相对于有规律的气候变化，随机的、无序的人类活动对湖泊水文情势的影响较为复杂。影响湖泊水文情势的人类活动包括流域土地利用变化、水库排蓄水、湖泊挖砂、围垦、灌溉等。土地利用和水库排蓄水通过改变入湖径流量从而对湖泊水情产生影响，如 Calder 等（1995）指出非洲马拉维湖流域的森林面积下降了 13%，从而使得湖泊水位上升了 1m；而湖泊挖砂、围垦、灌溉等则直接改变了湖泊的水位和面积，如洞庭湖因围垦使得湖泊面积由中华人民共和国成立初期的 4350km^2 急剧缩小到 2625km^2（杨桂山等，2010）。

此外，许多学者对未来变化环境影响下的湖泊水文情势变化进行了预测。将不同温室气体排放情景下的气候模式输出结果，或者不同变化情景下的土地利用变化数据，与流域水文模型相结合，进而预测未来情景下的水文水资源变化是国际上比较公认和最常用的方法（Watson et al.，1997）。例如，Nash 和 Gleick（1993）采用几个 GCM 模式，模拟了科罗拉多河流域的气温和降雨变化，并结合 NWSRFS 水文模型，评估了气候变暖条件下科罗拉多河流域的水文循环情况；李帅等（2017）基于 CA-Markov 对宁夏清水河流域 2020 年的土地利用进行了预测，并基于 SWAT 水文模型模拟了径流对未来土地利用变化情景的响应。

总的来说，气候变化长期、缓慢地影响着湖泊水量的趋势变化，尤其是对大湖系统更是如此。而人类活动（土地利用、水利建设等）通常在短期内就会对湖泊水情造成剧烈影响，进而导致湖泊水量收支状况发生显著变化。研究二者对湖泊水文情势变化的驱动机制是湖泊水文学领域的重要内容。尽管目前很多研究在一定程度上区分了气候变化和人类活动对湖泊水文情势变化的影响，但大多是根据长期水文观测资料使用统计方法作定性分析或估算，其准确度不高，且难以应用于未来变化环境下的湖泊水文情势评估。另外，对于大型的河湖系统，其水文、水动力、物质输移、生态系统之间相互影响、相互制约，动力过程和变化机制极为复杂。在以往分割对象和单一过程研究的基础上，亟须开展以整个河湖系统为对象，着手系统进行诸多过程的多尺度耦合与模拟研究，这是今后相当一段时期内湖泊水文学的核心研究内容，也是未来国际发展的趋势。

1.2.2 湖泊系统水文情势变化研究方法

一般来说，湖泊系统的水文联系较为复杂，而伴随的水环境问题也变化多样。流域与湖泊通常被视为河湖系统中非常重要的两大主体单元。流域扮演了各种水和污染物排放收集者的角色，通过河流向下游传输，而湖泊则扮演了接受者的角色。流域是湖泊的“源”，湖泊是流域的“汇”，而河流则作为一个重要的传输途径，因此，湖泊水、沙及各种营养物质和污染物均主要来源于流域（季振刚，2012）。湖泊与流域作为一个共同体存在于自然界中，它们之间有着不可分割的相互依存关系，湖泊往往与周围流域地表和地下径流有着密切的水力联系，流域入湖径流组分及其所挟带的物质成分均会影响湖泊水文水动力以及水文情势的变化。归纳起来，湖泊系统水文情势变化的主要研究手段包括统计学方法、水文水动力模拟与遥感水文等。

1. 统计学方法

统计学方法在湖泊系统水文情势变化的研究中得到了非常广泛的应用。由于湖泊系统水文情势具有随着时间发生变化的特点，因此水文情势时间序列的趋势分析、突变点检验、周期诊断、频率分析等是水文情势研究的重要内容（桑燕芳等，2013）。湖泊系统水文情势研究制作的统计学方法有以下几种。①常用的趋势分析方法有：气候倾向率、Sen’s 趋势度、Mann-Kendall（M-K）非参数检验方法等。值得注意的是，水文时间序列存在明显的自相关性，若序列中存在正自相关性，则序列变化趋势的显著性会被夸大，因此需要在做趋势分析前进行无趋势白化预处理，以消除自相关性的影响（Yue et al.，2002）。②常用的突变点检验方法有：M-K 变点检验、Pettitt 检验、滑动 t 检验、Rodionov 检验等（Liu et al.，2013）。它用于判断湖泊水情序列是否从一个统计特征急剧变化到另一个统计特征。由于突变理论研究还存在很多的争议，因此在使用时建议采用多种方法进行综合分析和判别，并进行严格的显著性水平检验。③常用的周期诊断方法有小波分析、交叉小波和小波相干谱等（孙鹏等，2011）。小波分析能够从时域和频域揭示时间序列的局部特征，适合研究具有多时间尺度和非平稳特征的水情序列，而交叉小波和小波相干谱可以进一步探索水情要素之间的响应与反馈特征。④频率分析是研究某随机水情变量出现不同数值可能性的大小，它主要用于湖泊水情极值特征的研究（陈永勤等，2013）。常用的方法包括用于分析单变量特征的 GEV、Gamma、GP 等分布函数，以及用于研究多变量联合分布特征的形式多样的 Copula 函数。

此外，水位-流量曲线、相似年法、多元回归、敏感性分析等方法被用于定性或定量地研究某一要素对湖泊系统水文情势的影响（Guo et al.，2012；Ye et al.，2013；程俊翔等，2017；何征等，2015）。比如 Guo 等（2012）采用相似年法分析了三峡水库运行对长江与鄱阳湖水量交换的影响；何征等（2015）采用水位-流量曲线分析了近 30 年洞庭湖季节性水情的变化及其对江湖水量交换变化的响应；程俊翔等（2017）基于多元逐步回归模型分析了 1985 年以来洞庭湖水位时空演变的驱动因素。

总的来说，统计学分析方法为我们认识湖泊系统水文情势的趋势、周期、频率以及其影响因素等提供了有效的途径，但真正从机理上揭示湖泊系统的时空演变特征及其影响因素则需要更加系统性的模型来支撑，这是深入理解变化环境下湖泊系统水循环演变规律和正确预测湖泊水量变化的前提。

2. 水文水动力模拟

传统的湖泊系统水文水动力模拟方法主要通过流域水文模型与湖泊水量平衡模型的结合，侧重于计算湖泊流域水均衡组分的动态变化（Legesse et al.，2004）。但水量平衡方法仅是对湖泊系统的一般性描述，对过程与机制的理解程度较弱，难以切实反映水文水动力要素空间差异显著的湖泊系统（Kebede et al.，2006）。随着计算机技术的快速发展，二维或三维水动力模型已广泛应用于河流、湖泊和海湾等大型地表水体的数值研究，但因其模型原理和适用对象不同于流域水文模型，通常不考虑流域水文过程变化。基于流域水文模型与湖泊水动力模型的联合系统克服了大尺度复杂湖泊系统难以切实描述和完整模拟的难点，在湖泊流域系统水资源管理与调控中发挥了重要作用（李云良等，2015）。近些年来，国内外已出现了很多关于湖泊-流域水文水动力模型联合模拟的成功案例，经过实践检验和自身不断发展，逐步形成了以湖泊系统为主的有效研究工具。

从水文水动力联合模型基本结构而言，联合模拟能够增强模型使用的灵活性和模拟精度，不仅能真实刻画复杂湖泊系统子物理过程，还能深入理解湖泊系统对外部的响应作用和反馈（Xu et al.，2007）。湖泊系统水文水动力模型之间的连接或耦合方法主要分为外部耦合（external coupling or loose coupling）、内部耦合（internal coupling）和全耦合（full coupling）。

外部耦合，通常将流域水文模型的河道径流输出作为湖泊水动力模型的输入条件，这种输入-输出的连接方法实际上是一种松散的单向驱动方式，最容易将不同功能的模型组分进行联合，因此是一种能实现湖泊系统水文水动力完整模拟的简单有效的方法。外部耦合方法具有无须修改模型代码、保持模型组分的独立完整性等特点，且各模型组分均保持自身能力去模拟系统内部详细的物理过程。典型案例有，Lam 等（2004）连接了 WatFLOOD 水文模型、AGNPS 流域水质模型、TELEMAC-2D 水动力模型、SUBIEF-SedSim 泥沙输移模型及 WQM 湖泊水质模型，开展了加拿大西摩（Seymour）湖泊流域水文情势的变化模拟研究。Xu 等（2007）连接了六个 HSPF 水文模型和两个 CE-QUAL-W2 湖库水动力模型，模型之间的连接主要由上游流域水文模型的河道径流输出来驱动中游湖泊模型，而湖泊模型的输出进一步用来驱动下游流域水文模型，以此来模拟评估该复杂湖泊系统的水量交换与水文情势变化。内部耦合，即为湖泊和流域模型之间共享边界条件、内部数据与参数信息。该方法多应用于流域水文过程与河道径流传输过程之间的联合模拟，主要是因为这些模型组分之间本身就存在着频繁的水力联系，在联合模拟中必须将二者耦合起来才能较为可靠地描述系统特征。例如，Beighley 等（2009）采用流域水量平衡模型 WBM 与河道水动力学模型来研究亚马孙河流域水量变化，WBM 计算的土壤水渗漏补给量以及地表产水量作为源汇项参与到河道水动力学方程解算中，通过交换通量来实现模型间的内部耦合。从理论上来讲，全耦合指的是将模型控制方程进行联立求解或整体求解。该耦合技术是最为可靠的模拟方法，但因耦合模型状态变量之间关系复杂且难以确立、数值解算困难等问题，尤其是全耦合技术需考虑模型间（或物理过程）的反馈机制以及需要足够多的边界数据来支撑，因此，这种紧密的、双向动态耦合技术在湖泊流域系统联合模拟应用方面极为少见。目前国内外比较典型的全耦合模型主要为基于 MIKE 系列的水文水动力模型，如

MIKE SHE 和 MIKE 11、MIKE 11 和 MIKE 21 的动态耦合模型（李云良等，2015）。在具体应用时，应结合特定研究区和研究目的，选择合适的水文水动力联合模拟方法。

3. 遥感水文

随着水循环过程研究的深入，缺资料地区水文参数，如降水、蒸散、土壤湿度、区域水量等的获取一直是水文、水资源研究领域的热点和难点，也是国际科学合作计划“资料缺乏地区水文预测”（prediction in ungauged basins，PUB）的主要内容和目标。近年来，遥感技术在水文研究中的科学应用，展现出独特的优势，尤其其时空分辨率高，可提供长期、动态和连续的数据资料，且在探测范围广、周期短、信息量大和成本低等方面具有显著的优势（杨胜天等，2015）。

作为陆表水体最基本、最直观的物理参量，水体面积监测是区域水文过程研究的一个重要方面。水体在可见光范围内的反射率较低，对于近红外、短波红外等波段，水体接近于全吸收黑体介质。因此，利用遥感数据中的可见光和近红外波段可以方便区分地表水体。常用的可见光-近红外卫星传感器包括 Landsat TM（Landsat thematic mapper）、ETM（enhanced thematic mapper plus）、MODIS（MODerate-resolution imaging spectroradiometer）、AVHRR（advanced very high resolution radiometer）以及 NOAA（national oceanic and atmospheric administration advanced）等。

目前，遥感获取水域面积的途径有多种，根据观测方式的不同，可以分为光学遥感方法、微波遥感方法以及多传感器联合反演方法。利用光学遥感影像提取水域面积的研究由来已久，目前形成了单波段法、谱间关系法和波段比值法等多种方法（宋平等，2011）。单波段法虽然具有算法简单、易于实现的优点，但是因为容易与阴影相互混淆，所以往往不单独使用，而与其他方法结合使用（赵英时，2003）；多波段谱间关系法比单波段阈值法提取水体更具有优势，可以避免使用单一红外波段影像的不足，尤其是它能够有效地去除山体阴影带来的影响（杨存建等，1998），但此方法因寻找谱间关系的过程较为复杂，应用较少。

迄今为止，在遥感获取水域面积的研究中，以波段比值法应用最为广泛（Birkett，2000；颜梅春，2001；Jain and Singh，2005；Hui et al.，2008）。众多研究表明，通过波段指数反复实验确定阈值来获取水域面积，已成为最有效的方法之一，其提取精度可达90%以上（Birkett，2000）。然而，基于光学遥感提取水域面积的方法虽然已经成熟，但是也存在着一定的缺陷。例如，光学遥感传感器容易受到云雾、湿地挺水植被及洪溢林的干扰（Mertes et al.，1995），限制了它在常规监测作用上的充分发挥。微波遥感可以在一定程度上弥补这一不足，尤其是合成孔径雷达（SAR）能够穿透云雾，具有全天候、全天时的特点。

近年来，随着多源遥感数据的不断增长，运用多传感器、多通道（可见光/近红外和微波）、多模式（主动和被动）的联合手段来监测陆表水体面积的长期变化，成为近年来遥感水文研究新的发展趋势（Munyati，2000）。例如，谭衢霖（2006）利用鄱阳湖区湿地平水期 Landsat TM 影像和洪水期 RADARSAR-1 ScanSAR 影像进行复合，实现了对湿地泛洪区动态变化监测。Prigent（2001）结合可见光-近红外以及主/被动微波遥感数据，提出了监测全球陆表水体的季节性淹没范围的方案。多传感器联合是一种较好的综合利用多源遥感数据的技术，充分利用微波数据的云雾穿透能力、雷达数据的高分辨率空间纹理信息和多光谱数据的地物光谱差异信息，从而达到提高水体目标提取精度的目的，是陆表水体遥感提取发展的必然趋势（Zhang et al.，2003）。

1.2.3 鄱阳湖水文情势变化及影响因素研究

鄱阳湖水文情势变化复杂，丰水期“湖相”、枯水期“河相”独具特色。针对鄱阳湖水位变化的研究，最普遍的是基于水文资料的相关分析法，例如，闵骞（1995）基于都昌站水位资料，对鄱阳湖水位的基本特征、退水过程及演变趋势进行了统计分析；万中英（2003）采用逐步回归的方法建立了鄱阳湖区域及上游降水与鄱阳湖水位的关系模型；周霞等（2009）分析了鄱阳湖洲滩湿地水位的时空动态变化及洲滩的淹露规律等。随着卫星遥感及解译技术的发展，基于遥感的水位空间分析方法因能提取全场信息，获得了越来越多的应用，如齐述华等（2010）通过对 13 个时相的 Landsat 卫星遥感影像进行非监督分类提取湖泊水体淹没范围，获取了鄱阳湖水位的空间分布，并进一步计算得到鄱阳湖水位-水面积及水位-库容曲线；李辉等（2008）、刘洋（2013）基于长时间序列 MODIS 影像分析了鄱阳湖湖面面积与水位的变化关系等。

随着计算机技术与数值计算方法的发展，基于流体运动物理原理的数学模型被逐步用于湖泊的水动力时空分布研究，较早的有陈永勤（1989）建立的基于有限差分法的二维模型，该模型模拟了鄱阳湖典型湖流与污染物的浓度场。近年来，范翻平（2010）基于 Delft3D 建立了鄱阳湖二维水动力数学模型，分析了典型风向不同风速条件下，鄱阳湖水动力变化规律；汪迎春等（2011）、赖锡军等（2012）建立由一维、二维模型耦合的江湖水动力数学模型，计算了三峡水库不同调节流量下鄱阳湖水情变化特征，分析了不同增减下泄流量对洲滩湿地淹没出露的影响；赖格英等（2011）针对鄱阳湖的特点，概化了 4 种水动力形态结构模式，以解决高水位变幅导致的边界移动、入湖河口数量和位置变化等问题。这些研究都为进一步认识鄱阳湖水情变化的主要驱动机制及变化规律等提供了很好的基础。

在鄱阳湖极端水情研究方面，关注较多的是洪旱灾害的发生规律、特征及流域气候变化与人类活动对灾害形成的影响等方面。研究发现，在过去 60 年鄱阳湖年最高水位及高洪水位持续时间、频次等都呈增加趋势，至 20 世纪 90 年代达历史之最（Li et al.，2014；闵骞，2002）。Hu 等（2007）、郭华等（2012）从江湖相互作用、流域水文循环的角度对这些变化进行了分析和解释。而闵骞（2002）更明确地指出 90 年代鄱阳湖洪水频发主要是由长江流域汛期降水时空分布变化、江湖关系改变以及湖泊洲滩围垦等共同造成的。Shankman 等（2006，2009）通过分析 50 年代以来鄱阳湖流域下垫面的变化特征与洪水频率特征，认为鄱阳湖特大洪水事件发生频率的增大与过度围垦、不合理堤防建设、湖泊沉积及长江水情变化等有关。另外，窦鸿身等（1999）、吴敦银（2004）等还研究了围垦、退田还湖等人类活动对鄱阳湖最高洪水位的影响，姜鲁光等（2010）更是进一步通过情景模拟的方法研究了退田还湖对鄱阳湖区洪水调蓄功能的影响。

进入21世纪以来，鄱阳湖出现了持续低水位现象，极枯水位频繁出现，并且持续时间不断拉长（Zhang et al.，2012；闵骞等，2012）。这一变化已引起诸多学者的广泛关注，而三峡水库的蓄水运行无疑成为诸多原因中的焦点。例如，Zhang等（2014）、Guo等（2012）研究认为，三峡工程蓄水增强了鄱阳湖枯水期长江的拉空作用，加大了鄱阳湖向长江的排泄量，造成鄱阳湖秋季干旱期湖水位偏低的现象，并指出鄱阳湖秋冬季干旱问题在未来几十年内可能成为常态；李世勤等（2008）的研究表明，鄱阳湖2006年长时间水位异常偏低，主要是夏、秋季长江来水偏少和"五河"流域秋季来水偏少造成的；赖锡军等（2012）基于长江中游江-湖耦合水动力学模型模拟分析了三峡工程蓄水对鄱阳湖水情的影响格局和作用机制，认为三峡工程蓄水加剧了鄱阳湖秋季干旱的程度，并引起了枯水期的提前（Lai et al.，2014a）。同时，三峡工程蓄水也对鄱阳湖与长江的水量交换关系产生了明显的影响（方春明等，2012；赵军凯等，2011；Dai et al.，2008）。Liu等（2013）更是指出，近年来鄱阳湖的干旱萎缩不是一个长期的趋势，而是从一个阶段转变到另一个新的阶段，造成这一水文节律变化的原因既与流域水文循环的变化有关，也与长江水情的变化有关。这些研究为全面认识鄱阳湖区域的洪旱灾害，阐释洪涝、干旱的发生机制等做出了重要贡献。

1.3 小　结

受气候变化和人类活动等多重因素叠加影响，鄱阳湖复合水系统正处于不断的动态调整之中，势必会导致湖泊水沙平衡、水环境以及湿地生态效应等诸多问题越加突出。鄱阳湖因其独具的水文特点，逐渐成为广大学者关注的热点地区，不同方面的研究也正处于蓬勃发展时期。目前已出版的著作主要是针对鄱阳湖流域水文水资源、湖泊水环境等方面的相关成果积累，笔者认为尚缺乏一部能够聚焦鄱阳湖与其湿地，系统阐述水文水动力方面的相关著作。笔者虽无法力求包含水文水动力研究的方方面面，但及时梳理了这一基础研究的主要成果。

本书以鄱阳湖与其洲滩湿地为主要研究对象，重点聚焦鄱阳湖水位、水面积、水量等关键水动力要素，以近些年来鄱阳湖复杂的河湖关系变化为背景，依托空间点-线-面的基本研究思路，综合分析鄱阳湖水文水动力的主要特征与影响因素，重点揭示鄱阳湖洪旱过程和极端事件的发生机理及影响机制，从湖泊水动力和湿地生态水文角度出发，预估鄱阳湖未来水情变化趋势与响应程度，为保障湖泊水安全以及鄱阳湖生态经济区建设等提供重要的科学依据。

参考文献

陈永勤. 1989. 鄱阳湖典型湖流流场与污染物浓度场的数值模拟. 重庆环境科学，11（6）：44-49.

陈永勤，孙鹏，张强，等. 2013. 基于Copula的鄱阳湖流域水文干旱频率分析. 自然灾害学报，22（1）：75-84.

程俊翔，徐力刚，王青，等. 2017. 洞庭湖近30 a水位时空演变特征及驱动因素分析. 湖泊科学，29（4）：974-983.

崔奕波，李钟杰. 2005. 长江流域湖泊的渔业资源与环境保护. 北京：科学出版社.

丁一汇，任国玉，石广玉，等. 2006. 气候变化国家评估报告（I）：中国气候变化的历史与未来趋势. 气候变化研究进展，2（1）：3-8.

窦鸿身，闵骞，史复祥. 1999. 围垦对鄱阳湖洪水位的影响及防治对策. 湖泊科学，11（1）：20-27.
范翻平. 2010. 基于Delft3D模型的鄱阳湖水动力模拟研究. 南昌：江西师范大学.
方春明，曹文洪，毛继新，等. 2012. 鄱阳湖与长江关系及三峡蓄水的影响. 水利学报，43（2）：175-181.
方建，杜鹃，徐伟，等. 2014. 气候变化对洪水灾害影响研究进展. 地球科学进展，29（9）：1085-1093.
郭华，Hu Qi，张奇. 2011. 近50年来长江与鄱阳湖水文相互作用的变化. 地理学报，66（5）：609-618.
郭华，姜彤. 2008. 鄱阳湖流域洪峰流量和枯水流量变化趋势分析. 自然灾害学报，17（3）：75-80.
郭华，张奇，王艳君，等. 2012. 鄱阳湖流域水文变化特征成因及旱涝规律. 地理学报，67（5）：699-709.
韩其为. 1999. 江湖流量分配变化导致长江中游新的洪水形势. 泥沙研究，（5）：3-14.
何征，万荣荣，戴雪，等. 2015. 近30年洞庭湖季节性水情变化及其对江湖水量交换变化的响应. 湖泊科学，27（6）：991-996.
胡春华，施伟，胡龙飞，等. 2012. 鄱阳湖水利枢纽工程对湖区氮磷营养盐影响的模拟研究. 长江流域资源与环境，21（6）：749-755.
胡振鹏. 2009. 调节鄱阳湖枯水位 维护江湖健康. 江西水利科技，35（2）：82-86.
胡振鹏，葛刚，刘成林，等. 2010. 鄱阳湖湿地植物生态系统结构及湖水位对其影响研究. 长江流域资源与环境，19（6）：597-605.
胡振鹏，林玉茹. 2012. 气候变化对鄱阳湖流域干旱灾害影响及其对策. 长江流域资源与环境，21（7）：897-904.
季振刚. 2012. 水动力学和水质——河流、湖泊及河口数值模拟. 李建平，冯立成，赵万星，等译. 北京：海洋出版社.
姜加虎，黄群. 1996. 蚌湖与鄱阳湖水量交换关系的分析. 湖泊科学，8（3）：208-214.
姜鲁光，封志明，于秀波，等. 2010. 退田还湖后鄱阳湖区洪水调蓄功能的多情景模拟. 资源科学，32（5）：817-823.
揭二龙，李小军，刘士余. 2007. 鄱阳湖湿地动态变化及其成因分析. 江西农业大学学报，29（3）：500-503.
赖格英，潘瑞鑫，黄小红. 2011. 鄱阳湖水动力形态结构模式的模拟系统设计与应用. 地球信息科学学报，13（4）：447-454.
赖锡军，姜加虎，黄群. 2012. 三峡工程蓄水对鄱阳湖水情的影响格局及作用机制分析. 水力发电学报，31（6）：132-136.
李峰平，章光新，董李勤. 2013. 气候变化对水循环与水资源的影响研究综述. 地理科学，33（4）：457-464.
李辉，李长安，张利华，等. 2008. 基于MODIS影像的鄱阳湖湖面积与水位关系研究. 第四纪研究，28（2）：332-337.
李世勤，闵骞，谭国良，等. 2008. 鄱阳湖2006年枯水特征及其成因研究. 水文，28（6）：73-76.
李帅，魏虹，刘媛，等. 2017. 气候与土地利用变化下宁夏清水河流域径流模拟. 生态学报，37：1252-1260.
李云良，张奇，姚静，等. 2013. 鄱阳湖湖泊流域系统水文水动力联合模拟. 湖泊科学，25（2）：227-235.
刘成林，谭胤静，林联盛，等. 2010. 鄱阳湖水位变化对候鸟栖息地的影响. 湖泊科学，23（1）：129-135.
刘洋，尤慧，程晓，等. 2013. 基于长时间序列MODIS数据的鄱阳湖湖面面积变化分析. 地球信息科学学报，15（3）：469-475.
刘元波. 2012. 鄱阳湖流域气候水文过程及水环境效应. 北京：科学出版社.
马定国，刘影，陈洁，等. 2007. 鄱阳湖区洪灾风险与农户脆弱性分析. 地理学报，62（3）：321-332.
马逸麟，熊彩云，易文萍. 2003. 鄱阳湖泥沙淤积特征及发展趋势. 资源调查与环境，24（1）：29-37.
闵骞. 1995. 鄱阳湖水位变化规律的研究. 湖泊科学，7（3）：281-288.
闵骞. 2002. 20世纪90年代鄱阳湖洪水特征的分析. 湖泊科学，14（4）：323-330.
闵骞，占腊生. 2012. 1952～2011年鄱阳湖枯水变化分析. 湖泊科学，24（5）：675-678.
闵骞，刘影，马定国. 2006. 退田还湖对鄱阳湖洪水调控能力的影响. 长江流域资源与环境，15（5）：574-578.
闵屾，严蜜，刘健. 2013. 鄱阳湖流域干旱气候特征研究. 湖泊科学，25（1）：65-72.
齐述华，龚俊，舒晓波，等. 2010. 鄱阳湖淹没范围、水深和库容的遥感研究. 人民长江，41（9）：35-38.
秦大河. 2005. 中国气候与环境演变评估：中国气候与环境变化及未来趋势. 气候变化研究进展，1（1）：4-9.
桑燕芳，王中根，刘昌明. 2013. 水文时间序列分析方法研究进展. 地理科学进展，32（1）：20-30.
宋平，刘元波，刘燕春. 2011. 陆地水体参数的卫星遥感反演研究进展. 地球科学进展，26（7）：731-740.
孙鹏，张强，陈晓宏. 2011. 鄱阳湖流域水沙周期特征及其影响因素. 武汉大学学报（理学版），57（4）：298-304.
谭衢霖，刘正军，胡吉平，等. 2006. 应用多源遥感影像提取鄱阳湖形态参数. 北京交通大学学报，30（4）：26-30.
万荣荣，杨桂山，王晓龙. 2014. 长江中游通江湖泊江湖关系研究进展. 湖泊科学，26：1-8.
万中英，钟茂生，王明文，等. 2003. 鄱阳湖水位动态预测模型. 江西师范大学学报（自然科学版），27（3）：232-236.
汪迎春，赖锡军，姜加虎，等. 2011. 三峡水库调节典型时段对鄱阳湖湿地水情特征的影响. 湖泊科学，23（2）：191-195.
王凤，吴敦银，李荣昉. 2008. 鄱阳湖区洪涝灾害规律分析. 湖泊科学，20（4）：500-506.

王苏民，窦鸿身. 1998. 中国湖泊志. 北京：科学出版社.
吴敦银，李荣昉，王永文. 2004. 鄱阳湖区平垸行洪、退田还湖后的防洪减灾形势分析. 水文，24（6）：26-31.
吴建东，刘观华，金杰峰，等. 2010. 鄱阳湖秋季洲滩植物种类结构分析. 江西科学，28（4）：549-554.
吴龙华. 2007. 长江三峡工程对鄱阳湖生态环境的影响研究. 水利学报，（S1）：586-591.
谢冬明，郑鹏，邓红兵，等. 2011. 鄱阳湖湿地水位变化的景观响应. 生态学报，31（5）：1269-1276.
颜梅春. 2005. 基于 TM 数据的水域变化信息提取研究. 水资源保护，21（6）：31-33.
杨存建，魏一鸣. 1998. 基于星载雷达的洪水灾害淹没范围获取方法探讨. 自然灾害学报，7（3）：45-50.
杨桂山，马超德，常思勇. 2009. 长江保护与发展报告. 武汉：长江出版社.
杨桂山，马荣华，张路，等. 2010. 中国湖泊现状及面临的重大问题与保护策略. 湖泊科学，22：799-810.
杨桂山，朱春全，蒋志刚. 2011. 长江保护与发展报告. 武汉：长江出版社.
杨胜天，王志伟，赵长森，等. 2015. 遥感水文数字实验——EcoHAT 使用手册. 北京：科学出版社.
叶崇开，张怀真，王秀玉，等. 1991. 鄱阳湖近期沉积速率的研究. 海洋与湖沼，22（3）：272-278.
余莉，何隆华，张奇，等. 2011. 三峡工程蓄水运行对鄱阳湖典型湿地植被的影响. 地理研究，30（1）：134-144.
张娜，乌力吉，刘松涛，等. 2015. 呼伦湖地区气候变化特征及其对湖泊面积的影响. 干旱区资源与环境，7：192-197.
张强，孙鹏，江涛. 2011. 鄱阳湖流域水文极值演变特征、成因与影响. 湖泊科学，23（3）：445-453.
赵军凯，李九发，戴志军，等. 2011. 枯水年长江中下游江湖水交换作用分析. 自然资源学报，26（9）：1613-1627.
赵英时. 2013. 遥感应用分析原理与方法. 北京：科学出版社.
周霞，赵英时，梁文广. 2009. 鄱阳湖湿地水位与洲滩淹露模型构建. 地理研究，28（6）：1722-1730.
朱海虹，张本. 1997. 中国湖泊系列研究之五——鄱阳湖：水文 • 生物 • 沉积 • 湿地 • 开发整治. 合肥：中国科学技术大学出版社.
朱宏富，金锋，李荣昉. 2002. 鄱阳湖调蓄功能与防灾综合治理研究. 北京：气象出版社.
《中国河湖大典》编纂委员会. 2010. 中国河湖大典. 北京：中国水利水电出版社.
Ahmad M，Biggs T，Turral H，et al. 2006. Application of SEBAL approach and MODIS time-series to map vegetation water use patterns in the data scarce Krishna river basin of India. Water Science and Technology，53（10）：83-90.
Alsdorf D，Lettenmaier D. 2003. Tracking fresh water from space. Science，301：1491-1494.
Alsdorf D，Rodriguez E，Lettenmaier D. 2007. Measuring surface water from space. Reviews of Geophysics，45（2）：RG2002.
Bastiaanssen W，Menenti M，Feddes R，et al. 1998. A remote sensing surface energy balance algorithm for land（SEBAL）. 1. Formulation. Journal of Hydrology，212：198-212.
Beighley R E，Eggert K G，Dunne T. 2009. Simulating hydrologic and hydraulic processes throughout the Amazon River Basin. Hydrological Processes，23：1221-1235.
Birkett C M. 2000. Synergistic remote sensing of lake chad：variability of basin inundation. Remote Sensing of Environment，72（2）：218-236.
Calder I R，Hall R L，Bastable H G，et al. 1995. The impact of land use change on water resources in sub-Saharan Africa：a modelling study of Lake Malawi. Journal of Hydrology，170：123-135.
Dai Z J，Du J Z，Li J F，et al. 2008. Runoff characteristics of the Changjiang River during 2006：effect of extreme drought and the impounding of the Three Gorges Dam. Geophysical Research Letters，35（7）：L07406.
Feng L，Hu C，Chen X，et al. 2011. Satellite observations make it possible to estimate Poyang Lake' s water budget. Environmental Research Letters，6：23-44.
Feng L，Hu C，Chen X，et al. 2012. Assessment of inundation changes of Poyang Lake using MODIS observations between 2000 and 2010. Remote Sensing of Environment，121：80-92.
Goward S N，Cruickshanks G D，Hope A S. 1985. Observed relation between thermal emission and reflected spectral radiance of a complex vegetated landscape. Remote Sensing of Environment，18（2）：137-146.
Guo H，Hu Q，Zhang Q，et al. 2012. Effects of the Three Gorges Dam on Yangtze River flow and river interaction with Poyang Lake，China：2003-2008. Journal of Hydrology，416-417：19-27.
Han X，Chen X，Feng L. 2015. Four decades of winter wetland changes in Poyang Lake based on Landsat observations between 1973

and 2013. Remote Sensing of Environment，156：426-437.

Hayhoe K，VanDorm J，Croley II T，et al. 2010. Regional climate change projections for Chicago and the US Great Lakes. Journal of Great Lakes Research，36：7-21.

Hu Q，Feng S，Guo H，et al. 2007. Interactions of the Yangtze River flow and hydrologic processes of the Poyang Lake，China. Journal of Hydrology，347：90-100.

Hui F，Xu B，Huang H，et al. 2008. Modeling spatial-temporal change of Poyang Lake using multi-temporal Landsat imagery. International Journal of Remote Sensing，29（20）：5767-5784.

Jones R N，McMahon T A，Bowler J M. 2001. Modelling historical lake levels and recent climate change at three closed lakes，Western Victoria，Australia（c. 1840-1990）. Journal of Hydrology，246：159-180.

Kalma J D，McVicar T R，McCabe M F. 2008. Estimating land surface evaporation：a review of methods using remotely sensed surface temperature data. Surveys in Geophysics，29（4）：421-469.

Kanai Y，Ueta M，Germogenov N，et al. 2002. Migration routes and important resting areas of Siberian cranes（*Grus leucogeranus*）between northeastern Siberia and China as revealed by satellite tracking. Biological Conservation，106（3）：339-346.

Kebede S，Travi Y，Alemayehu T，et al. 2006. Water balance of Lake Tana and its sensitivity to fluctuations in rainfall，Blue Nile basin，Ethiopia. Journal of Hydrology，316：233-247.

Krausel P，Boyle D P，Base F. 2005. Comparison of different efficiency criteria for hydrological model assessment. Advances in Geosciences，5：89-97.

Kustas W，Norman J. 1996. Use of remote sensing for evapotranspiration monitoring over land surfaces. Hydrological Sciences Journal，41（4）：495-516.

Lai X J，Jiang J H，Yang G S，et al. 2014a. Should the Three Gorges Dam be blamed for the extremely low water levels in the middle-lower Yangtze River? Hydrological Processes，28：150-160.

Lai X，Shankman D，Huber C，et al. 2014b. Sand mining and increasing Poyang Lake's discharge ability：a reassessment of causes for lake decline in China. Journal of Hydrology，519：1698-1706.

Lam D，Leon L，Hamilton S，et al. 2004. Multi-model integration in s decision support system：a technical user interface approach for watershed and lake management scenarios. Environmental Modelling and Software，19：317-324.

Lehner B，Dollo P，Alcamo J，et al. 2006. Estimating the impact of global change on flood and drought risks in Europe：a continental，integrated analysis. Climate Change，75（3）：273-299.

Li X H，Zhang Q，Xu C Y，et al. 2015. The changing patterns of floods in Poyang Lake，China：characteristics and explanations. Natural Hazards，76（1）：651-666.

Li Z L，Tang R L，Wang Z，et al. 2009. A review of current methodologies for regional evapotranspiration estimation from remotely sensed data. Sensors，9（5）：3801-3853.

Liu Y B，Wu G P，Zhao X S. 2013. Recent declines in China's largest freshwater lake：trend or regime shift? Environmental Research Letters，8：014010.

Lu X X，Yang X K，Li S Y. 2011. Dam not sole cause of Chinese drought. Nature，475：174.

Mertes L，Daniel D，Melack J，et al. 1995. Spatial patterns of hydrology，geomorphology，and vegetation on the floodplain of the Amazon River in Brazil from a remote sensing perspective. Geomorphology，13（1-4）：215-232.

Milly P C D，Wetherald P T. 2002. Increasing risk of great floods in a changing climate. Nature，415（6871）：514-517.

Mu Q，Heinsch F A，Zhao M，et al. 2007. Development of a global evapotranspiration algorithm based on MODIS and global meteorology data. Remote Sensing of Environment，111：519-536.

Mu Q，Zhao M，Running S W. 2011. Improvements to a MODIS global terrestrial evapotranspiration algorithm. Remote Sensing of Environment，115：1781-1800.

Munyati C. 2000. Wetland change detection on the Kafue Flats，Zambia，by classification of a multitemporal remote sensing image dataset. International Journal of Remote Sensing，21（9）：1787-1806.

Nash L L，Gleick P H. 1993. The Colorado river basin and climatic change. The sensitivity of streamflow and water supply to variations in temperature and precipitation.

Niedda M，Pirastru M. 2012. Hydrological processes of a closed catchment-lake system in a semi-arid Mediterranean environment. Hydrological Processes，27（25）：3617-3626.

Obeysekera J，Kuebler L，Ahmed S，et al. 2011. Use of hydrologic and hydrodynamic modeling for ecosystem restoration. Critical Reviews in Environmental Science and Technology，41（sup1）：447-488.

Paiva R C D，Collischonn W，Tucci C E M. 2011. Large scale hydrologic and hydrodynamic modeling using limited data and a GIS based approach. Journal of Hydrology，406：170-181.

Pan B，Wang H，Liang X，et al. 2009. Factors influencing chlorophyll a concentration in the Yangtze-connected lakes. Fresenius Environmental Bulletin，18（10）：1894-1900.

Prigent C. 2001. Remote sensing of global wetland dynamics with multiple satellite data sets. Geophysical Research Letters，28（24）：4631-4634.

Qiu J. 2011. Drought forces state council to confront downstream watersupply problems. Nature：315.

Shankman D，Davis L，de Leeuw J. 2009. River management，landuse change，and future flood risk in China's Poyang lake region. International Journal of River Basin Management，7：1-9.

Shankman D，Keim BD，Song J. 2006. Flood frequency in China's Poyang Lake region：Trends and teleconnections. International Journal of Climatology，26：1255-1266.

Shukla J，Mintz Y. 1982. Influence of land-surface evapotranspiration on the earth's climate. Science，215（4539）：1498.

Singh R K，Irmak A，Irmak S，et al. 2008. Application of SEBAL model for mapping evapotranspiration and estimating surface energy fluxes in south-central Nebraska. Journal of Irrigation and Drainage Engineering，134（3）：273-286.

Tang R L，Li Z L，Tang B. 2010. An application of the Ts-VI triangle method with enhanced edges determination for evapotranspiration estimation from MODIS data in arid and semi-arid regions：implementation and validation. Remote Sensing of Environment，114（3）：540-551.

Teixeira A H C，Bastiaanssen W G M，Ahmad M D，et al. 2009. Reviewing SEBAL input parameters for assessing evapotranspiration and water productivity for the Low-Middle São Francisco River basin，Brazil：Part A：calibration and validation. Agricultural and Forest Meteorology，149（3-4）：462-476.

Venturini V，Bisht G，Islam S，et al. 2004. Comparison of evaporative fractions estimated from AVHRR and MODIS sensors over South Florida. Remote Sensing of Environment，93（1）：77-86.

Watson R T，Zinyowera M C，Moss R H. 1997. Climate change 1995：Impacts，adaptations and mitigation of climate change：scientific-technical analyses. Ecology，78（8）：2644-2646.

Xu Z Y，Adil N G，Grizzard T J. 2007. The hydrological calibration and validation of a complex-linked watershed-reservoir model for the Occoquan watershed，Virginia. Journal of Hydrology，345：167-183.

Yang X，Lu X X. 2013. Delineation of lakes and reservoirs in large river basins：an example of the Yangtze River Basin，China. Geomorphology，190（3）：92-102.

Ye X，Zhang Q，Liu J，et al. 2013. Distinguish the relative impacts of climate change and human activities on variation of streamflow in the Poyang Lake catchment，China. Journal of Hydrology，494：83-95.

Yue S，Wang C Y. 2002. Applicability of prewhitening to eliminate the influence of serial correlation on the Mann-Kendall test. Water Resour. Res.，38：1068.

Zhang Q，Li L，Wang Y G，et al. 2012. Has the Three-Gorges Dam made the Poyang Lake wetlands wetter and drier? Geophysical Research Letters，VOL. 39，L20402.

Zhang Q，Ye X，Werner A D，et al. 2014. An investigation of enhanced recessions in Poyang Lake：comparison of Yangtze River and local catchment impacts. Journal of Hydrology，517：425-434.

Zhang Z H，Prinet V，Ma S D. 2003. Water body extraction from multi-source images. Geoscience and Remote Sensing Symposium，6（6）：3970-3972.

Zhang Z，Chen X，Xu C Y，et al. 2015. Examining the influence of river-lake interaction on the drought and water resources in the Poyang Lake basin. Journal of Hydrology，522：510-521.

第2章　鄱阳湖及其流域概况

2.1　引　　言

鄱阳湖作为长江中下游极具代表性的淡水通江湖泊，在洪水调蓄、气候调节、水源涵养及生物栖息地保护等诸多方面发挥着重要作用。鄱阳湖与其流域及长江之间存在着密切的水力联系，三者之间的水量交换作用决定了其显著的季节性水情变化特征。受气候变化和人类活动的叠加影响，流域水资源时空分布和湖泊水量平衡发生了变化，鄱阳湖洪旱灾害频发，诱发了湖区的生态与环境问题。尤其是近年来鄱阳湖遭受持续低枯水位影响，严重威胁环湖区以及长江下游的水量安全。

此外，鄱阳湖独特的水文节律和特殊的环境条件，繁衍了极其丰富的多样性生物，孕育了独特的湖泊草洲湿地生态系统，在维系江湖水量平衡和水域生态平衡方面发挥着十分重要的功能和作用。21 世纪以来，受气候变化和大型水利枢纽运行的影响，长江中下游江湖关系格局发生剧烈改变，给湿地植被带来了显著影响。本章将从气候、水文及植被生态等不同层面介绍鄱阳湖流域、湖区及其湿地的基本特征，旨在为鄱阳湖及其流域水资源、生态系统现状及其动态变化、演变趋势与生态环境承载力研究提供可靠的基础资料。

2.2　流域基本特征

2.2.1　地质地貌

鄱阳湖流域位于长江中下游南岸（图 2-1），处于东经 113°35′～118°29′，北纬 24°29′～30°05′，流域面积占整个长江流域面积的比重约为 9%，占江西省总面积的 97%。流域主要由赣江、抚河、信江、饶河和修水五个子流域组成，受地形地貌、地质、水文气候诸多方面因素的影响，鄱阳湖流域土壤的地带性和地域性规律都比较明显，形成的土壤类型主要有红壤、黄壤、紫色土、山地黄棕壤、水稻土等，其中红壤分布范围最广。此外，其地表覆盖类型主要为林地（朱海虹和张本，1997；王苏民，1998；窦鸿身和姜加虎，2003）。

鄱阳湖流域北临长江，三面环山，东有武夷山与福建省为界，西北有幕阜山与湖北省为界，东北有怀玉山与安徽省、浙江省为界，北面与湖北省、安徽省隔江相望。鄱阳湖流域地貌类型发育较为齐全，根据地貌形态分类标准，可划分为山地、丘陵、岗地平原三类，其中山地占 36%、丘陵占 42%、岗地平原占 22%（朱海虹和张本，1997）。鄱阳湖流域中部和南部地形相对复杂，低山、丘陵、岗阜与盆地交错分布，低山与丘陵海拔 300～600m，盆地海拔 50～100m（朱海虹和张本，1997）。其中，较大的盆地有吉泰盆地、赣州盆地，

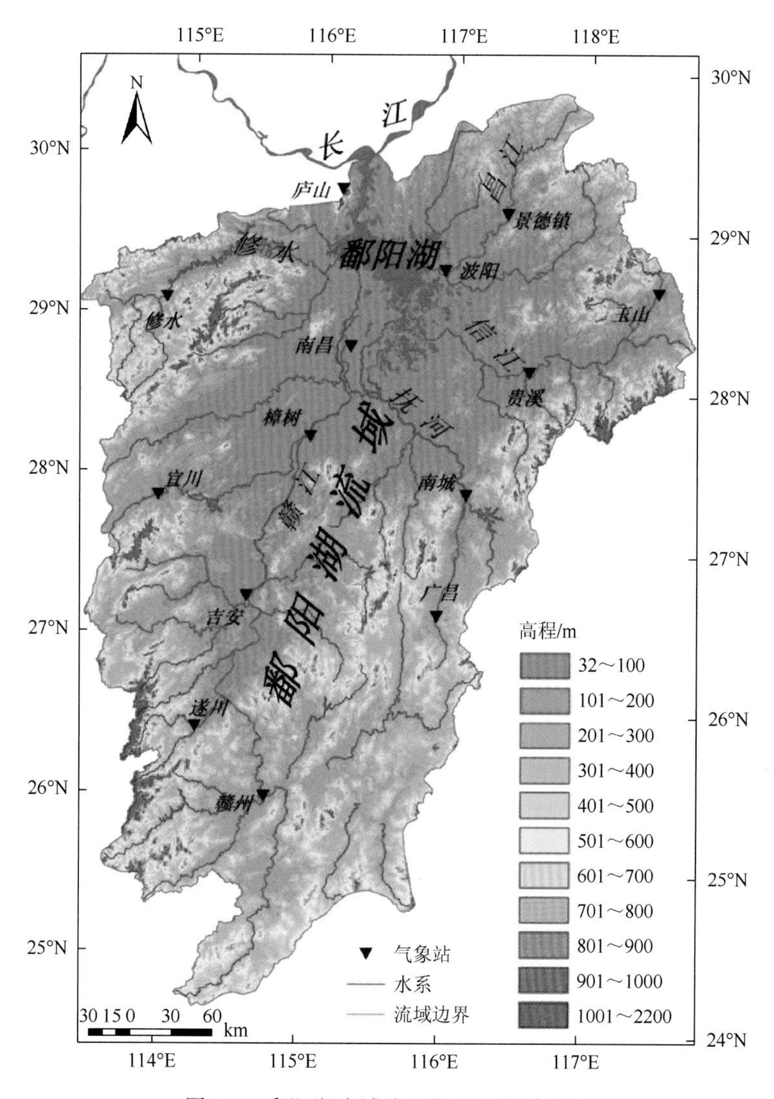

图 2-1　鄱阳湖流域地理位置及水系分布

其次有瑞金盆地、宁都盆地、兴国盆地、信丰盆地、南丰盆地、贵溪盆地等盆地。北部属鄱阳湖冲积平原，湖区地貌由水道、洲滩、岛屿、内湖、汊港组成。鄱阳湖水域、湖滩洲汊地，分别属于沿湖的南昌、九江、上饶 3 个地区的 11 个市县，海拔多低于 50m。总体来看，鄱阳湖流域地形特征呈现出周边高中间低，由周边向中心徐徐倾斜的态势，形成了一个由南向北开口的箕形盆地。

2.2.2　气候水文

1. 流域气候

鄱阳湖流域属于亚热带季风气候，气候温暖，日照充足，无霜期长。流域多年平均气温为 18℃。赣东北、赣西北及长江沿岸年均气温低于流域年均气温，为 16～27℃；湖滨区、赣江中下游、抚河及赣西南山区的年均温为 17～18℃；抚州、信江中游及吉安地区南部则为 18～19℃；赣南部盆地区域年均温最高，为 19～20℃。极端最高气温南北差异性小，基本都逼近或高于 40℃。极端最低气温南北差异性较大，北部九江大部分区域极端最低气温为–14～–12℃，赣南地区较高，为–5℃左右，其他地区为–12～–7℃。由此可见，因其地势狭长，鄱阳湖流域气温空间格局差异较大，加之降水量的不均匀空间分布，南北气候差异明显，整体呈现春秋短、夏冬长的年内分布格局。

鄱阳湖流域雨量充沛，是长江流域降水最为丰富的地区。年均降水量为 1100～2600mm，通常呈现出南多北少、东多西少、山区多盆地少的空间分布格局。鄱阳湖以北与吉泰盆地年均降水量为 1350～1400mm，九岭山、武夷山、怀玉山一带年均降水量则达 1800～2600mm，其他地区多为 1500～1700mm。鄱阳湖流域降雨年内分布也呈现显著的季节性差异。春季暖寒不定，阴雨连绵，一般在 4 月后进入梅雨时期。5～6 月降水量为全年降水量之首，约占 46%，平均降水量为 200～350mm，有的年份甚至高达 700mm 以上。该时期内大多为大雨或暴雨，雨强高达 50～200mm/d。7 月雨带北移，雨期基本结束，气温快速回升，进入晴热时期，伏旱、秋旱相连。东南海域台风在 7 月的登陆给该地区带来阵雨，缓解旱情和降暑。随后秋冬季一般晴朗少雨。该流域降水量除去年内季节分布不均外，年际变化悬殊，降水最多年份的降水量可达最少年份的一倍以上（刘元波，2012；Tan et al.，2015）。

鄱阳湖流域年日照总辐射量为 97～115kcal/cm^2；年日照时数为 1473～2078h；年蒸发量为 800～1200mm，且大多集中在 7～9 月，因此形成流域夏季洪涝、秋季干旱的气候特点；无霜期为 255～282d；流域年平均相对湿度为 75%～83%；除庐山地区外，鄱阳湖流域平均风速为 1～4m/s（李云良，2013）。

2. 流域水文

鄱阳湖流域水系发达，赣江、抚河、信江、饶河和修水以及区间来水由南、东、西方向汇入北部鄱阳湖，最后由湖口注入长江，形成了完整的鄱阳湖水系（图 2-1）。鄱阳湖流域赣江、抚河、信江、饶河、修水五大入湖河流（简称流域“五河”）各支流水文特征介绍如下：①赣江位于鄱阳湖西南部，是鄱阳湖流域最大水系，也是江西省第一大河流，干流全长 766km，赣江下游控制站（外洲）以上流域面积为 8.09×10^{4}km^2，约占鄱阳湖流域总面积的 50%。1953～2012 年，赣江平均每年入湖水量约为 680.2×10^{8}m^3，约占流域“五河”多年平均入湖总水量的 57.3%。②抚河位于鄱阳湖南部，干流长 349km，抚河下游控制站（李家渡）以上流域面积为 1.58×10^{4}km^2，约占鄱阳湖流域总面积的 11%。1953～2012 年，抚河平均每年入湖水量约为 127.3×10^{8}m^3，约占流域“五河”多年平均入湖总水量的 10.7%。③信江位于鄱阳湖东南部，主河全长 312km，信江下游控制站（梅港）以上流域面积为 1.55×10^{4}km^2。1953～2012 年，信江平均每年入湖水量约为 180.7×10^{8}m^3，约占流域“五河”多年平均入湖总水量的 15.2%。④饶河位于鄱阳湖东北部，饶河左支为乐安河，全长 313km，乐安河下游控制站（虎山）以上流域面积为 6374km^2；饶河右支为昌江，全长 267km，昌江下游控制站（渡峰坑）以上流域面积为 5013km^2。1953～2012 年，饶河平均每年入湖水量约为 117.9×10^{8}m^3，约占流域“五河”多年平均入湖总水量的 9.9%。⑤修水位于鄱阳湖西北部，河长 389km，修水下游控制站包括虬津和潦河万家埠，虬津以上流域面积为 $0.99\times10^4km^2$，万家埠以上流域面积为 $0.35\times10^4km^2$。1953～2012 年，修水平均每年入湖水量约为 $106.22\times10^8m^3$，约占流域“五河”多年平均入湖总水量的 6.8%。

由于受气候差异、人类活动（植树造林、水库等）及下垫面情况等因素的影响，流域降雨径流时空分布不均，年内、年际变化明显，具有明显的季节性和区域性（刘健等，2009；叶许春等，2012）。1955～2002 年，鄱阳湖流域平均径流系数为 0.576，其中，修水流域平均径流系数为 0.593；赣江流域平均径流系数为 0.53；抚河流域平均径流系数为 0.471；信江流域平均径流系数为 0.612；饶河流域平均径流系数为 0.634（郭华等，2006）。自 1955 年起，鄱阳湖流域径流系数处于上升趋势，且在 20 世纪 90 年代发生突变，除抚河流域略有增加外，其余四流域径流系数显著增加（郭华等，2006；郭华等，2007）。流域径流年内变化特征为：1～6 月流域径流逐渐增加，7～12 月逐渐减少（刘健等，2009），最大径流的出现时间主要在 6 月底左右，较长江中上游降水集中期偏早 1～2 个月。鄱阳湖流域水量占长江流域总水量的 15%，是长江流域降水最为丰富的地区，同时也是我国重要的淡水资源库（朱海虹和张本，1997；叶许春等，2012）。

2.2.3 社会经济

占鄱阳湖流域面积 97%的区域均位于江西省境内，江西省行政边界与鄱阳湖流域边界高度重合。因此，本章以江西省为例，简单介绍鄱阳湖流域的社会经济特征。

江西省简称“赣”，因 733 年唐玄宗设江南西道而得名，又因江西省最大的河流“赣江”而得简称。全省面积为 16.69 万 km^2，辖 11 个设区的市、100 个县级行政区（县、不设区的市（县级）、市辖区）。全省共有 55 个民族，其中，汉族人口占 99%。少数民族中人口最多的为回族和苗族（江西省统计局，2016）。

江西省地处中国东南偏中部长江中下游南岸，东临浙江、福建，南连广东，西靠湖南，北毗湖北、安徽而接长江，为长江三角洲、珠江三角洲和闽南三角洲地区的腹地。境内京九线、浙赣线纵横贯穿全境，航空和水运便捷。江西省水资源、物种资源丰富，现有世界遗产地 5 处、国际重要湿地 1 处、国家级森林公园 46 个、国家级湿地公园 28 个。江西省矿产资源丰富，在全国居前 10 位的有 81 种，是亚洲超大型的铜工业基地之一。江西省物产丰富、品种多样，景德镇瓷器、樟树四特酒、南丰蜜橘、庐山云雾茶、中华猕猴桃和赣南脐橙等驰名中外，享誉世界。在中华文明的历史长河中，江西省人才辈出，陶渊明、欧阳修、曾巩、王安石、朱熹、文天祥等文学家、政治家、科学家若群星璀璨、光耀史册。此外，江西省产业齐备、特色鲜明，无论是农业优势，还是新型工业的发展都为国家建设做出了巨大贡献。

1978 年以来，江西省经济保持平稳、协调发展（图 2-2）。2015 年地区生产总值（GDP）为 16723.78 亿元，分别是 1978 年的 3508.8%，1990 年的 1246.4%，2000 年的 485.5%，较上一年（2014 年）增长 9.1%。1979～2015 年地区生产总值平均增长速度为 10.1%，1991～2015 年平均增长速度为 11.0%，2001～2015 年平均增长速度为 11.8%。产业结构不断优化，第一产业所占比重逐渐下降（2015 年第一产业比重较上一年下降 1.7 个百分点），第二产业增长减速换挡（2015 年第二产业比重较上一年下降 0.1 个百分点），以金融业为代表的信息行业强力支撑着全省的经济增长(2015 年第三产业比重较上一年提高 1.8 个百分点)。1979～2015 年三大产业平均增长速度分别为 5.1%、12.7%和 11.1%。

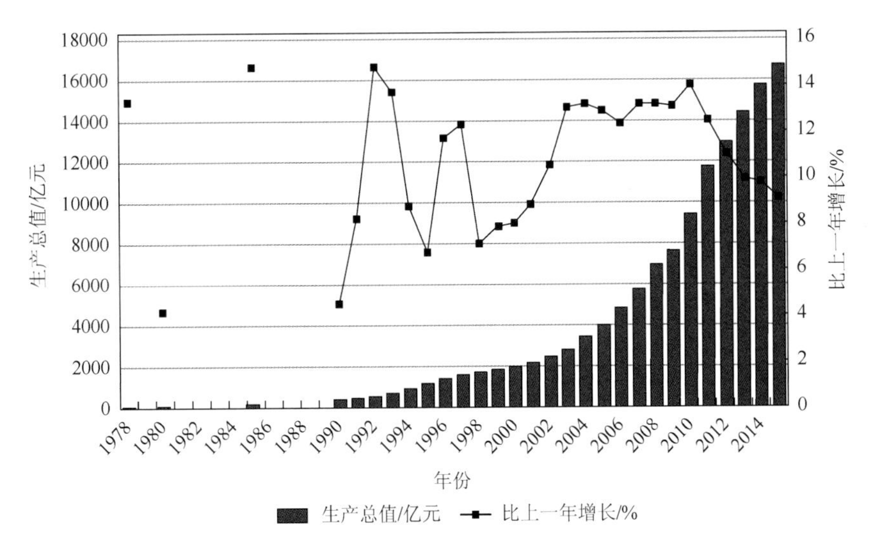

图 2-2　1978～2015 年江西省生产总值及其增长速度

江西省 2016 年末常住人口 4592.3 万人，比上年末增加 26.6 万人（图 2-3）。其中，城镇人口 2438.5 万人，占总人口的比重（常住人口城镇化率）为 53.1%，比上年末提高 1.5 个百分点。户籍人口城镇化率为 35.7%，比上年末提高 3.5 个百分点。全年出生人口 61.6 万人，出生率 13.45‰，比上年提高 0.25 个千分点；死亡人口 28.2 万人，死亡率 6.16‰，下降 0.08 个千分点；自然增长率 7.29‰，提高 0.33 个千分点。

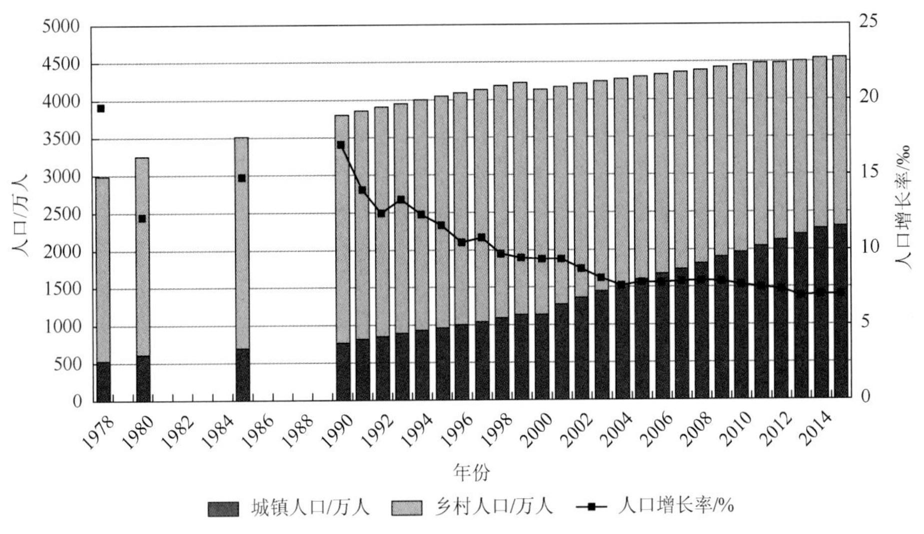

图 2-3　1978～2015 年江西省城乡人口分布及人口增长率

随着人口相关政策持续完善，人口发展态势正在逐步加快，同时也呈现出一些新的情况和问题。例如，跨省外出人口呈现回流趋势。2000 年第五次人口普查时，跨省流动人口为 368 万人，居全国第四。2010 年第六次人口普查时，跨省流动人口为 579 万人，比第五次人口普查时增加 211 万人。在产业结构变化、创业政策调整的推动下，2015 年全省跨省外出人口 584.58 万人，比 2014 年减少了 3.19 万人。另外，出生人口下降趋势得到初步扭转。在计划生育政策的影响下，全省人口出生率由 2000 年的 15.55‰，下降到 2014 年的 13.24‰，平均每年下降 0.17 个千分点。实行全面二孩政策以后，2015 年出生人口增加到 60.11 万人，增幅虽小，但改变了出生人口下降的趋势。2015 年下半年，仅比上半年下降了 0.04 个千分点，比上述 14 年的平均数少了 0.14 个千分点。此外，人口老龄化程度逐步加深，劳动年龄人口规模持续增长，低年龄段人口下降幅度趋缓，人口城镇化率继续提高，人口性别结构日臻优化，人口文化程度不断提高。

2.3　湖区基本水情

2.3.1　湖泊水位

年内变化上，鄱阳湖受入湖河流和长江洪水的双重影响，高水位历时较长。4～6 月随“五河”洪水入湖而上涨，7～9 月因长江涨水引起顶托或倒灌而维持高水位，至 10 月才稳定退水，11 月进入枯水期，至翌年 3 月。鄱阳湖水位年内及年际变幅大（图 2-4），表现为典型的水陆交替出现的湿地景观。

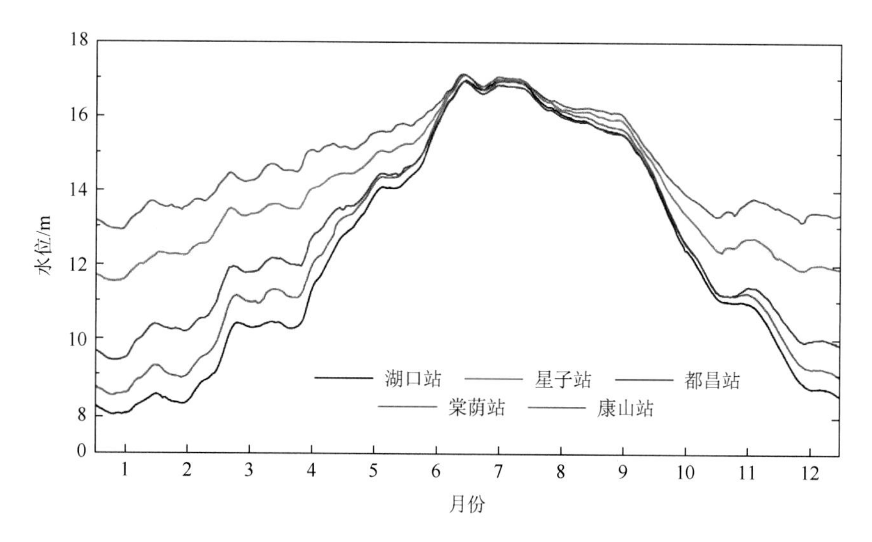

图 2-4　1953～2014 年鄱阳湖水位年内变化特征

在枯水季节，鄱阳湖上下游水位之间存在明显的落差（图 2-5），湖泊水面自北向南呈现倾斜状，高程低于 9.0m 时上下游（康山站—星子站）落差达 4.0m 以上。如 1992 年 12 月 10 日康山站（12.7m）与星子站（8.3m）之间的水位落差达到 4.4m；水位超过 15.0m 时全湖水面总体上呈水平状。水位年内变化的空间分布总体上为：秋、冬季，湖泊水面自北向南倾斜，涨水过程表现为自北向南依次升高；春末及夏季水位超过 15.0m 时，全湖上涨；夏末秋初，全湖退水；秋、冬季水位降至 15.0m 以下时，自北向南依次退水，湖面再次呈倾斜状态（周文斌等，2011）。

基于 2001～2010 年流域多年平均逐日流量和都昌站多年平均逐日水位绘制入湖流量-湖泊水位关系曲线（图 2-5）。不难得出，鄱阳湖入湖流量-湖泊水位曲线呈明显的逆时针绳套关系。根据入湖流量、湖泊水位的涨落关系可分为具有明显不同特征的三个阶段：阶段 1（红色部分）以最低水位（点 *A*）为起始点、最大流量（点 *B*）为终止点，持续时间共 172d。在此阶段，水位与流量总体均呈快速上升的趋势，多年平均入湖流量增加速率为 $68m^3/(s·d)$，多年平均湖泊水位上升速率为 0.034m/d。阶段 2（绿色部分）位于最大流量（点 *B*）和最高水位（点 *C*）之间，持续时间为 25d。在此阶段，水位仍缓慢上升，而流量快速下降，多年平均入湖流量减少速率为 $280m^3/(s·d)$，多年平均湖泊水位上升速率为 0.067m/d。阶段 3（蓝色部分）处于最高水位（点 *C*）和最低水位（点 *A*）之间，持续时间为 168d。在此阶段，湖泊水位快速下降（下降速率为 0.045m/d），入湖流量缓慢减少（减少速率为 $22m^3/(s·d)$）。

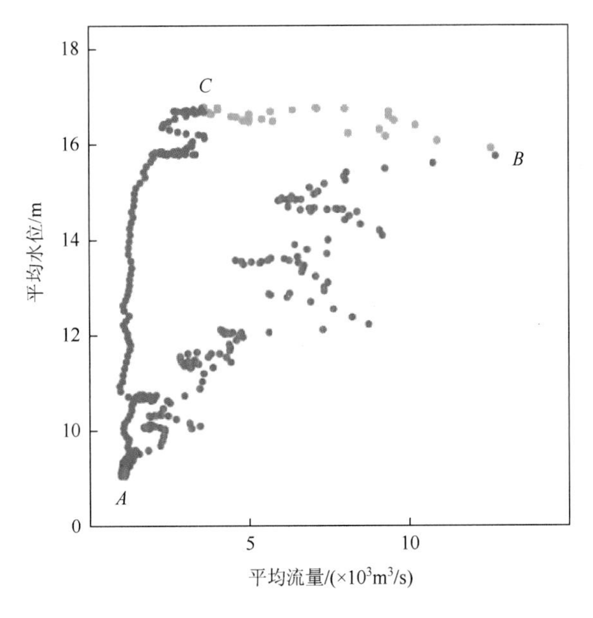

图 2-5　都昌站多年平均逐日入湖流量-湖泊水位流量关系曲线

将上述入湖流量-湖泊水位过程推广至全湖，可观察到鄱阳湖全湖湖泊水位与河流流量之间都存在显著的非线性特征（图 2-6）。根据图 2-6 中 2001～2010 年鄱阳湖各站（湖口站、星子站、都昌站、棠荫站和康山站）实测水位数据、流域“五河”（赣江、抚河、信江、饶河、修水）实测入湖流量数据及长江汉口站实测流量数据可看出，湖泊水位-“五河”流量关系与湖泊水位-长江流量关系之间的绳套方向相反（张小琳等，2017；Zhang et al.，2017）。

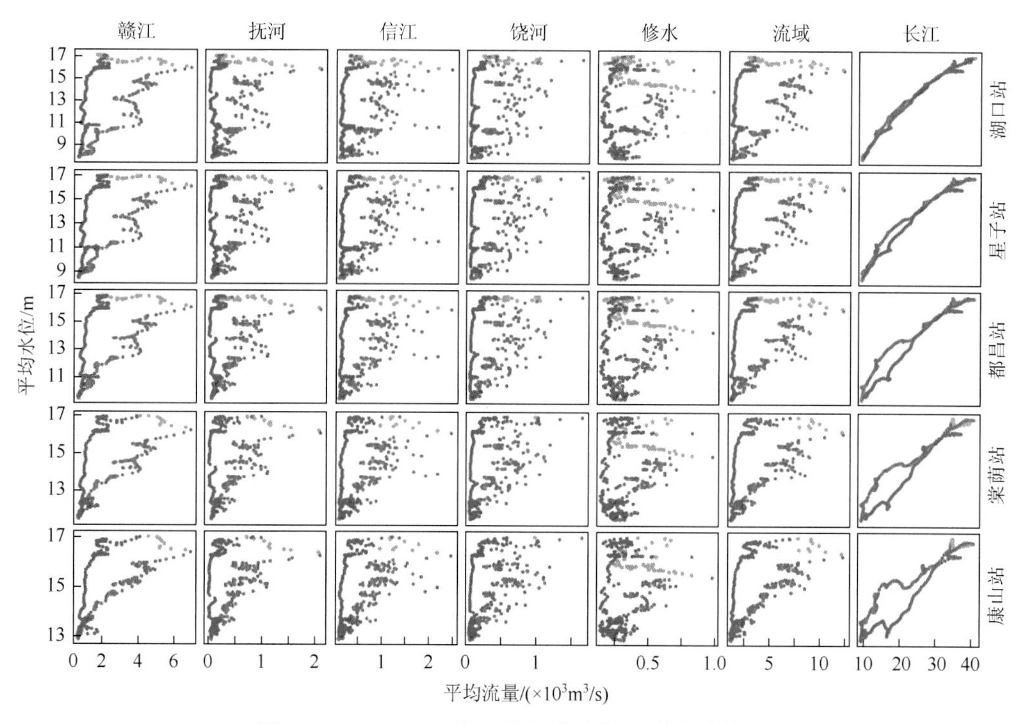

图 2-6　2001～2010 年平均湖泊水位-河流流量关系

2.3.2　湖泊水面积

从鄱阳湖月平均水面积的统计结果来看，1～7 月属于湖泊水面积上升阶段，而 7～12 月属于湖泊水面积下降阶段（图 2-7）。1953～2012 年鄱阳湖月平均水面积在 1 月最小，约为 1095km^2；在 7 月达到最大值，约为 3315km^2。从鄱阳湖多年（1953～2012 年）月平均水面积变化速率（图 2-7）来看，6～7 月湖泊水面积扩张速率达到峰值，接近 500km^2/月；湖泊水面积以 7～8 月为节点开始收缩；10～11 月湖泊水面积收缩速率达到峰值，接近 750km^2/月。鄱阳湖年内水面积生消过程同水位涨落变化特征一样遵循着枯水季节（1 月、2 月、12 月）、涨水季节（3 月、4 月、5 月）、丰水季节（6 月、7 月、8 月）、退水季节（9 月、10 月、11 月）的季节性变化规律（Li et al.，2017）。

将湖泊水位-入湖流量间的三阶段过程推广至湖泊水位-湖面面积关系，观察湖泊水面面积随水位涨落的动态变化。根据 2001～2010 年鄱阳湖各站（湖口站、星子站、都昌站、棠荫站和康山站）实测水位数据和基于遥感图像解译所得的湖泊面积得到鄱阳湖湖泊水位-湖面面积关系（图 2-8）。湖泊水位-湖面面积关系在下游区域（湖口站、星子站和都昌站）呈现显著的逆时针绳套关系；在位于湖泊中央的棠荫站处绳套明显减小，意味着非线性特征减弱；在位于最上游的康山站处，湖泊水位与湖面面积转变为顺时针绳套关系（Zhang et al.，2014；Zhang and Werner，2015）。

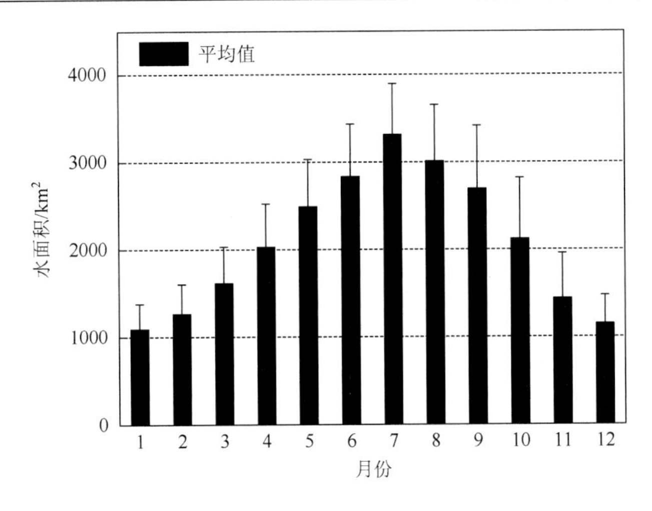

图 2-7　1953～2012 年鄱阳湖月平均水面积变化特征

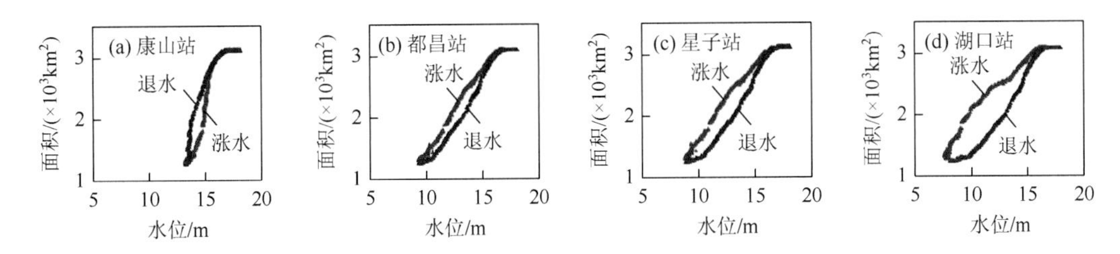

图 2-8　2001～2010 年鄱阳湖各站月平均湖泊水位-湖面面积关系

红色散点为涨水阶段，蓝色散点为退水阶段

2.3.3　湖流

湖流是水动力要素的一个重要状态变量，对湖泊换水周期、水环境因子等具有重要的指示意义。湖流快慢取决于水面比降的大小与过水断面的形态。鄱阳湖枯水期湖水归槽，比降增大，流速加快；洪水期湖水漫滩，比降减小，流速变慢。漫滩前，湖流流速与水位高低呈正相关，流速随水位升高而增大；漫滩后，流速大小与水位高低呈负相关，流速随水位的升高而减缓（朱海虹和张本，1997）。空间上，大致以松门山为界，北部湖区（入江水道）流速大于南部湖区（主湖体）；主航道流速大于洲滩、湖湾和碟形湖区；主航道流向主要受水流动力制约，湖水沿航道走向流动；湖湾洲滩流向主要受地形、风力等因素影响，流向各异（谭国良，2013）。

通过对湖口断面不同季节的流速监测结果分析可知，水平方向上，湖泊主河道的平均流速约高于 0.5m/s，洪泛区的流速基本低于 0.2m/s。总体上，湖泊主河道的流速要明显高于两侧的洪泛洲滩区域，且涨水期和洪水期的流速监测结果更为明显（图 2-9）。枯水季节，湖口断面的平均流速约为 0.4m/s，最大流速可达 1.1m/s，而涨水期和洪水期的平均流速要偏大，其最大流速可达 1.6m/s。鄱阳湖流速的季节性变化主要与湖泊空间水位落差及相应的湖流形式有关。深度方向上，主河道区域的垂向流速差异整体较小，而洪泛洲滩等湖域的垂向流速差异则较为明显，这可能是因为主河道快速的水流促进了水体的混合程度，而浅水洪泛区或受到外部风场条件的干扰而表现为垂向流速的差异。但总的来说，在季节变化尺度上，鄱阳湖垂向流速的差异基本小于 0.2m/s，某种程度上表明湖泊垂向混合程度良好，可忽略其垂向分层特征（Li et al.，2016）。

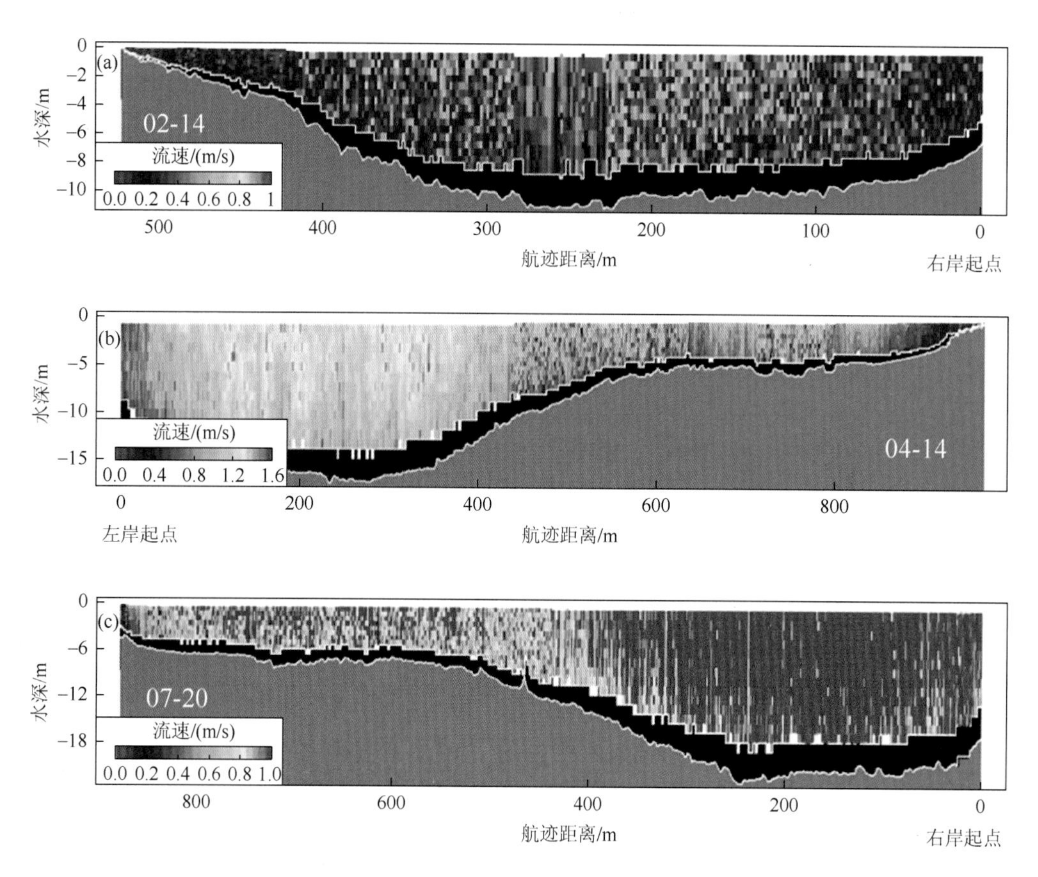

图 2-9　2015 年湖口断面的 ADCP 监测流速分布

断面起点与航距因水位变化而不同

粒子示踪实验（表 2-1）于 2015 年 7 月下旬～8 月上旬在鄱阳湖东北部湖湾区和康山附近湖区开展，主要是调查鄱阳湖典型湖区的水流运动格局。该实验共计投放了 5 个粒子示踪仪，示踪仪在湖泊水体中呈漂浮状态随水流运动，可远程自动接收示踪仪的经纬度信息与对应时间，数据采集频率为 15 分钟。因 5 个粒子示踪仪在鄱阳湖的实际运动情况有所差异，不同示踪仪的实验持续时间为 4～19d 不等。

表 2-1　粒子示踪实验信息（李云良等，2016a）

仪器编号	投放时间	投放点经纬度	结束时间	所属湖区	湖泊水深/m
NP4	7 月 21 日 18：45	116°34.06′，29°09.96′	8 月 8 日 11：28	东北部湖湾区	3.6
NP5	7 月 21 日 18：53	116°33.41′，29°09.80′	8 月 8 日 11：33	东北部湖湾区	4.1

续表

仪器编号	投放时间	投放点经纬度	结束时间	所属湖区	湖泊水深/m
NP6	7 月 22 日 10：48	116°24.88′，28°54.73′	8 月 8 日 11：37	康山湖区	2.0
NP7	7 月 22 日 11：00	116°25.50′，28°55.71′	8 月 7 日 07：21	康山湖区	7.9
NP8	7 月 22 日 11：07	116°25.67′，28°56.13′	7 月 25 日 09：51	康山湖区	6.7

注：湖泊水深指粒子示踪仪投放时的点位水深。

通过典型湖区的粒子示踪实验（图 2-10）可以发现，东北部湖湾区的粒子迁移路径随着该湖区的水流运动表现得较为复杂，粒子 NP4 和 NP5 的运动方向是多变的。除了可以明显观察到顺时针方向的粒子运动（NP5），还可以发现粒子向湖岸边界和湖汊迁移，最终滞留在东北部湖湾区（NP4 和 NP5）。此外，NP4 和 NP5 的粒子示踪监测结果与水动力模型模拟结果几乎一致，均表明东北部湖湾区会有相当一部分粒子或污染物在此富集和滞留。尽管 NP6、NP7 和 NP8 的初始投放点不同，加上这 3 个粒子在康山湖区的迁移路径也有所差异，但总体而言，3 个粒子在快速水流的推动下主要沿着主河道向北迁移，未发现粒子进入东北部湖湾区的迹象。当粒子迁移至东北部湖湾区附近时，NP6 和 NP8 均有一个明显的西北转向，由此表明粒子受到东北部湖湾区部分水流的推进作用，即饶河入流有一部分向主湖区方向运动。

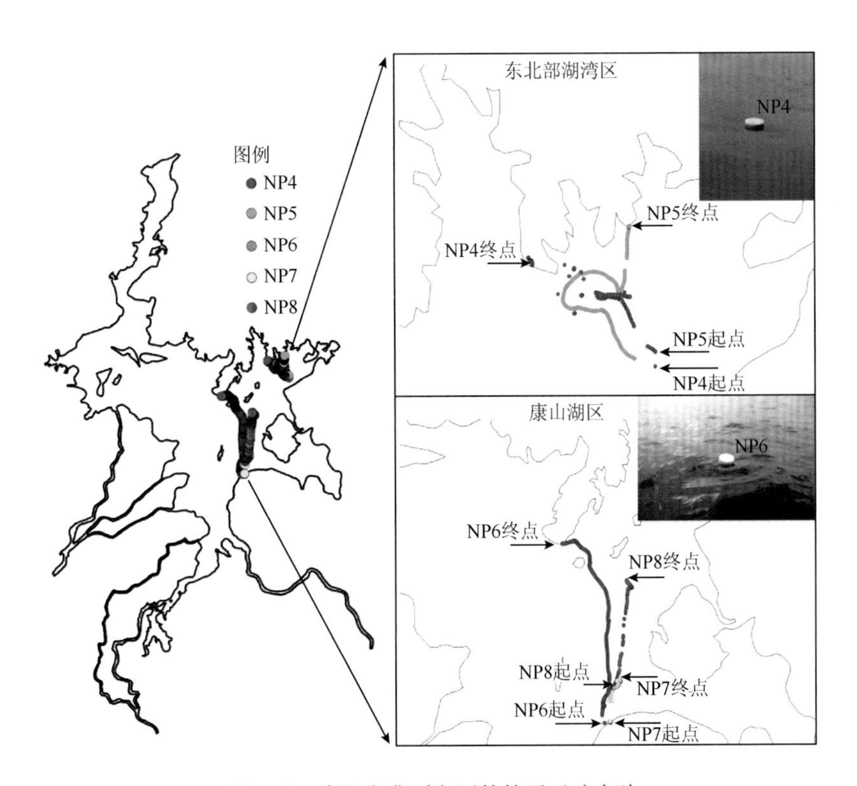

图 2-10　鄱阳湖典型湖区的粒子示踪实验

2.4　湿地生态水文

2.4.1　湿地水文

现场观测数据显示（图 2-11），洲滩湿地的地下水埋深有明显的季节变化，最大变幅可达 10m。地下水最大埋深近 10m，出现在 1 月，最高地下水位可出露地表，出现在 8 月。一般来说，1～3 月地下水埋深较大，4 月下旬地下水位开始大幅上涨，涨幅可达 6m，7～8 月维持高水位，平均埋深在 1m 内，9 月初地下水位开始逐渐下降，整体表现出明显的年周期性变化（许秀丽等，2014b）。

地下水位的年内变化与月降水量的季节性分布有时间上的差异，地下水位峰值与月降水量峰值不同步，地下水位峰值出现时间滞后降水峰值 3～4 个月。具体来说，图 2-11 显示年内降水主要集中在 3～5 月，最大降水量出现在 4 月，单月降水占全年降水量的 24%，而 4 月地下水位的涨幅仅占 4～8 月地下水位涨幅的 1/3，6 月之后各月降水量大幅减少并趋于稳定，而地下水位在该阶段却是快速上升期，7～8 月始终维持高水位，甚至在 8 月下旬地下水溢出地面。

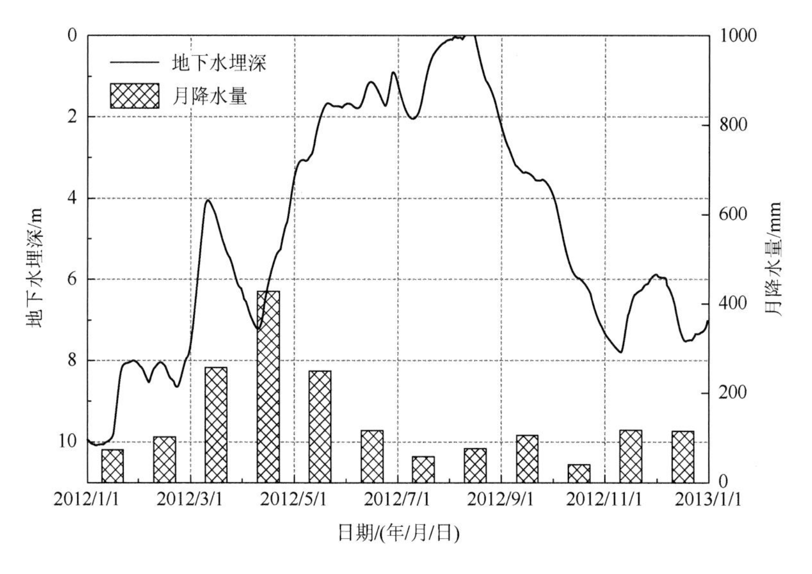

图 2-11　洲滩湿地地下水埋深与月降水量的关系

采用 2011～2012 年茵陈蒿群落观测点地下水埋深（WTD）与星子站湖水位（LWL）数据，分析地下水埋深与湖泊水位的关系（图 2-12），发现洲滩湿地地下水埋深与湖水位年内变化过程线形态一致，出现拐点的时间基本同步，涨落幅度相近，湖水位微小变化都引起地下水位的同步响应。湖水位与地下水埋深之间满足线性关系（WTD = 16.40−0.84 LWL），R^2 可达 0.99（P<0.001），表明湖水位是洲滩湿地地下水埋深变化的驱动因子。实验区为湖滨滩地，含水层多为砂质，渗透性极强，与湖泊有着良好的水力联系，湖泊水位变化会直接引起洲滩湿地地下水埋深的同步变化。此外，该方程可用于推算未监测时段洲滩湿地地下水埋深的变化。

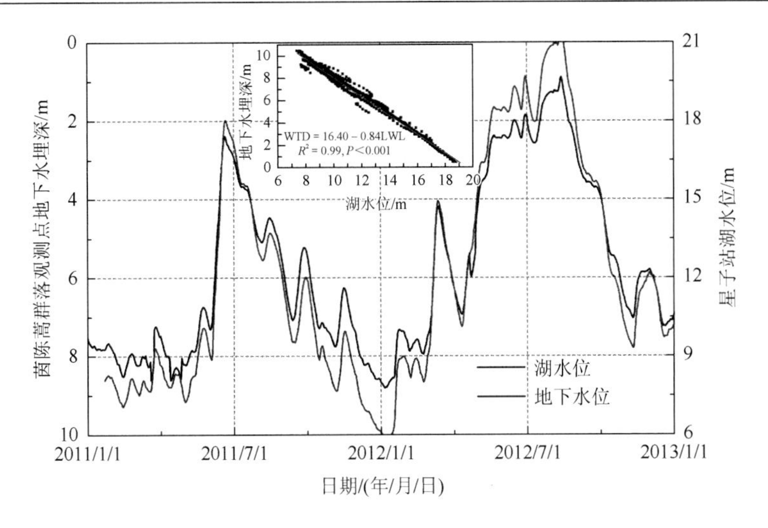

图 2-12　2011～2012 年茵陈蒿群落观测点地下水埋深与星子站湖水位变化关系

不同植物群落的地下水埋深存在极显著的差异（图 2-13）（茵陈蒿群落与芦苇群落：$t = -568.5$，$P<0.001$；茵陈蒿群落与灰化薹草群落：$t = -973.8$，$P<0.001$；芦苇群落与灰化薹草群落：$t = -445.8$，$P<0.001$），各群落埋深大小为：茵陈蒿群落＞芦苇群落＞灰化薹草群落。灰化薹草群落的地下水埋深始终最小，变化范围为地面淹水 4.6m（–4.6m）至地下水埋深 6.0m，年平均水深为地下水埋深 1.4m；茵陈蒿群落的地下水埋深始终最大，变化范围为 0.04～10m，年平均水深为地下水埋深 5.5m；芦苇群落地下水埋深居中，变化范围为地面淹水 2.9m（–2.9m）至地下水埋深 7.8m，年均水深为地下水埋深 3.3m（图 2-13）。整体来看，沿着洲滩湿地断面高程存在明显的地下水埋深梯度，由远湖区至近湖区，地下水埋深不断减少。

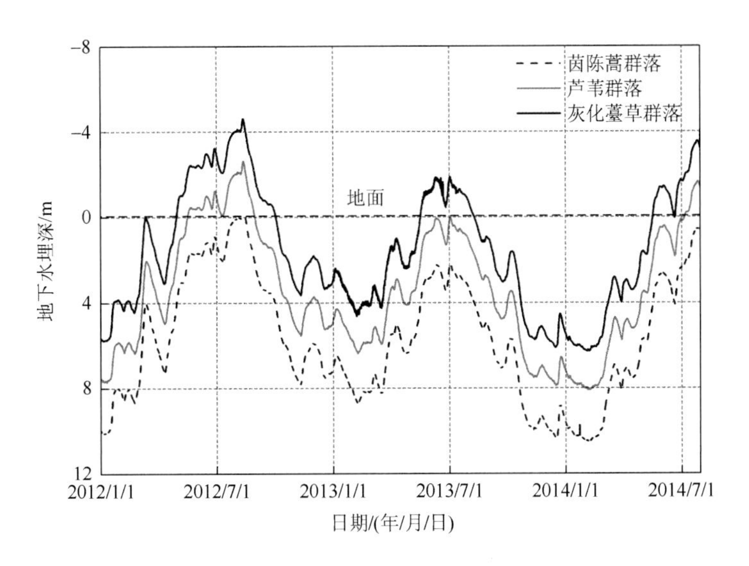

图 2-13　洲滩湿地不同植物群落地下水动态变化

正值为地下水埋深，负值代表淹水深度

研究区洲滩湿地土壤含水量的变化范围为 2%～55%，不同群落土壤体积含水量的变化规律有明显的差异（图 2-14）。茵陈蒿群落土壤有着明显的季节性干湿交替，各层土壤体积含水量波动剧烈，夏季土壤含水量最高，平均含水量为 22%，最高含水量可达 55%；春季含水量次之，平均为 15%；秋、冬季节土壤含水量最低，平均不足 10%，最低仅为 2%（图 2-14）。而芦苇群落土壤全年基本处于近饱和状态，土壤含水量没有明显的季节性变化，各层土壤含水量全年始终保持在 40%以上（2012 年冬季偏低的土壤含水量可能因为安装初期仪器不稳定），仅在秋季退水之后有一定的降低，春、夏、秋季土壤平均含水量为 40%～46%，冬季水分含量较低，平均为 38%（图 2-14）。整体来看，茵陈蒿群落土壤含水量有明显的季节变化规律，夏季土壤含水量极显著高于其他季节（$P<0.001$），土壤水分季节性变异系数为 64%～91%；而芦苇群落土壤含水量的季节性差异很小，变异系数为 11%～20%（许秀丽等，2014a）。

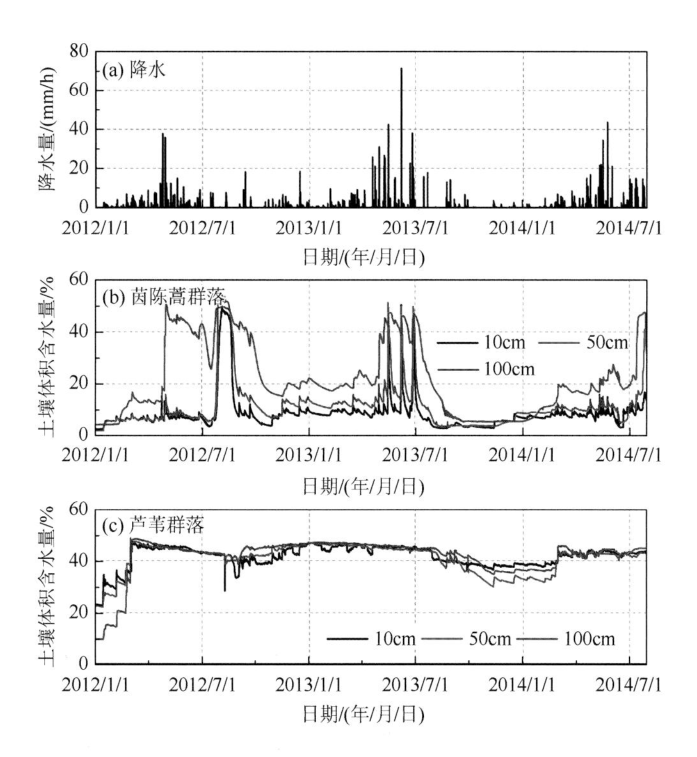

图 2-14　洲滩湿地茵陈蒿群落和芦苇群落土壤体积含水量季节变化

2.4.2　湿地土壤

首先分析沿洲滩湿地断面土壤质地类型的变化，土壤类型沿高程梯度呈现较强的水平和垂向异质性（图 2-15）。土壤类型测试结果发现，整个湿地断面主要为 3 种岩性（依据 2013《海港水文规范》（JTS 145-2—2013）），粒径由粗到细依次为砂土（$D_{50}>100\mu m$，干容重约为 $1.30g/cm^3$）、粉砂土（$30\mu m<D_{50}<100\mu m$，干容重约为 $1.25g/cm^3$）和淤泥质（$D_{50}<30\mu m$，干容重约为 $1.40g/cm^3$）。从断面水平走向来看，砂土和粉砂土主要分布在

高地势处（13～18m），而淤泥质主要分布在毗邻大湖面的地势低洼处（11～12m），其中，茵陈蒿群落以砂土为主，芦苇群落以粉砂土为主，灰化薹草群落上缘地带以粉砂土为主，下缘地带以淤泥质和砂土为主（图2-15）。这种水平方向土壤属性的异质性，很可能是鄱阳湖季节性的水位涨落所致，在高海拔区域主要沉积大颗粒物质，而在靠近湖区的低海拔区域淤泥质成分逐渐增多，主要沉积细颗粒（胡春华等，1995；董延钰等，2011）。从垂直方向上来看，各植被群落的土壤有一定的分层，充分体现了土壤垂向结构的非均质性，茵陈蒿群落为砂土夹粉砂土夹层，芦苇群落为粉砂土夹砂土夹层，灰化薹草下缘地带为淤泥质、砂土、粉砂土夹层（图2-15）。总体来说，土壤类型在水平和垂向尺度上都呈现出一定的空间异质性。

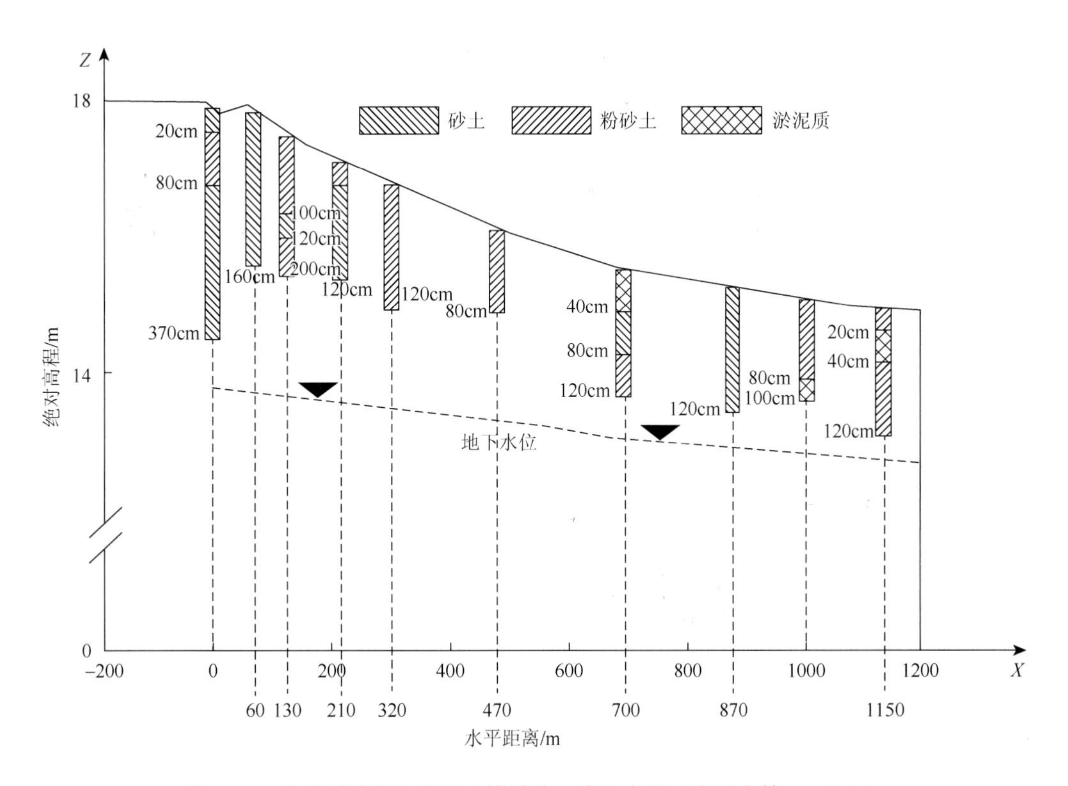

图2-15 典型洲滩湿地断面土壤质地二维分布图（李云良等，2016b）

洲滩湿地土壤理化性质指标沿断面高程梯度的变化都呈曲线分布且达到统计检验水平（图2-16）。其中，土壤TC、TN、TP的变化范围分别为2.8～60.5g/kg、0.4～5.5g/kg、0.4～5.5g/kg，沿高程梯度均呈典型的上凸形分布，最大值出现在中等高程梯度的14～15m（图2-16（a）～（c））；TK也呈上凸形分布，变化范围为21.6～29.4g/kg，最小值出现在最高高程17～18m，若去掉17～18m的数值，TK随着高程的降低而减少（图2-16（d））；土壤pH沿高程梯度呈下凹形分布，变化范围为4.6～6.6，说明土壤整体偏酸性，其中较低值出现在中等高程的15～16m，若去掉最高高程17～18m的数值，pH随着高程的降低而增大（图2-16（e））。

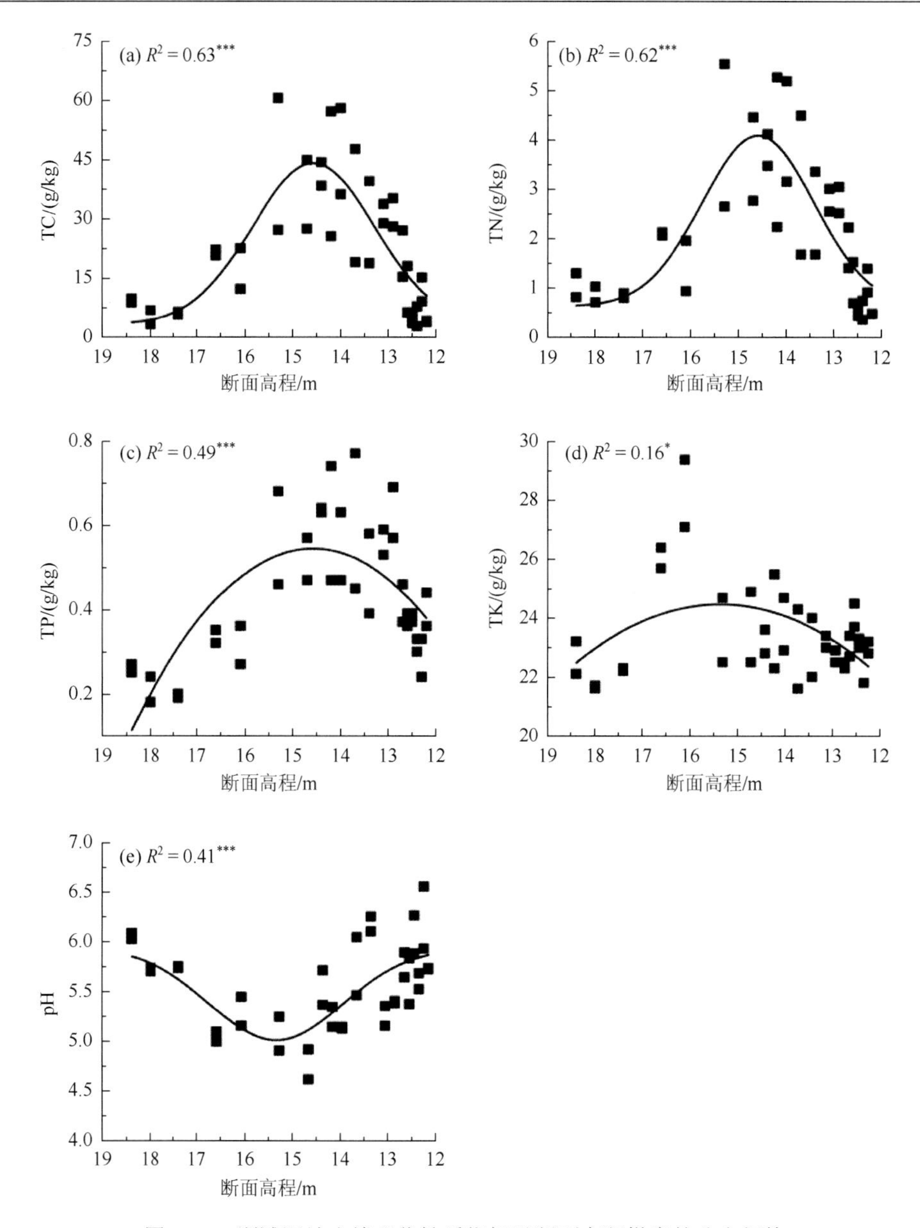

图 2-16　洲滩湿地土壤理化性质指标沿断面高程梯度的分布规律

实线为数据最佳拟合曲线，*为 $P<0.05$，***为 $P<0.001$

2.4.3　湿地植被

鄱阳湖典型洲滩湿地位于赣江与修水交汇下游的冲积三角洲，地理坐标为 116°00′11″E，29°14′34″N，位于江西省永修县吴城镇以北的吴城国家自然保护区（PLNNR）境内（图 2-17）。该湿地断面具有以下特点：①该湿地为鄱阳湖典型湖泊洲滩湿地，年内湖水位季节性波动显著，枯水期洲滩出露，植被大量发育，丰水期水位上涨，大部分洲滩被淹没，湿地有着明显的季节性干湿交替现象，能够反映水分的空间梯度变化；②沿高程和土壤水分梯度发育典型植被，从远湖区高地至近湖区低洼地，分别涵盖了中生性草甸、挺水植被、湿生植被等鄱阳湖洲滩主要植被类型，且长势良好，垂直性分带明显，适宜进行植被的长期定点观测；③实验区的典型植被芦苇-南荻群落和灰化薹草群落是鄱阳湖分布面积最广的草洲植被类型，其分布面积占整个鄱阳湖湿地植被面积的 50%以上，且是对极端水文事件响应最为敏感的群落类型；④实验区地理位置偏僻，远离村镇，避免了放牧、收割、踩踏等人为因素对植被的干扰，能够反映自然状态下植被的生长演替（许秀丽，2015）。

植被生态调查结果显示，研究区从高位滩地到近湖区共可划分为 3 个典型植物群落：茵陈蒿群落、芦苇群落和灰化薹草群落，群落沿高程梯度呈带状分布且有明显的分界线，边界位置由优势种重要值沿高程的变化确定。

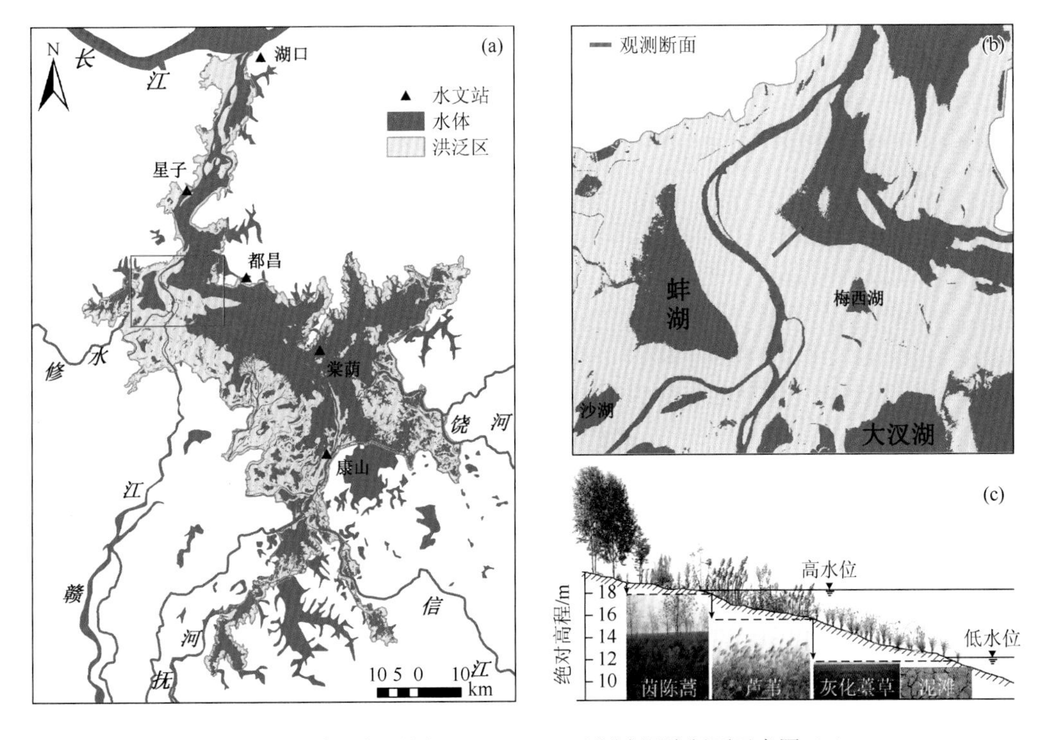

图 2-17　研究区位置图（(a)，(b)）及洲滩湿地断面示意图（c）

研究区植被调查总共发现 18 种物种，分属于 8 科 15 属，其中禾本科植物 8 种，蓼科植物 3 种，菊科植物 2 种，莎草科 2 种，伞形科、豆科、十字花科各 1 种，主要为一年生或多年生草本（表 2-2）。不同植物群落的物种组成不同，其中，茵陈蒿群落以茵陈蒿为优势种，重要值为 0.50，狗牙根为主要伴生种，群落主要由旱生和中生性多年生草本组成；芦苇群落以芦苇为建群种，重要值为 0.32，主要伴生种为灰化薹草和南荻，重要值分别为 0.31 和 0.16，群落主要由多年生挺水植物和湿生植物组成，同时有部分一年生草本；灰化薹草群落以灰化薹草为绝对优势种，重要值达到 0.67，其他伴生种主要有刚毛荸荠和虉草。三个群落中茵陈蒿群落与其他群落之间没有共有种，是一个典型的中生性植物群落，芦苇群落和灰化薹草群落主要由湿生植物组成，且两群落的共有种较多，说明其生境有一定的相似性。

表 2-2　不同植物群落物种组成、重要值及生态型（平均值±标准差）

种名	拉丁名	茵陈蒿群落（n=6）	芦苇群落（n=12）	灰化薹草群落（n=22）	生态型	科属	生活型
茵陈蒿	*Artemisia capillaris*	0.50±0.18	0	0	旱生	菊科蒿属	多年生草本
狗牙根	*Cynodon dactylon*	0.21±0.16	0	0	中生	禾本科狗牙根属	多年生草本
小蓬草	*Conyza canadensis*	0.11±0.07	0	0	中生	菊科白酒草属	多年生草本
白茅	*Imperata cylindrical*	0.11±0.12	0	0	旱生	禾本科白茅属	多年生草本
牛鞭草	*Hemarthria altissima*	0.06±0.11	0	0	旱生	禾本科牛鞭草属	多年生草本
紫云英	*Astragalus sinicus*	0	0.02±0.02	0	湿生	豆科黄芪属	一年生草本
看麦娘	*Alopecurus aequalis*	0	0.02±0.03	0	湿生	禾本科看麦娘属	一年生草本
野胡萝卜	*Daucus carota*	0	0.01±0.02	0	湿生	伞形科胡萝卜属	一年生草本
小叶蓼	*Polygonum delicatulum*	0	0.04±0.03	0	湿生	蓼科蓼属	一年生草本
南荻	*Triarrhena lutarioriparia*	0	0.16±0.13	0	湿生	禾本科荻属	多年生草本
芦苇	*Phragmites australis*	0	0.32±0.12	0	挺水	禾本科芦苇属	多年生草本
灰化薹草	*Carex cinerascens*	0	0.31±0.14	0.67±0.22	湿生	莎草科薹草属	多年生草本
水蓼	*Polygonum hydropiper*	0	0.05±0.05	0.02±0.05	湿生	蓼科蓼属	一年生草本
蒌蒿	*Artemisia selengensis*	0	0.05±0.04	0.06±0.07	湿生	菊科蒿属	多年生草本
水田碎米荠	*Cardamine lyrata*	0	0.01±0.02	0.03±0.04	湿生	十字花科碎米荠属	多年生草本
虉草	*Phalaris arundinacea*	0	0	0.08±0.20	湿生	禾本科虉草属	多年生草本
刚毛荸荠	*Eleocharis valleculosa*	0	0	0.12±0.16	挺水	莎草科荸荠属	多年生草本
蓼子草	*Polygonum criopolitanum*	0	0	0.02±0.03	湿生	蓼科蓼属	一年生草本

2.5　小　　结

鄱阳湖具有年际、年内差异显著的水位及水面积变化特征，沿不同的环境梯度形成带状的湿地植物群落，其社会经济与生态功能在国内乃至国际上具有重要的地位。本章基于数据资料的更新，从气候、水文、植被等不同层面系统阐述了鄱阳湖流域、湖泊及湿地的基本属性特征，加深了对鄱阳湖湖泊流域系统现状的认识与理解，主要得出如下几点结论。

（1）鄱阳湖流域地形总体呈现南高北低的倾斜状，赣江、修水、抚河、信江、饶河五条主要河流汇入鄱阳湖，并通过湖口注入长江。受亚热带季风气候影响，流域及长江来水主要集中在夏季，湖泊水位在时空分布上呈现显著的差异性，湖泊水面面积随着水位的季节性变化呈现高度动态变化。

（2）快速、高变幅的水位变化形成了广阔的鄱阳湖草洲湿地。水位的周期性波动形成了洲滩上特定的环境梯度，湿地植物群落沿环境梯度呈有规律的带状分布。

（3）鄱阳湖典型洲滩湿地地下水动态有明显的年内及年际变化，不同植物群落地下水埋深变化趋势一致，埋深大小为茵陈蒿群落＞芦苇群落＞灰化薹草群落。整体来说，茵陈蒿群落土壤含水量最低且季节性变异最大，芦苇群落的土壤含水量最高且季节性变异最小，灰化薹草群落居中。

（4）湿地植物群落沿高程梯度的分布格局受水文要素和土壤理化因子共同影响，作用大小为：水文要素＞pH＞土壤理化因子，其中平均地下水埋深是群落空间分异的主控因素。

参 考 文 献

董延钰，金芳，黄俊华. 鄱阳湖沉积物粒度特征及其对形成演变过程的示踪意义. 地质科技情报，2011，30（2）：57-62.

窦鸿身，姜加虎. 2003. 中国五大淡水湖. 合肥：中国科学技术大学出版社.

郭华，姜彤，王国杰，等. 2006. 1961-2003 年间鄱阳湖流域气候变化趋势及突变分析. 湖泊科学，18（5）：443-451.

郭华，苏布达，王艳君，等. 2007. 鄱阳湖流域 1955-2002 年径流系数变化趋势及其与气候因子的关系. 湖泊科学，19（2）：163-169.

胡春华，朱海虹. 鄱阳湖典型湿地沉积物粒度分布及其动力解释. 湖泊科学，1995，7（1）：21-32.

江西统计局. 2016. 江西统计年鉴 2016. 北京：中国统计出版社.

李云良. 2013. 鄱阳湖湖泊流域系统水文水动力联合模拟研究. 北京：中国科学院大学.

李云良，许秀丽，赵贵章，等. 2016b. 鄱阳湖典型洲滩湿地土壤质地与水分特征参数研究. 长江流域资源与环境，25（8）：1-9.

李云良，姚静，李梦凡，等. 2016a. 鄱阳湖水流运动与污染物迁移路径的粒子示踪研究. 长江流域资源与环境，25（11）：1743-1757.

刘健，张奇，许崇育，等. 2009. 近 50 年鄱阳湖流域径流变化特征研究. 热带地理，3：213-218 + 224.

刘元波. 2012. 鄱阳湖流域气候水文过程及水环境效应. 北京：科学出版社.

谭国良. 2013. 鄱阳湖生态经济区水文水资源演变规律研究. 北京：中国水利水电出版社.

王苏民. 1998. 中国湖泊志. 北京：科学出版社.

许秀丽. 2015. 鄱阳湖典型洲滩湿地生态水文过程研究. 北京：中国科学院大学.

许秀丽，张奇，李云良，等. 2014a. 鄱阳湖典型洲滩湿地土壤含水量和地下水位年内变化特征. 湖泊科学，26（2）：260-268.

许秀丽，张奇，李云良，等. 2014b. 鄱阳湖洲滩芦苇种群特征及其与淹水深度和地下水埋深的关系. 湿地科学，（6）：714-722.

叶许春，张奇，刘健，等. 2012. 鄱阳湖流域天然径流变化特征与水旱灾害. 自然灾害学报，（1）：140-147.

张小琳，张奇，王晓龙. 2017. 洪泛湖泊水位-流量关系的非线性特征分析. 长江流域资源与环境，26（5）：723-729.

周文斌，万金保，姜加虎. 2011. 鄱阳湖江湖水位变化对其生态系统影响. 北京：科学出版社.

朱海虹，张本. 1997. 鄱阳湖：水文. 生物. 沉积. 湿地. 开发整治. 合肥：中国科学技术大学出版社.

Li M，Zhang Q，Li Y，et al. 2016. Inter-annual variations of Poyang Lake area during dry seasons：characteristics and implications. Hydrology Research，47（S1）：40-50.

Li Y L，Zhang Q，Werner A D，et al. The influence of river-to-lake backflow on the hydrodynamics of a large floodplain lake system（Poyang Lake，China）. Hydrological Processes，2017，31（1）：57-62.

Tan Z，Tao H，Jiang J，et al. 2015. Influences of climate extremes on NDVI（normalized difference vegetation index）in the Poyang Lake Basin，China. Wetlands，35（6）：1033-1042.

Zhang Q，Werner A D. 2015. Hysteretic relationships in inundation dynamics for a large lake-floodplain system Journal of Hydrology，527：160-171.

Zhang Q，Werner A D. 2015. Hysteretic relationships in inundation dynamics for a large lake-floodplain system. Journal of Hydrology，527：160-171.

Zhang Q，Ye X，Werner A D，et al. 2014. An investigation of enhanced recessions in Poyang Lake：comparison of Yangtze River and local catchment impacts. Journal of Hydrology，517：425-434.

Zhang X L，Zhang Q，Werner A D，et al. 2017. Characteristics and causal factors of hysteresis in the hydrodynamics of a large floodplain system：Poyang Lake（China）. Journal of Hydrology，553：574-583.

第3章　鄱阳湖流域气象水文要素时空变化

3.1　引　　言

作为当前国家和地方正在实施的环鄱阳湖生态经济区建设和“山江湖”综合开发战略的重要区域，鄱阳湖流域的气候、水文以及生态过程备受关注（刘元波等，2012）。在全球气候变化和人类活动的双重影响下，鄱阳湖流域的气象水文要素发生了显著改变。20世纪80年代以来鄱阳湖洪水、干旱事件不断增加（Yao et al.，2016；张强等，2011），同时该区域也是我国南方红壤丘陵区水土流失异常严重的地区（胡振鹏，2006）。流域气象水文要素的显著改变直接影响季节性入湖径流的变化，进而影响河湖水热交换、长江与湖泊的相互作用关系等（Yang et al.，2016）。

在“国际地圈生物圈计划”和“世界气候研究计划”以及“国际全球环境变化人文因素计划”等的支持下，探索自然变化和人类活动影响下的水文循环机理及其演变规律的研究已成为当前国际水文学领域的研究热点（Troch et al.，2015）。21世纪的水文水资源问题正面临着巨大的挑战与机遇，作为资源、生态和环境要素的水已成为社会经济可持续发展的重要制约因素。鄱阳湖流域气候变化和人类活动的综合作用对流域水文过程及湖泊水量平衡产生了极其复杂的影响（闵骞和占腊生，2012；张强等，2015）。然而，在流域或区域水资源变化过程中，不同时期气候变化和人类活动的影响作用到底有多大？如何确定其相对作用大小并对其进行定量区分？这些问题的回答对于认识变化环境下流域水循环过程、陆-气相互作用、生态环境保护及水资源合理利用都具有重要的科学意义和实用价值。为了深入理解和认识湖泊-流域系统对自然与人类活动的响应，本章将重点探讨变化环境下鄱阳湖流域蒸发和径流的响应机制，为实施流域水资源综合管理和生态环境保护提供科学依据。

3.2　鄱阳湖流域气象因子变化

1959～2012年，鄱阳湖流域的气象因子发生了显著的变化。鄱阳湖流域76个气象台站中，86.5%的台站降水呈上升趋势（表3-1），但仅有1.4%的台站上升趋势比较显著（$P<0.05$）；94.6%的气温呈显著上升趋势（$P<0.05$），2m风速主要呈显著的下降趋势（$P<0.05$），约占总台站数的89.2%；辐射也主要表现出显著的下降趋势（$P<0.05$），约占总台站数的89.2%；所有台站的水汽压均呈上升趋势，其中74.3%的台站上升趋势明显（$P<0.05$）。

表 3-1　气象因子变化趋势统计表　（单位：%）

趋势	降水	气温	2m 风速	辐射	水汽压
上升（不显著）	85.1	4.1	8.1	2.7	25.7
上升（显著）	1.4	94.6	2.7	0.0	74.3
下降（不显著）	13.5	1.4	0.0	8.1	0.0
下降（显著）	0.0	0.0	89.2	89.2	0.0

如图 3-1 所示，就鄱阳湖流域平均而言，降水的变差系数为 15.8%，是五个气象因子中波动最大的要素，过去 54 年间降水呈不显著的上升趋势，其速度约为 2.4mm/a，M-K 变点检验表明降水在 1970～1985 年发生了突变。气温在过去 54 年间的变差系数为 2.4%，其呈缓慢增加的趋势，变化速度为 0.01℃/a，M-K 变点检验表明气温在 1997～1999 年发生了突变。2m 风速在过去的 54 年间呈显著的下降趋势（$P<0.05$），其下降速度为 −0.01m/(s·a)，M-K 变点检验表明 2m 风速在 1984 年左右发生了突变。辐射在过去 54 年间也发生了显著的下降趋势（$P<0.05$），其变化速度为−0.02MJ/(m^2·d^2·a)，且在 1981 年左右出现了突变点。对水汽压而言，过去 54 年间其呈不显著的上升趋势（0.001kPa/a），M-K 变点检验表明水汽压在 1989 年左右发生了突变。

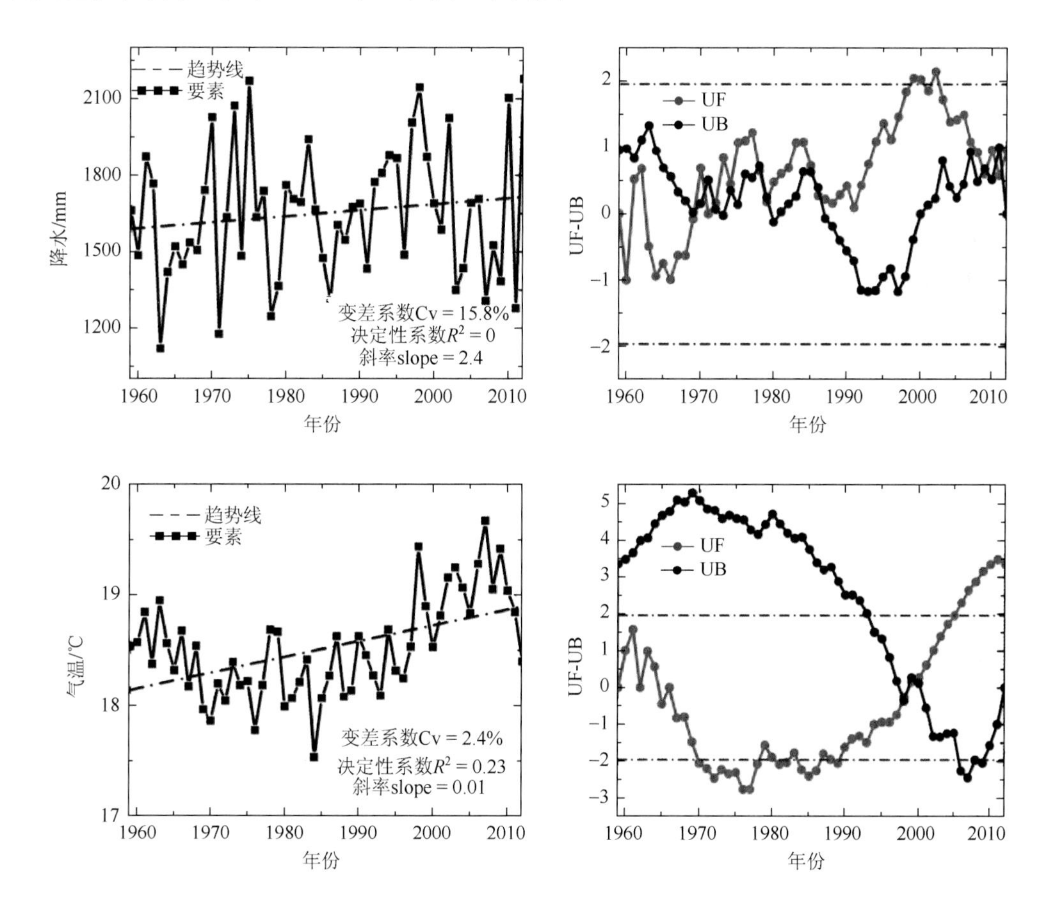

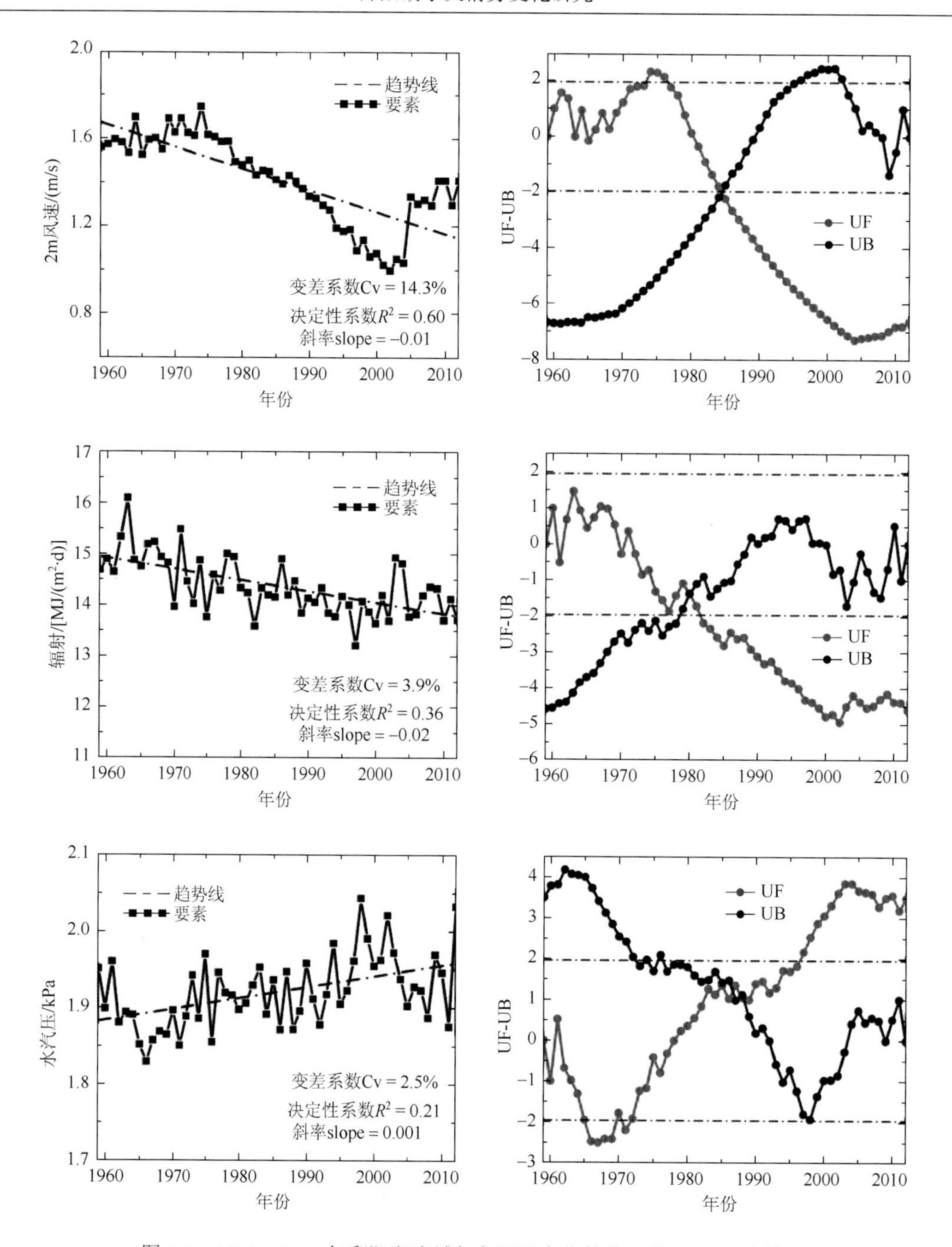

图 3-1　1959～2012 年鄱阳湖流域气象因子变化趋势及其 M-K 变点检验

3.3　鄱阳湖流域蒸发及影响因素

蒸发既是水文循环和能量流动的重要环节，又是水热平衡联系的纽带，同时，蒸发还是水循环过程中最直接受到下垫面和气候变化影响的水文要素。蒸发皿蒸发量作为蒸发能力的重要指标，它是复杂的气象因子综合作用的结果。研究鄱阳湖流域蒸发皿蒸发量的变化特征及其影响因素是深入探讨鄱阳湖流域水循环演变机理的重要内容。此外，鄱阳湖作为我国最大的淡水湖，湖泊水体必然影响局地小气候，进而改变其蒸发能力，因此，本节进一步探讨湖泊水体对蒸发皿蒸发量的影响。

3.3.1　蒸发皿蒸发量

1959～2012 年，鄱阳湖流域的蒸发皿年蒸发量的变化范围为 1230～1700mm（图 3-2（a）），最大值出现在 1963 年，蒸发量为 1700mm，最小值出现在 1997 年，蒸发量为 1238mm。通过 M-K 变点检验（图 3-2（b）），发现蒸发皿年蒸发量在 1973 年左右发生突变，其上升趋势一直持续到 1995 年左右。因此，将蒸发皿蒸发分为三个时期：1959～1973 年（时段Ⅰ）、1974～1995 年（时段Ⅱ）、1996～2012 年（时段Ⅲ）。在时段Ⅰ，蒸发皿年蒸发量的下降并不明显（$P>0.1$），下降速度为 8.21mm/a；在时段Ⅱ，蒸发皿年蒸发量有显著的下降趋势（$P<0.1$），下降速度为 5mm/a；在时段Ⅲ，蒸发皿年蒸发量呈显著的上升趋势（$P<0.1$），其上升速度为 11.48mm/a。

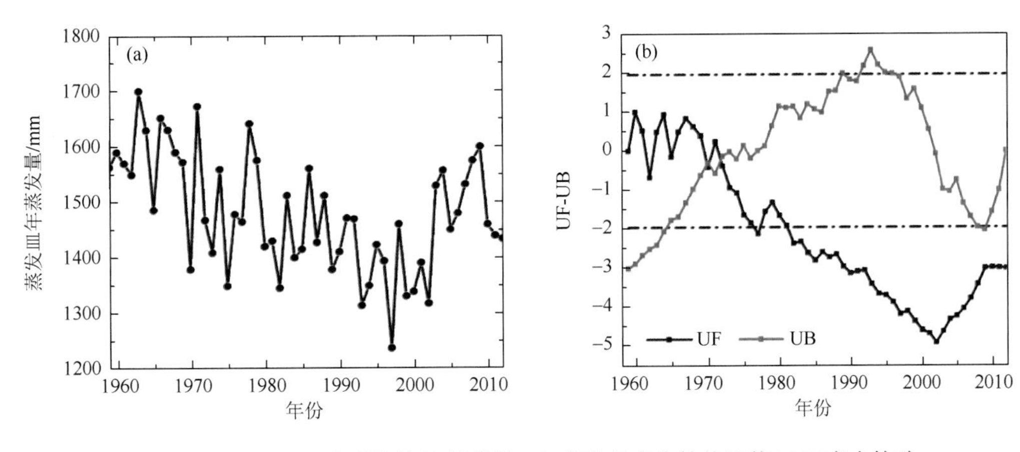

图 3-2　1959～2012 年鄱阳湖流域蒸发皿年蒸发量变化趋势及其 M-K 变点检验

图 3-3 给出了 1959～2012 年鄱阳湖流域 76 个气象站的蒸发皿年蒸发量变化趋势的空间分布。在时段Ⅰ（图 3-3（a）），有 67 个站点的蒸发皿年蒸发量呈下降趋势，有 9 个站点的蒸发皿年蒸发量呈上升趋势，其数值变化范围为−32.8～12mm/a。在时段Ⅱ（图 3-3（b）），有 70 个站点的蒸发皿年蒸发量呈下降趋势，有 6 个站点的蒸发皿年蒸发量呈现上升趋势，其数值变化范围为−11.61～4.48mm/a，这一变化数值相比于时段Ⅰ要小很多。在时段Ⅲ（图 3-3（c）），蒸发皿年蒸发量在鄱阳湖流域的全部 76 个站点都呈上升趋势，其变化范围为 1.06～24.49mm/a。

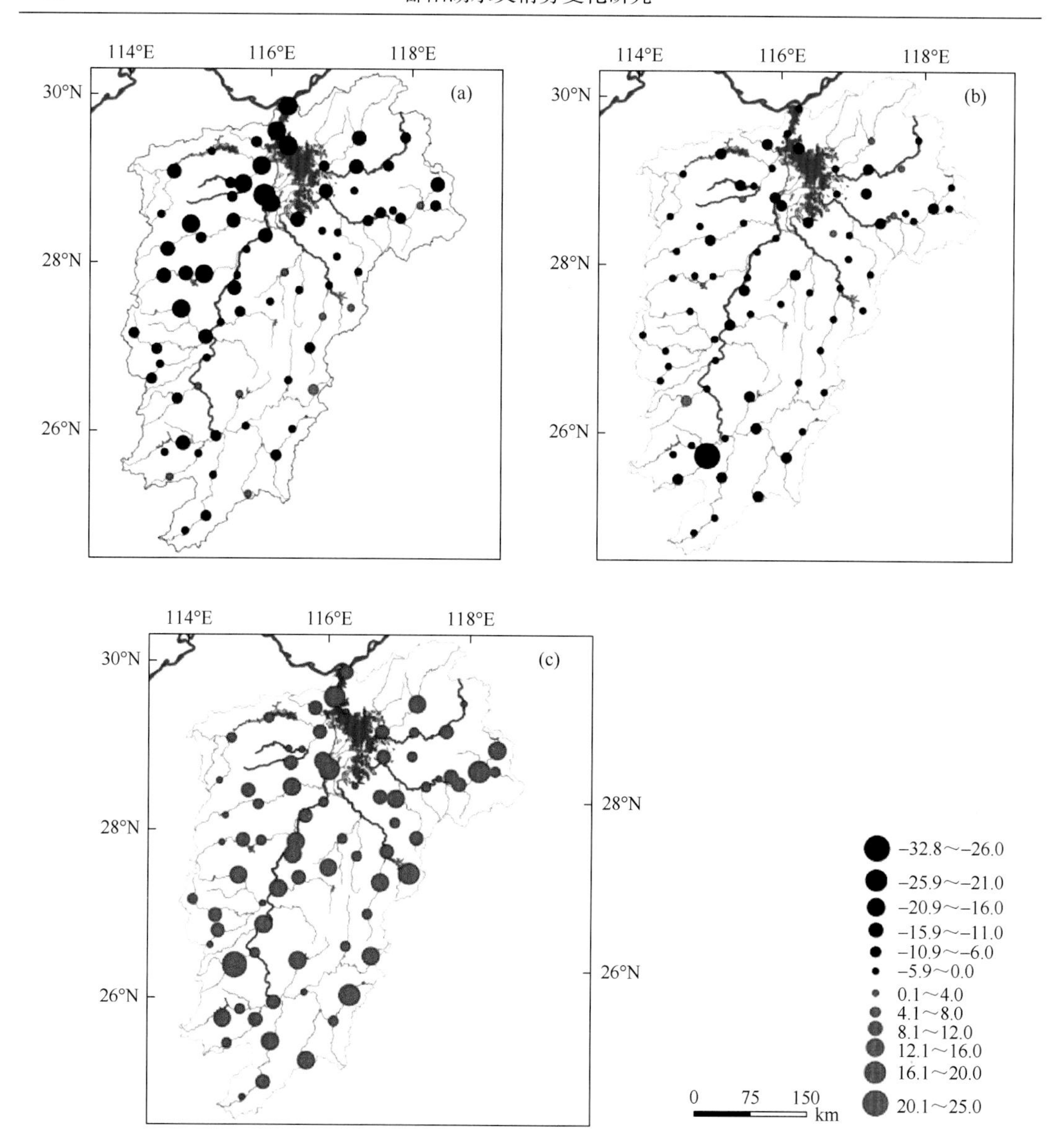

图 3-3　1959～2012 年鄱阳湖流域 76 个气象站的蒸发皿年蒸发量变化趋势的空间分布图

（a）时段Ⅰ；（b）时段Ⅱ；（c）时段Ⅲ

3.3.2　蒸发皿蒸发量变化影响因素

1. *研究方法*

一般来说，蒸发皿蒸发量（E_{Pan}）和参考蒸散发量（$\mathrm{ET}_{\mathrm{Ref}}$）有良好的线性关系，即

$$E_{\mathrm{Pan}} = k_{\mathrm{c}}\mathrm{ET}_{\mathrm{Ref}} + b \tag{3-1}$$

式中，k_{c} 为蒸发皿蒸发量转换系数；b 为线性回归常数。参考蒸散发量采用联合国粮食及农业组织（FAO）于 1998 年推出的修正 Penman-Monteith 方程计算。

敏感系数 $S(x)$定义为蒸发皿蒸发量变化率与气象因子变化率之比（Liu et al.，2013）：

$$S(x_i)=\lim_{\Delta x_i/x_i}\left(\frac{\Delta E_{\mathrm{Pan}}/E_{\mathrm{Pan}}}{\Delta x_i/x_i}\right)=\frac{\partial E_{\mathrm{Pan}}}{\partial x_i}\times\frac{x_i}{E_{\mathrm{Pan}}} \tag{3-2}$$

将式（3-2）代入式（3-3）为

$$S(x_i)=\frac{k_{\mathrm{c}}\cdot\partial \mathrm{ET}_{\mathrm{Ref}}}{\partial x_i}\times\frac{x_i}{E_{\mathrm{Pan}}} \tag{3-3}$$

式中，$S(x_i)$ 为一个无量纲的指标，表示的是气象因子 x 的波动或变化对蒸发皿蒸发量的影响程度，其绝对值越大即表明蒸发皿蒸发量对该气象因子变化的响应越敏感。

基于式（3-1），蒸发皿蒸发量的变化率可以写为（Zhang et al.，2014）

$$\frac{\mathrm{d}E_{\mathrm{Pan}}}{\mathrm{d}t}=k_{\mathrm{c}}\frac{\mathrm{dET}_{\mathrm{Ref}}}{\mathrm{d}t} \tag{3-4}$$

即

$$\frac{\mathrm{d}E_{\mathrm{Pan}}}{\mathrm{d}t}=k_{\mathrm{c}}\left(\frac{\partial \mathrm{ET}_{\mathrm{Ref}}}{\partial T_{\mathrm{a}}}\frac{\mathrm{d}T_{\mathrm{a}}}{\mathrm{d}t}+\frac{\partial \mathrm{ET}_{\mathrm{Ref}}}{\partial R_{\mathrm{s}}}\frac{\mathrm{d}R_{\mathrm{s}}}{\mathrm{d}t}+\frac{\partial \mathrm{ET}_{\mathrm{Ref}}}{\partial U}\frac{\mathrm{d}U}{\mathrm{d}t}+\frac{\partial \mathrm{ET}_{\mathrm{Ref}}}{\partial \mathrm{VP}}\frac{\mathrm{dVP}}{\mathrm{d}t}+\delta_0\right) \tag{3-5}$$

或者

$$L(E_{\mathrm{Pan}})=C(T_{\mathrm{a}})+C(R_{\mathrm{s}})+C(U)+C(\mathrm{VP})+\delta \tag{3-6}$$

式中，$C(R_{\mathrm{s}})$、C（T_{a}）、$C(U)$和 $C(\mathrm{VP})$分别为太阳辐射、温度、2m 风速和水汽压变化对蒸发皿蒸发量变化的贡献量；δ 为系统误差项。

气象因子对蒸发皿蒸发量的相对贡献量为

$$\mathrm{RC}(x_i)=\frac{C(x_i)}{L(E_{\mathrm{Pan}})}\times 100\% \tag{3-7}$$

式中，$\mathrm{RC}(x_i)$代表各气象因子对蒸发皿蒸发量变化的相对贡献量。

2. 结果分析

图 3-4 给出了 1959～2012 年鄱阳湖流域 76 个气象站蒸发皿蒸发量变化趋势观测值与估算值之间的相关关系，其决定性系数为 0.84，斜率为 0.88，说明基于偏微分方程的蒸发皿蒸发量变化原因识别方法是可靠的。图 3-5 给出了鄱阳湖流域气象因子对蒸发皿蒸发量变化的相对贡献量的空间分布图。在时段Ⅰ，46 个气象站的蒸发皿蒸发量变化是由气温变化主导的，辐射、水汽压和风速分别主导了 18 个、3 个和 9 个气象站的蒸发皿蒸发量变化。在时段Ⅱ，辐射和风速分别主导了 31 个和 37 个气象站的蒸发皿蒸发量变化，另外两个因素仅仅是 8 个气象站的蒸发皿蒸发量变化的主导因素。在时段Ⅲ，气温、辐射、水汽压和风速分别主导了 20 个、14 个、16 个和 26 个气象站的蒸发皿蒸发量的变化。

就整个鄱阳湖流域来说，在时段Ⅰ，气温、辐射和水汽压的下降分别导致蒸发皿蒸发量变化了−6.68mm/a、−3.71mm/a 和 2.28mm/a（表 3-2），而风速的上升使得蒸发皿蒸发量增加了 0.66mm/a。这四个要素的共同作用导致了蒸发皿蒸发量下降了 7.44mm/a。蒸发皿

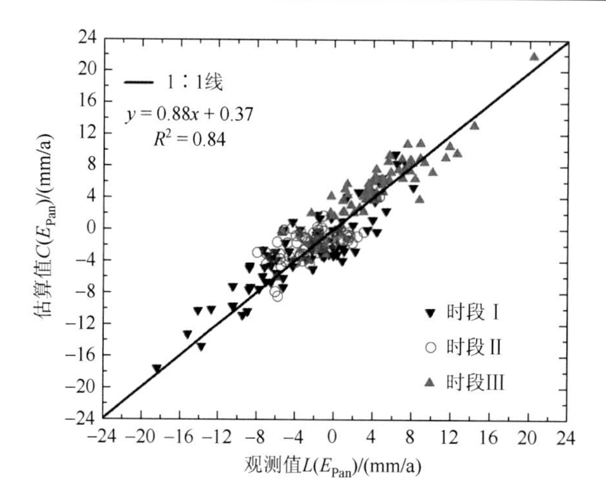

图 3-4　1959～2012 年鄱阳湖流域 76 个气象站蒸发皿蒸发量变化趋势观测值与估算值之间的相关关系

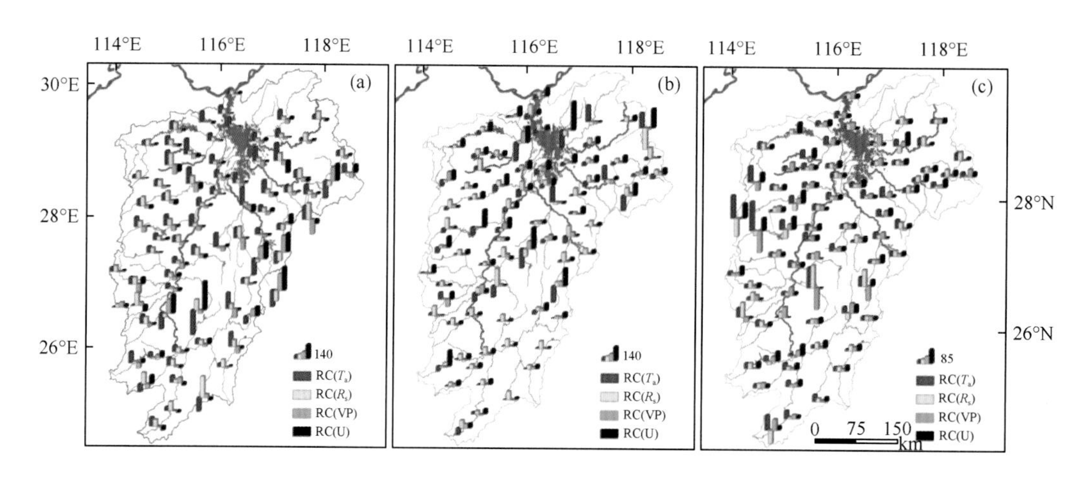

图 3-5　鄱阳湖流域气象因子对蒸发皿蒸发量变化的相对贡献量的空间分布图

（a）时段Ⅰ；（b）时段Ⅱ；（c）时段Ⅲ

蒸发量模拟值与观测值之间的绝对误差和相对误差分别为−0.76mm/a 和 9.32%。气温的下降是该阶段蒸发皿蒸发量变化的主导因素。在时段Ⅱ，气温和水汽压的升高使得蒸发皿蒸发量变化了 1.27mm/a 和−0.61mm/a，而辐射和风速的下降使得蒸发皿蒸发量下降了 2.54mm/a 和 2.77mm/a。这四个要素的共同作用导致该时段蒸发皿蒸发量下降了 4.64mm/a。蒸发皿蒸发量模拟值与观测值之间的绝对误差和相对误差分别为 0.35mm/a 和−7.06%。气温升高对蒸发皿蒸发量的减少产生了负作用，而该作用被辐射、水汽压和风速的作用所抵消。风速和辐射是该阶段蒸发皿蒸发量变化的主导因子。在时段Ⅲ，气温、辐射、风速和水汽压的上升分别导致蒸发皿蒸发量上升了 3.28mm/a、2.36mm/a、3.37mm/a 和 2.43mm/a，这四个因子的共同作用导致蒸发皿蒸发量上升了 11.44mm/a。蒸发皿蒸发量模拟值与观测值之间的绝对误差和相对误差分别为 0.04mm/a 和 0.38%。上升的风速和气温是蒸发皿蒸发量变化的主导因素。

表 3-2　鄱阳湖流域气象因子变化对蒸发皿蒸发量变化的贡献量

时段	项目	气温	辐射	风速	水汽压	蒸发皿蒸发量
时段Ⅰ（1959～1973年）	趋势	−0.045**	−0.042	0.006*	−0.003	−8.21
	贡献量/(mm/a)	−6.68	−3.71	0.66	2.28	−7.44[a]
	相对贡献量/%	81.38	45.22	−8.10	−27.82	90.68[b]
时段Ⅱ（1974～1995年）	趋势	0.010	−0.026**	−0.021***	0.000	−5.00*
	贡献量/(mm/a)	1.27	−2.54	−2.77	−0.61	−4.64[a]
	相对贡献量/%	−25.44	50.92	55.35	12.12	92.94[b]
时段Ⅲ（1996～2012年）	趋势	0.020	0.015	0.023**	−0.003	11.48*
	贡献量/(mm/a)	3.28	2.36	3.37	2.43	11.44[a]
	相对贡献量/%	28.61	20.54	29.34	21.13	99.62[b]

注：*、**和***分别表示变化趋势通过了 $P=0.1$、0.05 和 0.01 的显著性检验；a 表示四个气象因子对蒸发皿蒸发量变化的贡献量之和；b 表示四个气象因子对蒸发皿蒸发量变化的相对贡献量。

3.3.3　湖泊水体对蒸发皿蒸发量的影响

分别选择鄱阳湖周边（分组 1）和远离鄱阳湖（分组 2）的两组气象站用于研究鄱阳湖湖体本身对蒸发皿蒸发量的影响。分组 1 中所有的气象站都在鄱阳湖周边，其距湖体的距离小于 50km，分组 2 中所有的气象站距湖体的距离相对较远，为 50～100km。所有的气象站均位于鄱阳湖流域的平原区且高程不超过 100m。两组气象站具有相似的地形，以减少地形差异对蒸发皿蒸发量造成的影响。

由图 3-3 可以看出，鄱阳湖周边气象站（分组 1）蒸发皿蒸发量的变化与远离湖体气象站（分组 2）的蒸发皿蒸发量变化有所不同。分组 1 中的气温和水汽压明显比分组 2 中的小（表 3-3），而分组 1 中的辐射和风速值明显比分组 2 中的值大。分组 1 中的蒸发皿蒸发量为 1533.55mm，而分组 2 中的蒸发皿蒸发量为 1386.64mm。分组 1 中蒸发皿蒸发量对气温、辐射、风速和水汽压的敏感系数分别为 1.05、0.70、0.16 和−1.47，而分组 2 中蒸发皿蒸发量对气温、辐射、风速和水汽压的敏感系数分别为 0.89、0.81、0.09 和−1.04。除了辐射，分组 1 中蒸发皿蒸发对其他 3 个气象因子的敏感性明显大于分组 2 中的。

在分组 1 中，三个时段蒸发皿蒸发量的变化趋势分别为−13.46mm/a、−4.02mm/a 和 15.98mm/a（表 3-4），而在分组 2 中，三个时段蒸发皿蒸发量的变化趋势分别为−8.34mm/a、−5.36mm/a 和 10.31mm/a。分组 1 中蒸发皿蒸发量的变化幅度明显大于分组 2。蒸发皿蒸发量的变化趋势可通过敏感系数和气象要素的变化趋势得出，可以看出分组 1 中较大的敏感系数和气象要素变化趋势引起了较大的蒸发皿蒸发量变化。比如，在时段Ⅰ，分组 1 中气温的下降导致蒸发皿蒸发量下降了−11.02mm/a，而分组 2 中气温的下降温导致蒸发皿蒸发量下降了−5.47mm/a。此外，分组 1 和分组 2 中蒸发皿蒸发量变化的主导因素有所不同。在时段Ⅰ，分组 1 中蒸发皿蒸发量变化的主导因素是气温，而分组 2 中蒸发皿蒸发量变化的主导因素是辐射。在时段Ⅲ，水汽压的下降主导了分组 1 中蒸发皿蒸发量的上升，而风速的上升主导了分组 2 中蒸发皿蒸发量的上升。

表 3-3 不同分组中蒸发皿蒸发量对气象因子的敏感性对比

统计值＼要素	分组	气温	辐射	风速	水汽压	蒸发皿蒸发量
平均值	分组 1	17.35℃	14.65MJ/(m^2·d^2)	2.20m/s	1.77kPa	1533.55mm
	分组 2	18.20℃	14.27MJ/(m^2·d^2)	1.08m/s	1.90kPa	1386.64mm
敏感系数	分组 1	1.05	0.70	0.16	−1.47	—
	分组 2	0.89	0.81	0.09	−1.04	—

表 3-4 不同分组中气象因子变化对蒸发皿蒸发量变化的贡献量对比

时段	项目	分组	气温	辐射	风速	水汽压	蒸发皿蒸发量
时段 I（1959～1973 年）	趋势	分组 1	−0.055**	−0.052	−0.009	−0.001	−13.46*
		分组 2	−0.048**	−0.064*	0.003	−0.004	−8.34
	贡献量/(mm/a)	分组 1	−11.02	−4.53	−0.98	1.90	−14.63[a]
		分组 2	−5.47	−5.68	0.33	2.03	−8.79[a]
时段 II（1974～1995 年）	趋势	分组 1	0.015*	−0.025	−0.029***	0.000	−4.02
		分组 2	0.017	−0.028*	−0.022***	0.001	−5.36
	贡献量/(mm/a)	分组 1	2.29	−2.34	−3.23	−0.61	−3.89[a]
		分组 2	1.99	−2.90	−3.12	−0.57	−4.59[a]
时段III（1996～2012 年）	趋势	分组 1	0.017	0.024	0.021**	−0.005*	15.98***
		分组 2	0.022	0.016	0.029	0.000	10.31**
	贡献量/(mm/a)	分组 1	4.33	2.83	2.72	5.36	15.24[a]
		分组 2	2.54	2.13	3.60	0.75	9.01[a]

注：*、**和***分别表示变化趋势通过了 $P = 0.1$、0.05 和 0.01 的显著性检验；a 表示四个气象因子对蒸发皿蒸发量变化的贡献量之和。

3.4 鄱阳湖流域径流量变化与影响因素

3.4.1 “五河”径流量

图 3-6（a）给出了 1960～2007 年鄱阳湖流域“五河”年尺度和月尺度径流变化的 M-K 变点检验结果。1960～1972 年外洲站的年径流量（UF 曲线）呈下降趋势，而 1972 年以后年径流量呈上升趋势；1990 年之前外洲站年径流量的变化比较小，而 1990 年之后年径流量呈显著的增加趋势。对梅港站而言，UF 曲线几乎在整个研究时段内都大于 0，且部分值超过了 95%的置信度检验，这表明梅港站的年径流量呈显著的增加趋势，尤其是在 20 世纪 90 年代末期。李家渡站的年径流量并没有显著的变化趋势，但值得注意的是，1987～1996 年该站的年径流量呈现不显著的下降趋势，这与其他站的年径流量变化是不同的。万家埠站和虎山站的年径流量变化趋势相似，在整个研究时段呈增加趋势。此外，在 70 年代和 90 年代年径流量显著增加。M-K 变点检验结果表明，“五河”年径流量的突变均发生在 1970 年之前。“五河”月径流量的变化与年径流量的变化有很大的不同（图 3-6（b））。大

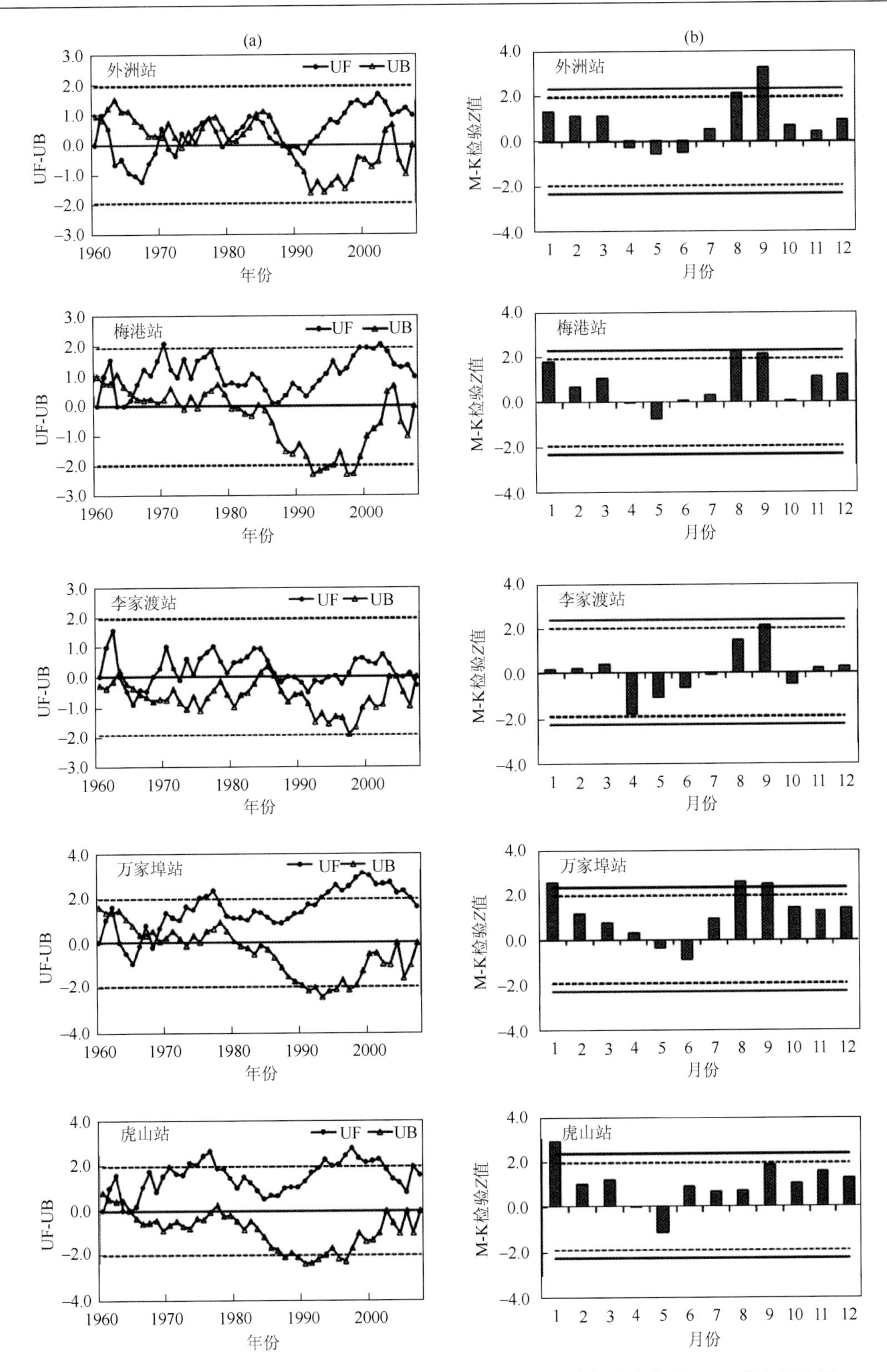

图3-6 1960～2007年鄱阳湖流域“五河”年尺度和月尺度径流变化的M-K变点检验图

部分站的径流量在湿季（4～6 月）呈现出不明显的下降趋势，而在其他月份则是上升趋势。除虎山站以外，大部分站的径流在 8 月和 9 月呈现显著的上升趋势。万家埠站和虎山站的径流量在 1 月呈现显著的上升趋势。

3.4.2 径流量变化影响因素的经验判别

径流量变化是气候波动和流域人类活动共同作用的结果。从流域水量、热量收支平衡的角度，综合分析不同时期流域内剩余水量（P_{ex}）和剩余能量（E_{ex}）的变化方向，从而合理解释特定时间内气候变化和人类活动对地表水资源变化的影响机制（Milly and Dunne，2002）：

$$P_{ex} = (P - \mathrm{ET}) / P \tag{3-8}$$

$$E_{ex} = (E_0 - \mathrm{ET}) / E_0 \tag{3-9}$$

式（3-8）和式（3-9）以小数的形式反映了系统中剩余水量和能量的变化。气候变化将引起流域降水量（P）和参考蒸散发量（E_0，以参考蒸散发量来代表蒸发能力）的变化，从而导致 P_{ex} 增大和 E_{ex} 减小，或 P_{ex} 减小和 E_{ex} 增大（取决于 P/E_0 的增加或减小）。然而，在短时间尺度上，人类活动作用将直接或间接引起流域实际蒸发量（ET）的变化，而不是降水量（P）或参考蒸散发量（E_0）。因此，在不考虑气候变化的影响下，人类活动作用导致 P_{ex} 和 E_{ex} 的变化方向呈同步的增加或减少趋势。

将 20 世纪 60 年代作为基准期，图 3-7 给出了鄱阳湖流域不同时期降水、径流、参考蒸散发量和实际蒸发量的变化特征。相对于基准期，降水在 1970～2007 年呈现出增加趋

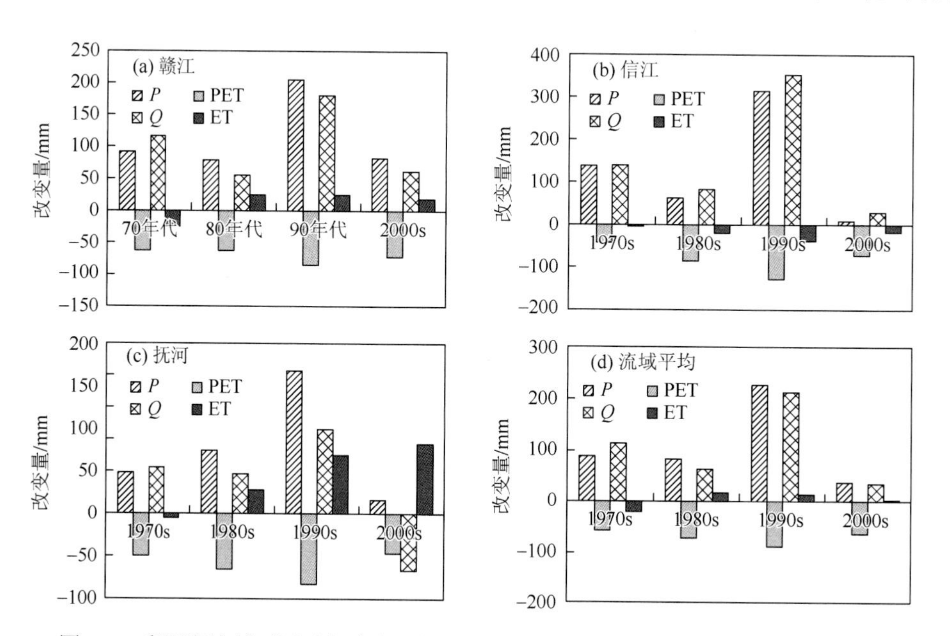

图 3-7 鄱阳湖流域不同时期降水、径流、参考蒸散发量和实际蒸发量的变化特征

P 为降水；PET 为参考蒸散发；Q 为径流；ET 为实际蒸发

势，尤其是在 90 年代，三个主要的子流域降水增加了 168.7～316.1mm。参考蒸散发量呈现出下降趋势，其中赣江参考蒸散发量下降了 63.9～86.9mm、信江下降了 42.3～130.8mm、抚河下降了 48.0～83.4mm。径流量的变化与降水量的变化一致，除了抚河在 2000s 呈现出 67.1mm 的下降。计算的实际蒸发量在抚河呈现出明显的上升趋势，尤其是 90 年代和 2000s，其增加量分别为 69.1mm 和 83.2mm。但信江的实际蒸发量呈现出下降的特点。相对于基准期 20 世纪 60 年代，赣江、信江以及整个鄱阳湖流域的剩余水量均呈增加的趋势（图 3-8），而剩余能量呈下降的趋势。进一步根据剩余水量和剩余能量的变化方向，发现 70 年代、80 年代、90 年代和 2000s 径流的变化主要是由气候变化引起的，而人类活动的影响起到了次要作用。但抚河的情况有所不同，2000s 的剩余水量和剩余能量均呈现下降趋势，这表明 2000s 的径流变化主要是由人类活动引起的，而气候变化起到了次要作用。

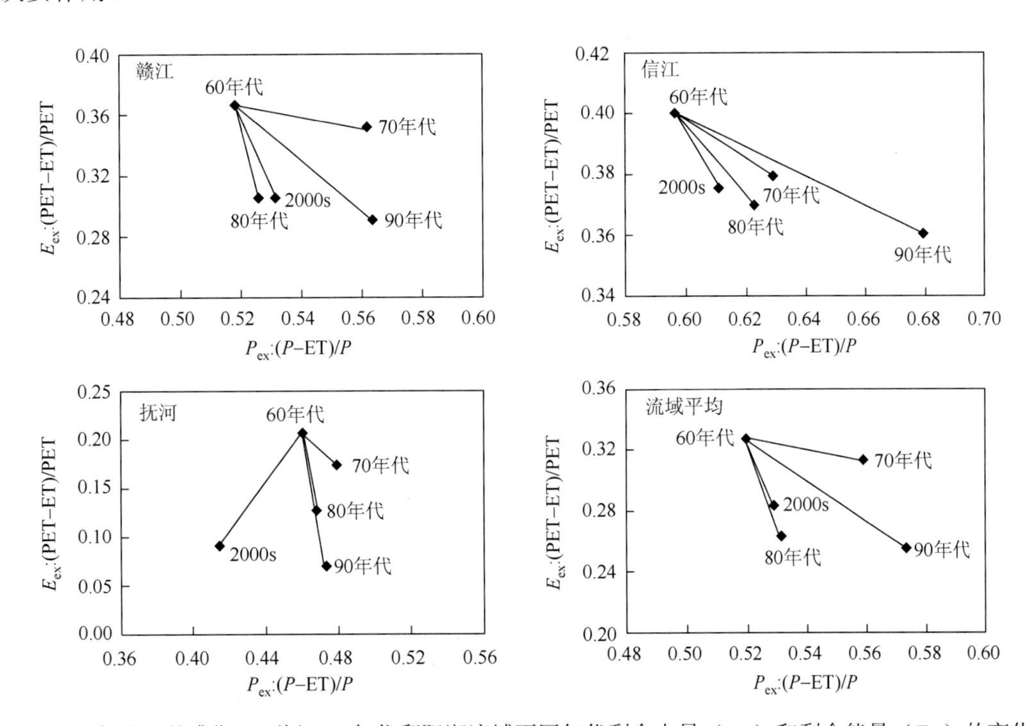

图 3-8　相对于基准期 20 世纪 60 年代鄱阳湖流域不同年代剩余水量（P_{ex}）和剩余能量（E_{ex}）的变化

3.4.3　径流对气候变化和人类活动响应的区分

1. *方法*

气候变化将导致降水和蒸发能力的变化，从而引起流域水文水资源发生相应的变化。在流域水量平衡的基础上，Zhang 等（2008）研究指出流域长期的多年平均蒸散发量很大程度上是由降水量和蒸发能力决定的，并提出蒸发率函数为

$$\frac{\mathrm{ET}}{P}=\frac{1+w(\mathrm{PET}/P)}{1+w(\mathrm{PET}/P)+(\mathrm{PET}/P)^{-1}} \tag{3-10}$$

式中，w为反映下垫面特征的经验系数，表示下垫面状况对蒸发率函数的影响。式（3-10）在已知流域降水量和蒸发能力的情况下，可用于无实测水文资料地区的水资源计算。

当已知气候变化引起的降水量和蒸发量变化情况时，可以采用干燥指数来模拟多年河川径流量的变化。基于蒸发率函数，气候变化引起的流域多年平均径流的改变量可以表示为（Tomer and Schilling，2009）

$$\Delta Q_{\text{clim}} = \alpha \cdot \Delta P + \beta \cdot \Delta \text{PET} \tag{3-11}$$

而

$$\alpha = \frac{1+2x+3wx}{(1+x+wx^2)^2} \tag{3-12}$$

$$\beta = -\frac{1+2wx}{(1+x+wx^2)^2} \tag{3-13}$$

式中，x 为干燥指数，$x = E_0/P$；ΔQ_{clim}、ΔP、ΔE_0 分别为流域径流深度、降水量和蒸发能力的改变量；α和β分别为径流量对降水量和蒸发能力的敏感性参数。多年平均径流的改变量可以计算如下：

$$\Delta Q_{\text{obs}} = Q_{\text{obs2}} - Q_{\text{obs1}} \tag{3-14}$$

式中，ΔQ_{obs}为观测到的不同时期年平均径流量的改变量；Q_{obs1}为参考期的多年平均径流量；Q_{obs2}为其他时期的多年平均径流量。

对某一具体流域，径流量的改变是气候变化和人类活动综合作用的结果。已知气候变化引起的径流改变量，则人类活动导致的径流变化量为（Ye et al.，2013）

$$\Delta Q_{\text{hum}} = \Delta Q_{\text{obs}} - \Delta Q_{\text{clim}} \tag{3-15}$$

式中，ΔQ_{obs} 为实测径流的变化量。

气候变化和人类活动对流域径流量变化的相对贡献计算如下：

$$\eta_{\text{clim}} = \frac{\Delta Q_{\text{clim}}}{|\Delta Q_{\text{obs}}|} \times 100\% \tag{3-16}$$

$$\eta_{\text{hum}} = \frac{\Delta Q_{\text{hum}}}{|\Delta Q_{\text{obs}}|} \times 100\% \tag{3-17}$$

式中，η_{clim}和η_{hum}分别为气候变化和人类活动对流域径流量变化影响作用的百分比。

2. 结果

由于在鄱阳湖流域无法获取真正意义的不受人类活动影响的天然时期的径流量，因此定量区分的结果是相对于一定基准期的。本书将 1960～1969 年作为基准期，通过水量平衡方程对模型参数 w 进行率定。结果表明，赣江、信江、抚河和整个鄱阳湖流域的 w 值分别为 0.40、0.20、1.20 和 0.45。由于 w 值是反映下垫面特征的参考，不同的 w 值表明了不同子流域下垫面的非均质性。图 3-9 给出了基准期 20 世纪 60 年代径流模拟值与径流观测值的相关关系，决定性系数 R^2 均不小于于 0.82，且平均相对误差较小，这表明基本敏感性分析方法模拟的年径流是比较可信的。赣江、信江、抚河和整个鄱阳湖流域的敏感性系数α分别为 0.86、0.88、0.96 和 0.90，敏感性系数β分别为−0.63、−0.75、−0.47 和−0.64。通过对比敏感性系数绝对值的大小，表明鄱阳湖流域径流量变化对降水更为敏感。

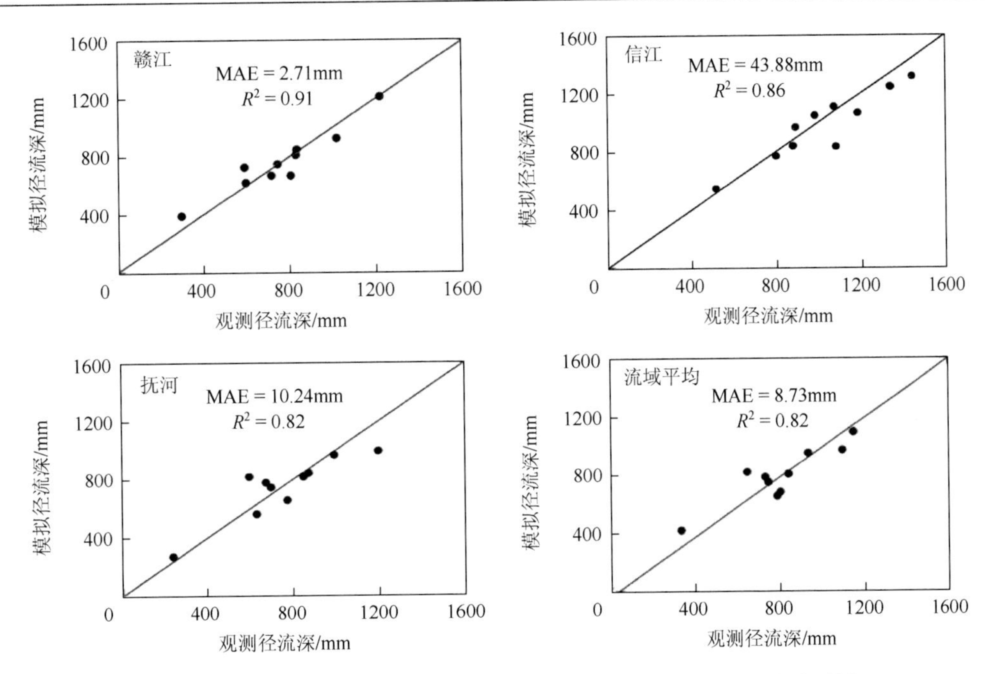

图 3-9　基准期 20 世纪 60 年代径流模拟值与径流观测值的相关关系图

基于敏感性分析方法，计算得到的参数用于估算相较于基准期的气候变化和人类活动对径流量变化的影响（表 3-5）。总的来说，相较于基准期 20 世纪 60 年代，气候变化对鄱阳湖流域径流量的影响为正作用，即气候变化使得径流量增加。以整个鄱阳湖流域为例，气候变化是 1970～2007 年径流量变化的主导因素，它导致径流量增加了 150.7%，而人类活动导致径流量减少了 50.7%。气候变化分别使 20 世纪 70 年代、80 年代、90 年代和 2000s 的径流量增加了 115.0mm、118.6mm、261.7mm 和 75.3mm。然而，同一时期人类活动对径流量的影响为负作用，它分别导致径流量减少了 5.4mm、56.3mm、47.6mm 和 39.8mm。由气候变化引起的径流量变化率为 105.0%～212.1%，而由人类活动引起的径流量变化为 –5.0%～112.1%。气候变化对径流量的影响明显大于人类活动，这与基于流域水量、热量收支平衡的研究结果相一致。

由于气候和人类活动影响程度的区域差异性，气候变化和人类活动对径流量的贡献也存在着时空差异。气候变化导致赣江、信江、抚河三个子流域径流的增加量分别为 108.2～231.4mm、64.8～378.4mm 和 38.2～201.8mm，而人类活动引起的径流减少量分别为 3.6～55.8mm、12.7～37.6mm 和 15.8～105.3mm。相比于 60 年代，气候变化对 90 年代径流量的增加作用最大，而气候变化对径流量的增加作用在 2000s 最小，这与这些时期洪旱灾害频发相一致。值得注意的是，气候变化的相对贡献量 80 年代在赣江最大，2000s 在信江最大。与其他流域不同的是，抚河流域在 2000s 的径流量的减少主要是人类活动造成的，这一时期气候变化对径流量变化的相对贡献为–56.9%，而人类活动的相对贡献为 156.9%。这一现象主要受流域内人类活动对水资源开发利用程度不同的影响。抚河流域水资源利用程度高，人类活动对径流量的减少作用最为显著，其次为赣江流域，而信江流域最少。

表 3-5　鄱阳湖流域不同年代气候变化和人类活动对径流量变化的影响分量

流域	时期	径流/mm	径流变化/mm	气候变化贡献		人类活动贡献	
				绝对值/mm	相对值/%	绝对值/mm	相对值/%
赣江	1960～1969 年	760.7	—	—	—	—	—
	1970～1979 年	876.3	115.7	119.3	103.2	−3.6	−3.2
	1980～1989 年	813	52.3	108.2	206.6	−55.8	−106.6
	1990～1999 年	954.8	180.3	231.4	128.4	−51.2	−28.4
	2000～2007 年	822.9	62.2	116.1	186.5	−53.9	−86.5
信江	1960～1969 年	1017.3	—	—	—	—	—
	1970～1979 年	1158.8	141.4	154.1	109	−12.7	−9
	1980～1989 年	1100.4	83.1	120.7	145.3	−37.6	−45.3
	1990～1999 年	1372.2	354.8	378.4	106.6	−23.6	−6.6
	2000～2007 年	1046.9	29.5	64.8	219.6	−35.3	−119.6
抚河	1960～1969 年	749.4	—	—	—	—	—
	1970～1979 年	803.4	54	69.8	129.2	−15.8	−29.2
	1980～1989 年	796.3	46.9	102.6	218.8	−55.7	−118.8
	1990～1999 年	849.1	99.7	201.8	202.5	−102.2	−102.5
	2000～2007 年	682.3	−67.1	38.2	−56.9	−105.3	156.9
鄱阳湖流域	1960～1969 年	801.9	—	—	—	—	—
	1970～1979 年	911.4	109.5	115	105	−5.4	−5
	1980～1989 年	864.2	62.3	118.6	190.3	−56.3	−90.3
	1990～1999 年	1029.6	214.1	261.7	122.3	−47.6	−22.3
	2000～2007 年	837.4	35.5	75.3	212.1	−39.8	−112.1
	1970～2007 年	914.5	112.6	169.7	150.7	−57.1	−50.7

3.5　小　　结

本章在分析鄱阳湖流域气象因子变化的基础上，定量识别了气象因子变化对蒸发皿蒸发量变化的贡献量，并进一步基于水热平衡理论辨析了气候变化和人类活动对鄱阳湖流域径流量变化的影响，主要得出如下几点结论。

（1）1959～2012 年，降水呈现出不显著的增加趋势，M-K 变点检验表明降水在 1970～1985 年发生了突变。气温和水汽压呈上升趋势，其速度分别为 0.01℃/a 和 0.001kPa/a，但其趋势均不显著，M-K 变点检验表明气温在 1997～1999 年发生了突变，而水汽压在 1989 年左右发生了突变。2m 风速和辐射在过去的 54 年里均呈现出显著的下降趋势，其速度分别为−0.01m/(s·a)和−0.02MJ/(m^2·d^2·a)，M-K 变点检验表明风速在 1984 年左右发生了突变，而辐射在 1981 年左右发生了突变。

（2）蒸发皿蒸发量在 1973 年出现突变点，且在 1995 年左右其下降趋势转为上升趋势。

1959～1973年，显著下降的气温是蒸发皿蒸发量下降的主导因子；1974～1995年，下降的风速和辐射是蒸发皿蒸发量下降的主导因素；1996～2012年，四个气象因子对蒸发皿蒸发量变化的贡献量大致相等。值得注意的是，鄱阳湖对蒸发皿蒸发量有显著的影响：除了辐射，湖边蒸发皿蒸发量对气温、风速和水汽压的敏感系数明显大于远离湖泊的蒸发皿蒸发量。较大的敏感系数和气象因子的变化率导致湖边蒸发皿蒸发量的变化幅度明显大于远离湖泊的蒸发皿蒸发量。

（3）过去50年间，鄱阳湖流域的径流量变化及其影响因素存在明显的时空差异性。就整个鄱阳湖流域而言，相对于20世纪60年代，1970～2007年径流量的变化主要是由气候变化引起的，人类活动对径流量的影响起到了次要作用。气候变化引起的径流增加量为75.3～261.7mm，其相对贡献量为105%～212%；人类活动对径流量变化的贡献量为5.4～56.3mm，其相对贡献量为−115%～−112%。值得注意的是，抚河流域由于人类用水的加剧，其2000s径流量的减少主要是由人类活动引起的。

参考文献

胡振鹏. 2006. 鄱阳湖流域综合管理的探索. 气象与减灾研究，29（2）：1-7.

刘元波，张奇，刘健，等. 2012. 鄱阳湖流域气候水文过程及水环境效应. 北京：科学出版社.

美国国家研究理事会. 2015. 水文科学的挑战与机遇. 刘杰，郑春苗，译. 北京：科学出版社.

闵骞，占腊生. 2012. 1952—2011年鄱阳湖枯水变化分析. 湖泊科学，24（5）：675-678.

张强，孙鹏，江涛. 2011. 鄱阳湖流域水文极值演变特征、成因与影响. 湖泊科学，23（3）：445-453.

张强，孙鹏，王野乔. 2015. 鄱阳湖流域气候变化及水文响应研究. 北京：中国水利水电出版社.

Liu X，Zhang D，Luo Y，et al. 2013. Spatial and temporal changes in aridity index in northwest China：1960 to 2010. Theoretical and Applied Climatology，112（1）：307-316.

Milly P C D，Dunne K A. 2002. Macroscale water fluxes 2. Water and energy supply control of their interannual variability. Water Resources Research，38（10）：24-1-24-9.

Tomer M D，Schilling K E. 2009. A simple approach to distinguish land-use and climate-change effects on watershed hydrology. Journal of Hydrology，376（1）：24-33.

Troch P A，Lahmers T，Meira A，et al. 2015. Catchment coevolution：A useful framework for improving predictions of hydrological change. Water Resources Research，51（7）：4903-4922.

Yang G，Zhang Q，Wan R，et al. 2016. Lake hydrology，water quality and ecology impacts of altered river-lake interactions：advances in research on the middle Yangtze river. Hydrology Research，47（S1）：1-7.

Yao J，Zhang Q，Li Y，et al. 2016. Hydrological evidence and causes of seasonal low water levels in a large river-lake system：Poyang Lake，China. Hydrology Research，47（S1）：24-39.

Ye X，Zhang Q，Liu J，et al. 2013. Distinguishing the relative impacts of climate change and human activities on variation of streamflow in the Poyang Lake catchment，China. Journal of Hydrology，494（12）：83-95.

Zhang D，Hong H，Zhang Q，et al. 2014. Effects of climatic variation on pan-evaporation in the Poyang Lake Basin，China. Climate Research，61（1）：29-40.

Zhang L，Potter N，Hickel K，et al. 2008. Water balance modeling over variable time scales based on the Budyko framework-Model development and testing. Journal of Hydrology，360（1）：117-131.

第4章　鄱阳湖水情要素变化特征

4.1　引　　言

研究表明，受人为因素和自然因素的影响，极端水文事件的发生概率增加，湖泊洪旱灾害加剧，湖泊水量平衡被明显改变，进而影响了湖泊水情变化形势。在日趋剧烈的人类活动和气候变化作用下，鄱阳湖遭受着频繁的水旱灾害，湖泊面积严重萎缩、水量骤减、低枯水位异常变动，湖泊枯水程度加剧，湖泊水文情势的变化对鄱阳湖水安全和生态系统平衡等方面带来了严重的威胁。可见，水位和水面积通常用来表征湖泊对气候变化和人类活动的响应与指示。统计学方法已在鄱阳湖的洪旱灾害分析方面被广泛应用，已获得了对鄱阳湖水情变化特征的一些基本认识，但仍缺乏对鄱阳湖长期的水文情势变化规律做出系统分析，存在以点代面、以偏概全的不足。因此，从水旱灾害角度出发，揭示鄱阳湖水文情势的长期变化特征与趋势，将为制定鄱阳湖水文生态系统综合管理和保护措施、保障湖泊水安全提供重要科学依据。

本章基于鄱阳湖湖区主要水文站点观测数据，以水位和水面积为主要目标变量，综合运用数理统计分析方法，对鄱阳湖水位、水面积的变化特征和趋势、极值变化、周期性及其突变特性进行分析，以揭示近60年来鄱阳湖关键水情要素的多时间尺度变化特征，并重点研究2000年以来鄱阳湖水文情势的转变特征。本章研究不仅有助于整体把握鄱阳湖长历时序列的水情变化特征，也为后续开展鄱阳湖水情成因与辨析研究奠定重要基础。

4.2　鄱阳湖水位变化特征

图4-1展现了1953～2012年鄱阳湖各站年特征水位（最高水位、平均水位和最低水位及相应距平的年际变化特征。湖口站年际最高变幅分别可达6.69m、4.87m、2.73m；星子站年最高水位、平均水位与最低水位年际最高变幅分别可达6.51m、5.16m、2.37m；都昌站年最高水位、平均水位与最低水位年际最高变幅分别可达6.54m、5.44m、2.64m；棠荫站年最高水位、平均水位和最低水位年际最高变幅分别可达6.5m、3.74m、2.58m；康山站年最高水位、平均水位和最低水位年际最高变幅分别可达6.22m、3.47m、1.79m（图4-1）。由此可以看出，湖口站最高水位与都昌站平均水位年际波幅最为显著，康山站最低水位年际波幅相对较小。从湖泊水位年代际波动特征来看，20世纪50年代与60年代湖泊水位总体偏低，70年代与多年平均（1953～2012年）水平基本相当，80年代与90年代总体偏高，90年代尤为明显，而2000～2012年湖泊水位明显偏低，说明近60年鄱阳湖年代际水位丰枯波动更趋剧烈。1990～1999年与2000～2012年对比发现鄱阳湖丰枯水位差异尤为明显（图4-1与表4-1）。

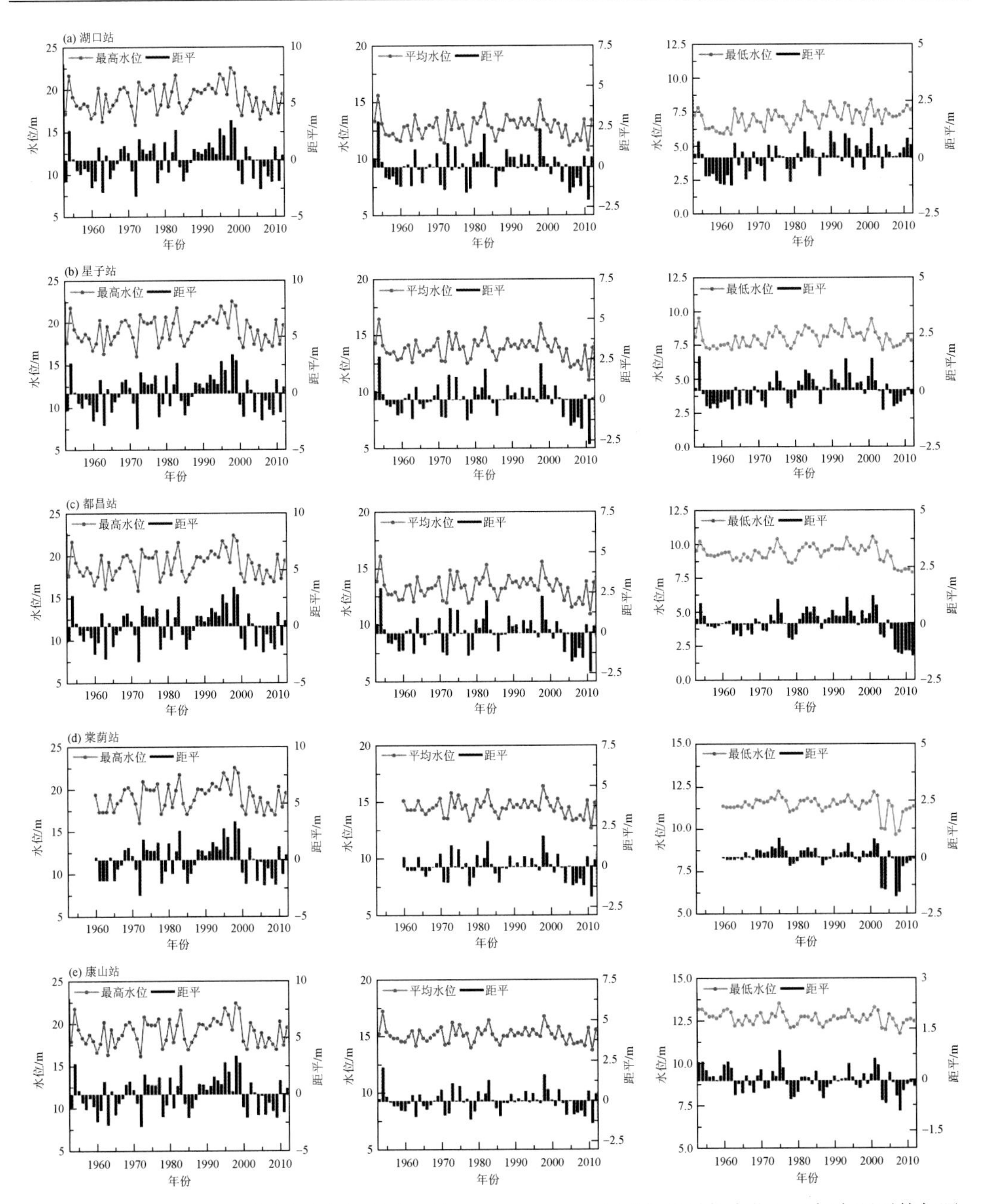

图4-1　1953～2012年鄱阳湖各站年特征水位（最高水位、平均水位和最低水位）及相应距平的年际变化特征

表4-1　1953～2012年鄱阳湖主要水文站特征水位不同时段正距平与负距平出现次数及频率

站点	特征水位	距平/m	出现次数及频率					
			1953～1959年	1960～1969年	1970～1979年	1980～1989年	1990～1999年	2000～2012年
湖口站	最高水位	>0	2a（6.45%）	4a（12.90%）	6a（19.35%）	5a（16.13%）	10a（32.26%）	4a（12.90%）
		<0	5a（17.24%）	6a（20.69%）	4a（13.79%）	5a（17.24%）	0a（0.00%）	9a（31.03%）

续表

站点	特征水位	距平/m	出现次数及频率					
			1953～1959年	1960～1969年	1970～1979年	1980～1989年	1990～1999年	2000～2012年
湖口站	平均水位	>0	3a（9.68%）	4a（12.90%）	4a（12.90%）	6a（19.35%）	8a（25.81%）	6a（19.35%）
		<0	4a（13.79%）	6a（20.69%）	6a（20.69%）	4a（13.79%）	2a（6.90%）	7a（24.14%）
	最低水位	>0	3a（8.33%）	3a（8.33%）	4a（11.11%）	7a（19.44%）	7a（19.44%）	12a（33.33%）
		<0	4a（16.67%）	7a（29.17%）	6a（25.00%）	3a（12.50%）	3a（12.50%）	1a（4.17%）
星子站	最高水位	>0	2a（6.45%）	4a（12.90%）	6a（19.35%）	5a（16.13%）	10a（32.26%）	4a（12.90%）
		<0	5a（17.24%）	6a（20.69%）	4a（13.79%）	5a（17.24%）	0a（0.00%）	9a（31.03%）
	平均水位	>0	3a（9.68%）	4a（12.90%）	4a（12.90%）	6a（19.35%）	9a（29.03%）	5a（16.13%）
		<0	4a（13.79%）	6a（20.69%）	6a（20.69%）	4a（13.79%）	1a（3.45%）	8a（27.59%）
	最低水位	>0	2a（6.25%）	3a（9.38%）	5a（15.63%）	8a（25.00%）	9a（28.13%）	5a（15.63%）
		<0	5a（17.86%）	7a（25.00%）	5a（17.86%）	2a（7.14%）	1a（3.57%）	8a（28.57%）
都昌站	最高水位	>0	2a（6.45%）	4a（12.90%）	6a（19.35%）	5a（16.13%）	10a（32.26%）	4a（12.90%）
		<0	5a（17.24%）	6a（20.69%）	4a（13.79%）	5a（17.24%）	0a（0.00%）	9a（31.03%）
	平均水位	>0	3a（9.68%）	4a（12.90%）	4a（12.90%）	6a（19.35%）	9a（29.03%）	5a（16.13%）
		<0	4a（13.79%）	6a（20.69%）	6a（20.69%）	4a（13.79%）	1a（3.45%）	8a（27.59%）
	最低水位	>0	3a（8.82%）	4a（11.76%）	6a（17.65%）	8a（23.53%）	9a（26.47%）	4a（11.76%）
		<0	4a（15.38%）	6a（23.08%）	4a（15.38%）	2a（7.69%）	1a（3.85%）	9a（34.62%）
棠荫站	最高水位	>0		4a（11.11%）	6a（16.67%）	5a（13.89%）	10a（27.78%）	4a（11.11%）
		<0		6a（25.00%）	4a（16.67%）	5a（20.83%）	0a（0.00%）	9a（37.50%）
	平均水位	>0		3a（9.09%）	5a（15.15%）	6a（18.18%）	7a（21.21%）	5a（15.15%）
		<0		7a（25.93%）	5a（18.52%）	4a（14.81%）	3a（11.11%）	8a（29.63%）
	最低水位	>0		3a（8.33%）	8a（22.22%）	6a（16.67%）	8a（22.22%）	4a（11.11%）
		<0		7a（29.17%）	2a（8.33%）	4a（16.67%）	2a（8.33%）	9a（37.50%）
康山站	最高水位	>0	2a（6.45%）	4a（12.90%）	6a（19.35%）	5a（16.13%）	10a（32.26%）	4a（12.90%）
		<0	5a（17.24%）	6a（20.69%）	4a（13.79%）	5a（17.24%）	0a（0.00%）	9a（31.03%）
	平均水位	>0	3a（9.68%）	4a（12.90%）	5a（16.13%）	6a（19.35%）	7a（22.58%）	4a（12.90%）
		<0	4a（13.79%）	6a（20.69%）	5a（17.24%）	4a（13.79%）	3a（10.34%）	9a（31.03%）
	最低水位	>0	7a（22.58%）	5a（16.13%）	5a（16.13%）	4a（12.90%）	6a（19.35%）	4a（12.90%）
		<0	0a（0.00%）	5a（17.24%）	5a（17.24%）	6a（20.69%）	4a（13.79%）	9a（31.03%）

1953～2012年鄱阳湖五站月最高水位、平均水位与最低水位年际变化的M-K趋势检验结果表明，五站特征水位的非线性趋势总体以下降为主，尤其是4～7月与9～11月的M-K统计量多为负值，表明鄱阳湖五站特征水位均呈现不同程度的下降趋势（图4-2）。湖口站最高水位、平均水位与最低水位在1～3月上升趋势相对较为明显，而其余四站均呈下降趋势。从鄱阳湖五站8月最高水位、平均水位与最低水位M-K统计值来看，最高水位在8月均呈现下降趋势，而平均水位和最低水位则呈现上升趋势。而在12月，棠荫站与康山站最高水位、康山站平均水位、湖口站最低水位均呈现微弱的上升趋势。总体来看，在鄱阳湖水位快速上涨（4～7月）和快速下降（9～11月）时段，湖泊

水位呈现出明显的下降趋势；在鄱阳湖低水位时段（1～3 月），除湖口站特征水位呈现出上升趋势外，其余四站均总体呈现出下降趋势；在高水位时段（8 月），鄱阳湖五站最高水位呈微弱下降趋势，平均水位与最低水位呈微弱上升趋势。

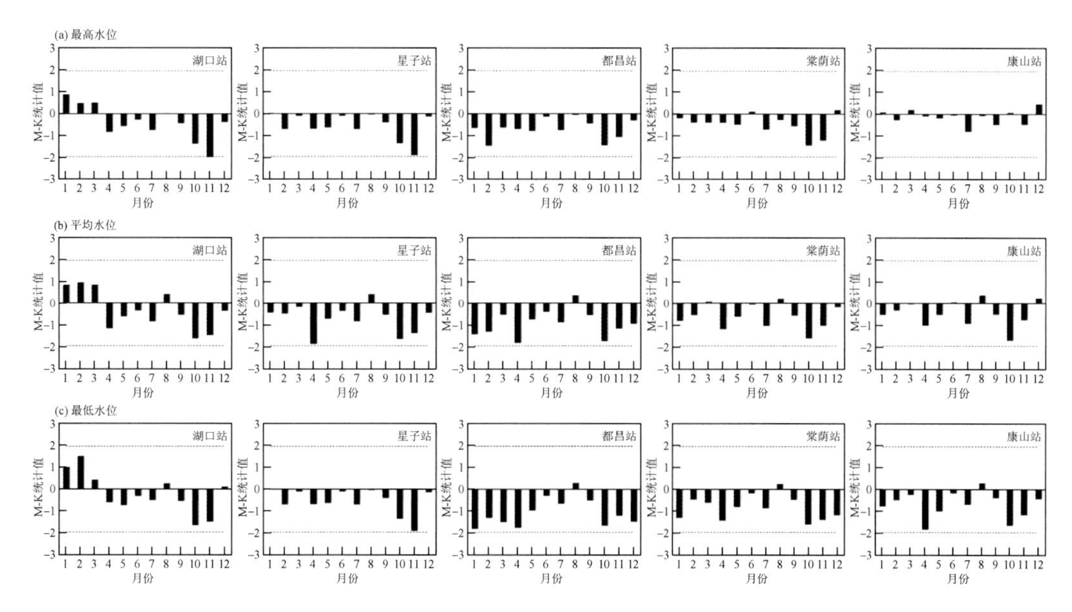

图 4-2　1953～2012 年鄱阳湖水文站点月特征水位 M-K 趋势检验

4.2.1　水位周期性分析

应用 Morlet 复值小波方法对预处理后的 1953～2012 年鄱阳湖湖口站、星子站、都昌站、康山站年平均水位数据序列和四站年平均水位数据序列进行连续小波变换，分别绘制对应的小波变换系数实部时频等值线图和相应的小波方差曲线图（图 4-3）。结果发现，1953～2012 年相应的小波变换系数实部时频等值线分布形态基本相同，信号振荡强度和幅宽基本一致。虽然均未呈现出特别明显的周期特性，但各时频等值线能量中心的频域尺度在 5～10a 和 18～22a 尺度下信号振荡相对较为强烈。从图 4-3 可以看出，四站和四站平均条件下相应的小波方差曲线图均存在 2 个相对明显的峰值。湖口站水位对应的小波方差曲

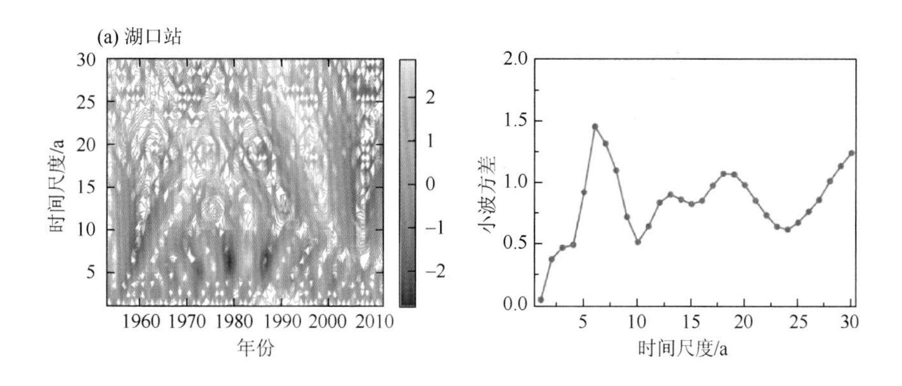

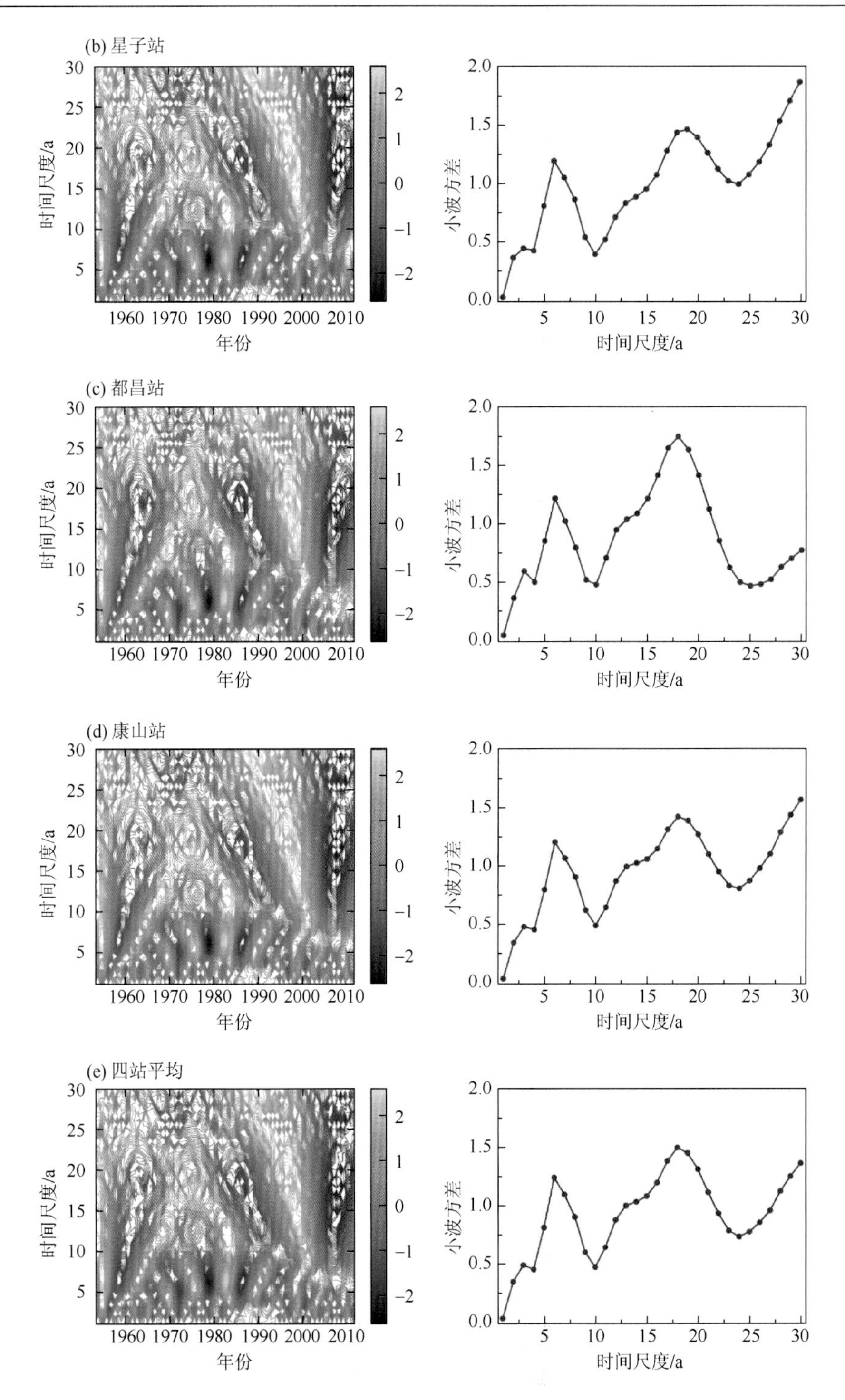

图 4-3　1953～2012 年鄱阳湖水位的 Morlet 复值小波变换系数实部时频图等值线图和相应的小波方差曲线图

线最高峰值出现在尺度 6a 处，次峰值出现在尺度 18a 处，而星子站、都昌站、康山站及四站平均水位相应的小波方差曲线最高峰值均出现在尺度 18a 处，次峰值出现在尺度 6a 处。

以鄱阳湖四站平均水位的小波方差检验结果为例，绘制出鄱阳湖水位变化 6a 尺度和 18a 尺度周期的小波系数过程线（图 4-4）。从小波系数过程线中可以分析出不同时间尺度存在的循环周期及丰枯变化特征。在 6a 特征时间尺度上，鄱阳湖四站平均水位变化的周期为 6～8a，平均周期为 7a，大约经历了 8.5 个丰枯变化期（图 4-4（a））。在 18a 特征时间尺度上，鄱阳湖四站平均水位演变的周期为 16～23a，平均周期约为 20a，大约经历了 3 个丰枯变化期。通过小波方差检验发现，鄱阳湖四站平均水位存在 16～23a 的主周期和 6～8a 的次周期。在 16～23a 为主周期的鄱阳湖水位丰枯演变过程中，2004～2012 年鄱阳湖水位正处于长时间枯水周期中（图 4-4（b））。

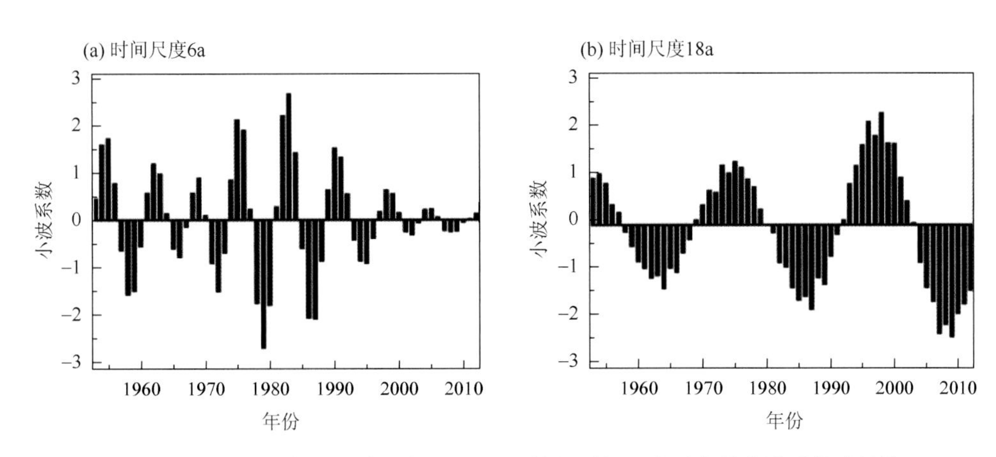

图 4-4　鄱阳湖平均水位变化的 6a 和 18a 特征时间尺度对应的小波系数过程线

4.2.2　水位突变检验

为了进一步探究鄱阳湖水位变化特征和规律，综合运用 M-K 检验和滑动 t 检验方法对 1953～2012 年鄱阳湖年平均水位序列进行突变检验，确定近 60a 来鄱阳湖水位变化是否具有突变特性。由于鄱阳湖内部湖口站、星子站、都昌站和康山站水位数据序列比较完整，以此四站水位平均值作为鄱阳湖的平均水位。首先采用 M-K 检验方法对年平均水位序列数据进行突变检验，如图 4-5 中 1953～2012 年鄱阳湖年平均水位及其 M-K 检验图显示，UF 曲线与 UB 曲线在 1953～1970 年（如 1955 年、1965 年）和 2000～2012 年（2004～2009 年）多次在临界线内交叉，说明鄱阳湖水位可能在这两个时段发生突变。M-K 检测结果存在模糊突变点，因此，为进一步准确判断鄱阳湖水位的突变发生时间，采用滑动 t 检验方法对 1953～2012 年鄱阳湖年平均水位序列进行突变分析以确认突变位置（图 4-5 和表 4-2）。从表 4-2 中不同滑动时间步长条件下，突变检验 t 统计量及其对应的显著性水平可以发现，突变点多出现在 2000 年、2001 年与 2003 年，相应的 t 统计量均超过 0.05 的显著性水平，除时间步长为 5a（突变点为 2003 年）和 7a（突变点为 2003 年）时 t 统计量未超过 0.01 的显著性水平，其余均超过 0.01 的显著性水平。结合 M-K 突变检验与滑动 t 检验的结果，认为鄱阳湖水位变化过程在 2000 年前后存在着明显的突变特性。

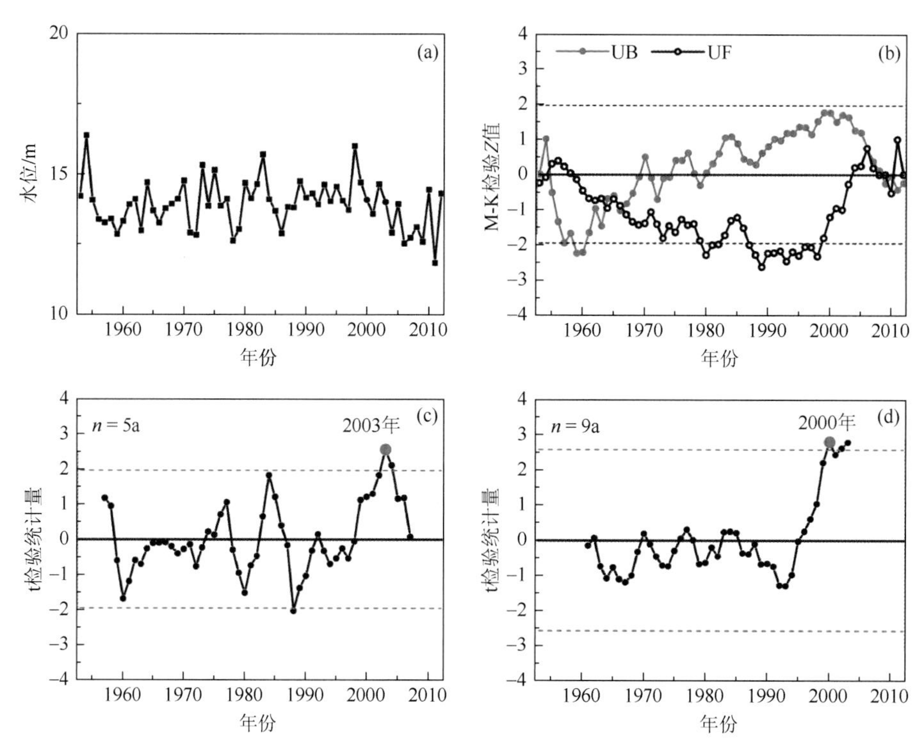

图 4-5　1953～2012 年鄱阳湖平均水位年际变化及相应的 M-K 趋势检验和滑动 t 检验（以 5a、9a 为例）

表 4-2　1953～2012 年历年鄱阳湖四站平均水位的滑动 t 检验结果

突变点	滑动时间步长/a							
	n = 5a	n = 6a	n = 7a	n = 8a	n = 9a	n = 10a	n = 11a	n = 12a
2000 年					2.80**		2.98**	3.02**
2001 年						2.72**		
2003 年	2.55*	2.96**	2.44*	2.83**				

注：* 代表超过显著性水平 0.05，** 代表超过显著性水平 0.01。

4.3　鄱阳湖水面积变化特征

基于 2001～2011 年鄱阳湖水面积获取结果，绘制出鄱阳湖都昌站模拟水位及其相应的湖泊水面面积散点图（图 4-6）。分别对枯水期（1 月、2 月、12 月）、涨水期（3～5 月）、丰水期（6～8 月）和退水期（9～11 月）的水位-水面积关系进行多项式拟合，建立分段式鄱阳湖水位-水面积非线性关系模型。拟合关系为枯水期 $y = 34.107x^2 – 496.563x + 2532.145$；涨水期 $y = –5.478x^3 + 224.087x^2 – 2669.259x + 10727.282$；丰水期 $y = –7.495x^2 + 574.211x – 4424.104$；退水期 $y = –3.484x^3 + 157.865x^2 – 1983.715x + 8393.423$（图 4-6）。以上建立的鄱阳湖季节性分段水位-水面积关系模型中，x 为都昌站水位（m），y 为鄱阳湖水面积（km^2）。四段湖泊水位-水面积非线性关系对应的确定性系数 R^2 均达到 0.95 或以上，说明基于鄱阳湖水文节律而建立的分段式鄱阳湖水位-水面积关系模型对长时间序列逐日水面积进行反演具有较高可行性和可靠度。

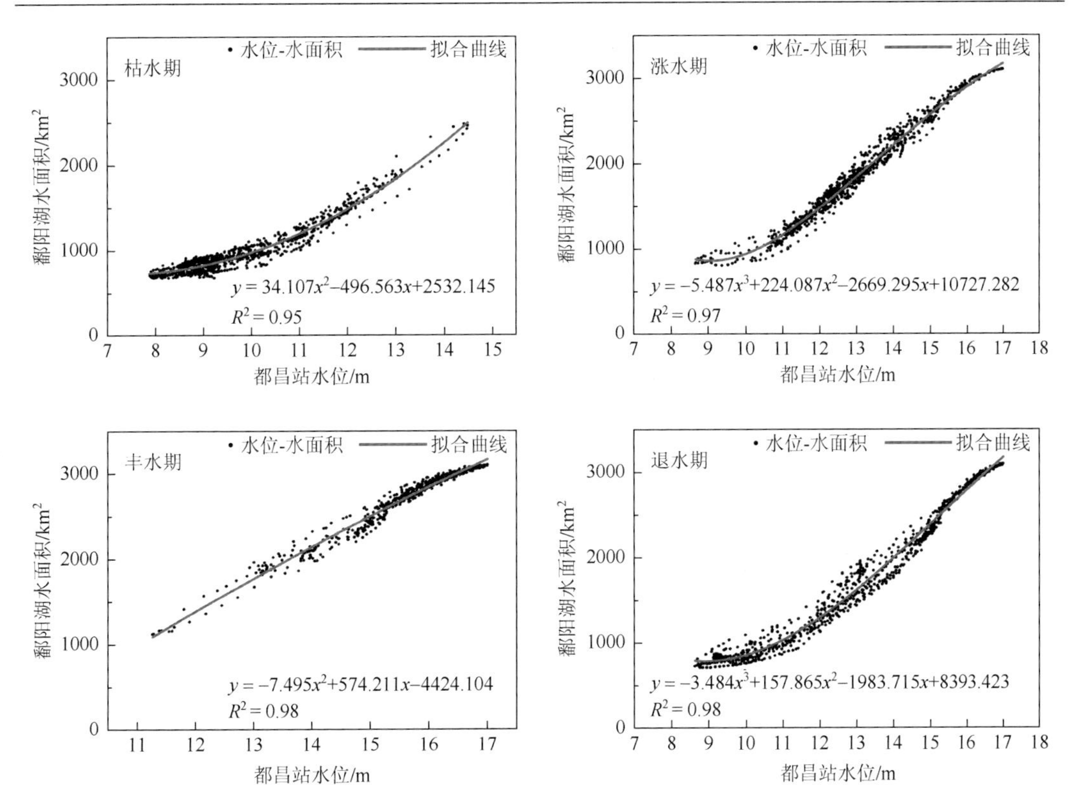

图 4-6　不同水位时期鄱阳湖水位-水面积非线性关系拟合曲线

基于分段式鄱阳湖水位-水面积非线性关系模型，结合鄱阳湖 1953～2012 年都昌站水位实测数据，推算出鄱阳湖 1953～2012 年逐日水面积（图 4-7）。据推算结果统计，1953～2012 年鄱阳湖水面积最大值为 4680km^2，出现在 1998 年 8 月 2 日，对应的都昌站水位为 22.41m；湖泊水面积最小值为 522km^2，出现在 2011 年 6 月 4 日，对应的都昌站水位为 9.89m；1953～2012 年鄱阳湖多年平均水面积约为 2097km^2。据统计，9～11 月退水期湖泊水面收缩速率（–635km^2/月）比 3～5 月涨水期湖泊水面扩张速率（438km^2/月）更快。

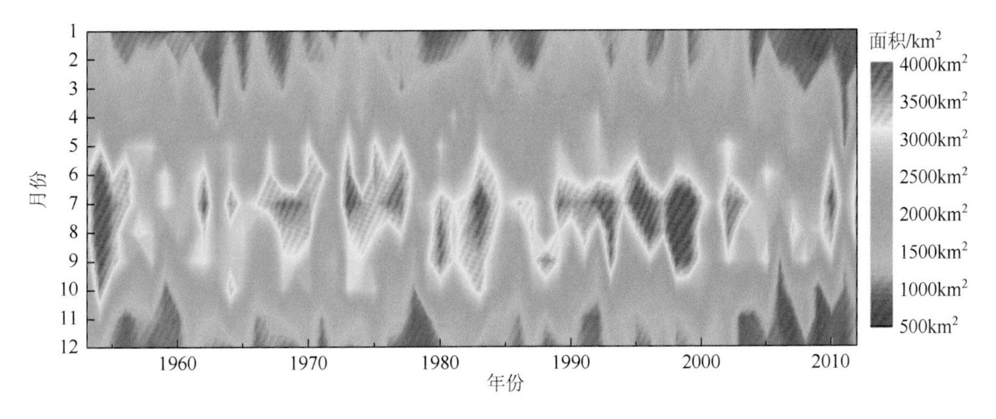

图 4-7　1953～2012 年鄱阳湖水面积变化

据统计，1953～2012 年历年水面积最大值、平均值与最小值高于平均水平的均有 32a，低于平均水平的均有 28a（图 4-8）。2000 之后鄱阳湖水面积特征值相应的负距平连续出现，说明 2000～2012 年鄱阳湖最大水面积、平均水面积和最小水面积连续出现低于多年平均水平的情况。为了进一步分析鄱阳湖水面积的年际变化趋势，对鄱阳湖历年水面积最大值、平均值和最小值进行 M-K 趋势检验（图 4-8）。从图 4-8 中累积距平曲线波动形态和 M-K 检验结果发现，鄱阳湖最大水面积在 1953～1955 年呈微弱上升趋势，1956～1972 年呈明显的下降趋势，而后呈现出长期的上升趋势直至 2012 年；平均水面积在 1953～1954 年微弱上升，在 1955～1982 年呈下降趋势，并在 1957～1961 年达到显著性水平，

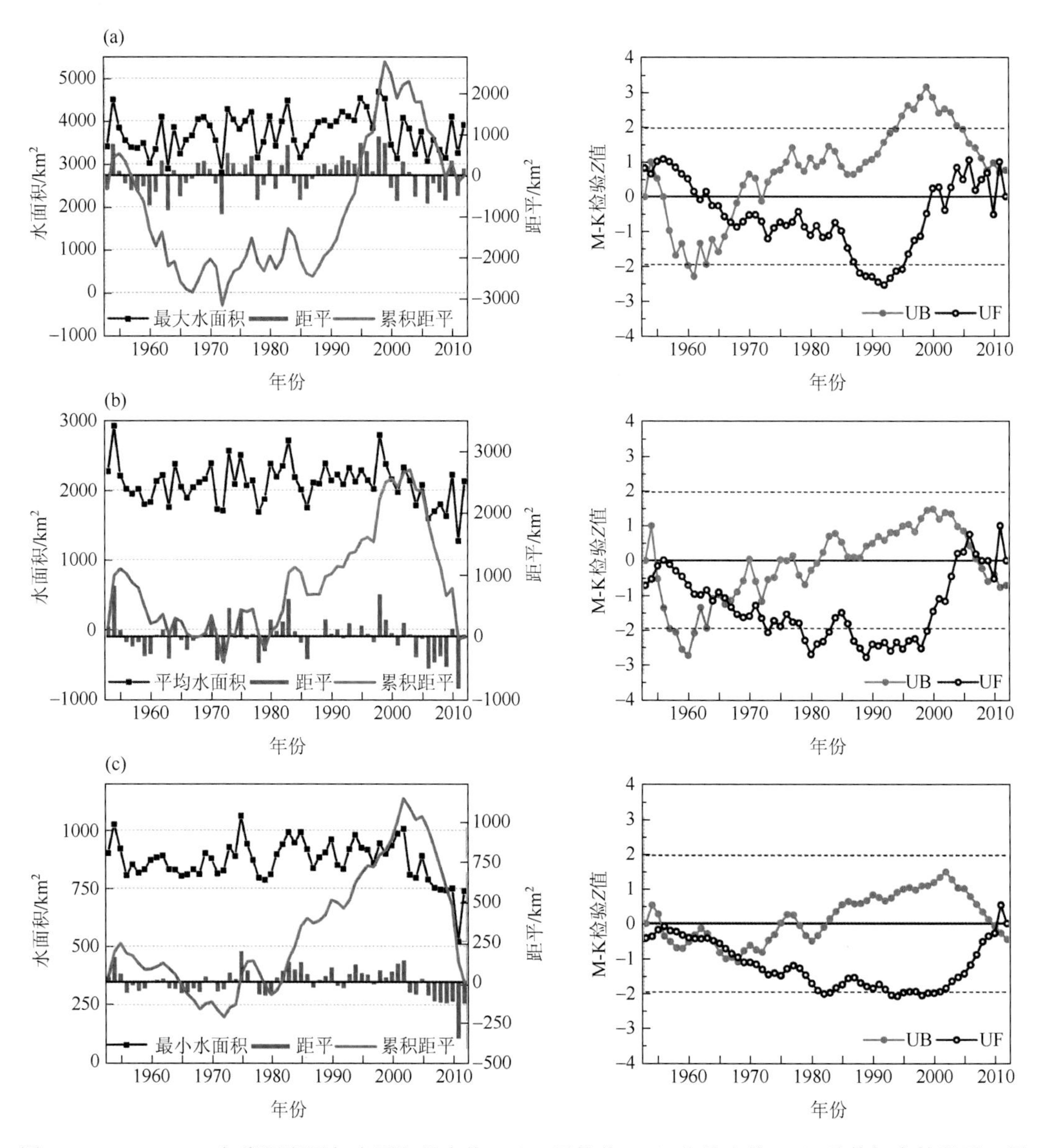

图 4-8　1953～2012 年鄱阳湖历年水面积最大值（a）、平均值（b）和最小值（c）及其相应的距平、累积距平与 M-K 趋势检验结果

1983～2006 年呈上升趋势，但上升趋势不显著，2007 年以后呈现出下降趋势；最小水面积在 1953～1955 年微弱上升，1956～1982 年呈下降趋势，1983～2009 年呈上升趋势，2010～2012 年呈下降趋势。总体上，鄱阳湖水面积特征值变化趋势呈现出明显的上升—下降，再上升—下降循环交替的周期性波动特征。

4.3.1　水面积周期性分析

应用 Morlet 复值小波方法对 1953～2012 年鄱阳湖年尺度平均水面积进行小波分析（图 4-9）。从图 4-9（a）中鄱阳湖年均水面积各时频小波系数等值线能量中心的频域尺度信号振荡来看，鄱阳湖水面积变化没有表现出特别明显的周期特性。从图 4-9（b）可以看出，鄱阳湖水面积小波方差曲线图存在 2 个相对明显的峰值，最高峰值出现在尺度 18a 处，次峰值出现在尺度 6a 处，说明鄱阳湖水面积演变过程可能存在两个周期，18a 时间尺度对应的周期为主周期，6a 时间尺度对应的周期为次周期。

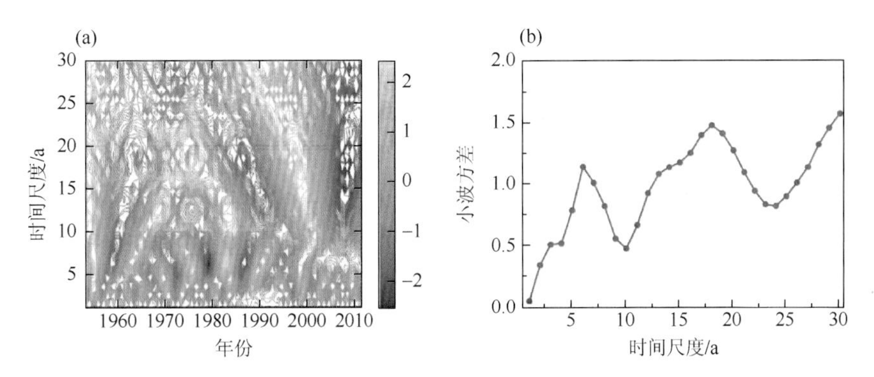

图 4-9　1953～2012 年鄱阳湖年均水面积序列的 Morlet 复值小波变换系数实部时频图（a）及相应的小波方差图（b）

在 6a 特征的时间尺度上，鄱阳湖水面积变化的周期为 6～8a，平均周期约为 7a，大约经历了 8.5 个丰枯变化期（图 4-10（a））。而在 18a 特征的时间尺度上，鄱阳湖水面积变化的周期为 17～23a，平均周期约为 20a，大约经历了 3 个丰枯变化期（图 4-10（b））。

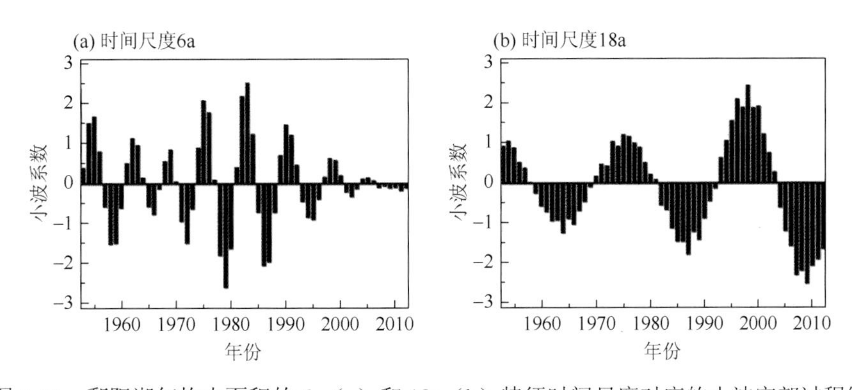

图 4-10　鄱阳湖年均水面积的 6a（a）和 18a（b）特征时间尺度对应的小波实部过程线

值得注意的是，在图 4-10（a）中最后一个周期 2004～2012 年，鄱阳湖水面积演变基本没有呈现出明显的周期变化特征，洪枯变化程度非常微弱。而在图 4-10（b）中明显看出，2004～2012 年鄱阳湖水面积正处于近 60 年来丰枯长周期变化过程中的低湖泊水面积时期，且湖泊水面积偏低程度最高。

4.3.2　水面积突变检验

图 4-8 中对鄱阳湖历年水面积最大值、平均值和最小值序列 M-K 检验结果发现 UB 和 UF 曲线在 1953～1970 年和 2000～2012 年置信区间内存在多个交点，说明鄱阳湖水面积在相应时段可能发生突变。此外，2000 年以来鄱阳湖水面积正处于主周期变化过程中的枯周期，且在次周期变化过程中丰枯波动非常微弱（图 4-10）。为明确鄱阳湖水面积突变发生时间，对鄱阳湖年均水面积进行不同滑动时间步长条件下的滑动 t 检验，检验结果见表 4-3 和图 4-11，从中明显看出，鄱阳湖年平均水面积突变多发生在 2000 年、2002～2004 年，t 检验统计量均超过 0.05 的显著性水平，除滑动检验时间步长为 5a（突变点 2003 年）和 7a（突变点 2004 年）时 t 检验统计量未超过 0.01 的显著性水平，其余均超过 0.01 的显著性水平。

表 4-3　1953～2012 年鄱阳湖年均水面积的滑动 t 检验结果

突变年	滑动时间步长/a							
	$n=5$	$n=6$	$n=7$	$n=8$	$n=9$	$n=10$	$n=11$	$n=12$
2000 年							2.98**	3.13**
2002 年						2.80**		
2003 年	2.57*	3.02**		2.92**	2.99**			
2004 年			2.59*					

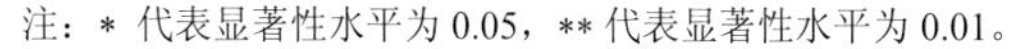
注：* 代表显著性水平为 0.05，** 代表显著性水平为 0.01。

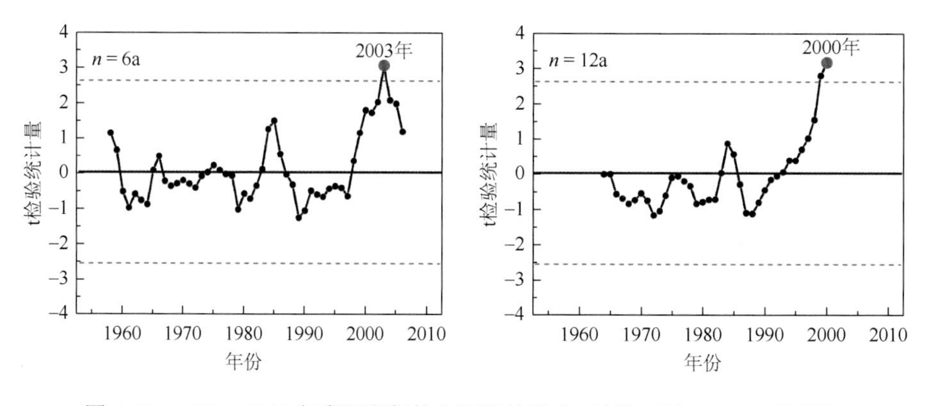

图 4-11　1953～2012 年鄱阳湖年均水面积的滑动 t 检验（以 6a、12a 为例）

4.4 2000年以来鄱阳湖水文情势变化特征

4.4.1 水位分析

据统计，2000年以来湖口站至康山站平均水位分别下降了0.58m、0.75m、0.85m、0.56m、0.39m，都昌站平均水位下降程度最大，康山站平均水位下降程度最小。由于湖口站既是鄱阳湖水量出湖控制站，也是长江干流和鄱阳湖区的防洪代表站，因此以湖口站为代表，对1953～1999年与2000～2012年湖口站逐月水位频率分布及超越频率进行对比分析，深入揭示鄱阳湖水位突变特征。如图4-12所示，两个时段对应的湖口站水位超越频率曲线在1～7月、9月和11～12月发生明显交叉，并且2000～2012年8月和10月湖口水位累积频率曲线明显低于1953～1999年的，说明湖口水位年内分布特征在2000年前后呈现显著的差异。结合图4-12与表4-4中水位频率分布统计结果发现，2000～2012年湖口站1～4月和12月相对较低的水位出现频率有所下降，相对较高的水位出现频率有所上升。以1月为例，两时段1月湖口站水位累积频率曲线分别在8m与9.5m处存在交叉点，2001～2012年湖口站6～7m水位频率自18.6%降低至0.2%，9～10m水位频率自9.3%上升至22.5%。2000～2012年5～11月湖口站水位总体偏低，且低水位频率有所上升，高水位频率有所下降，10月尤为明显。1953～1999年10月湖口水位集中在13～16m（56.8%），而2000～2012年10月湖口水位集中在12～15m（48.8%）。此外，1953～1999年10月湖口水位高于16m的超越频率为23.9%，低于12m的频率为7.2%；2000～2012年10月湖口水位高于16m的超越频率仅为1.7%，低于12m的频率高达35.9%。

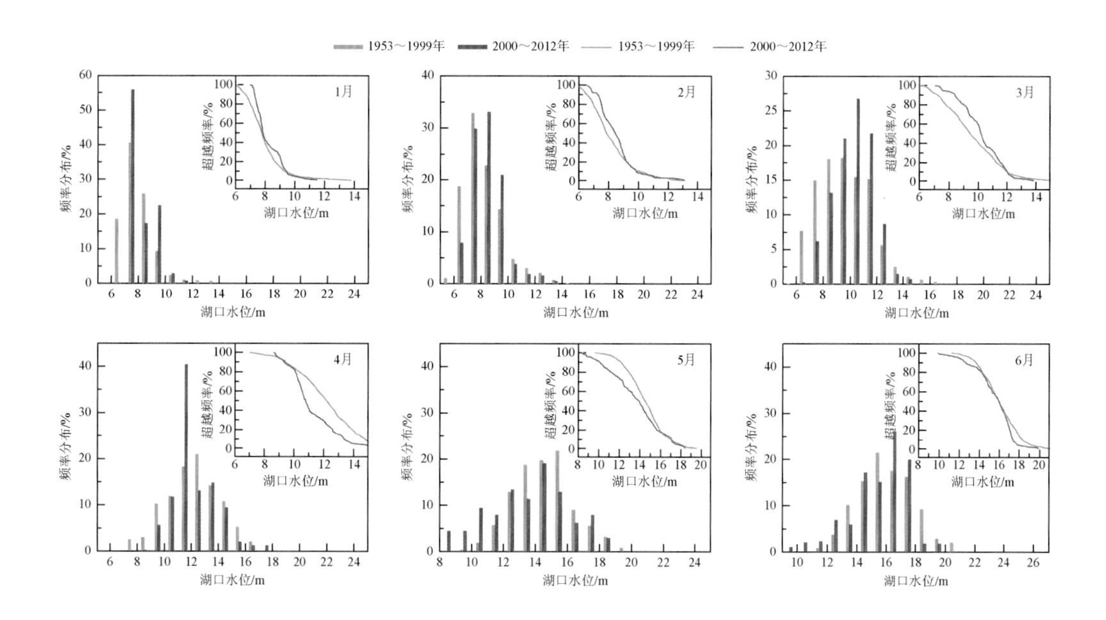

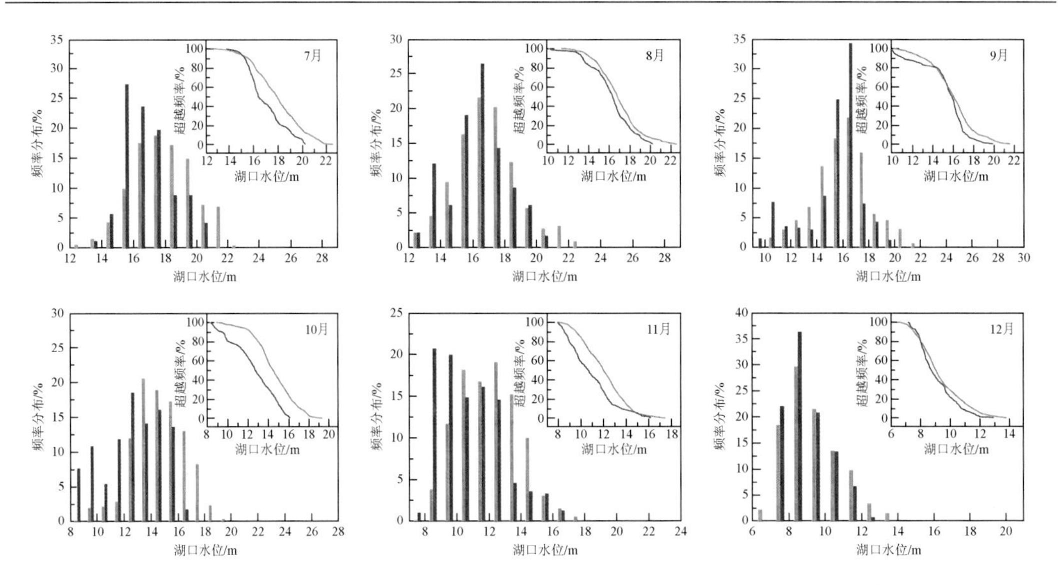

图 4-12　1953～1999 年与 2000～2012 年逐月湖口水位频率分布及超越频率曲线变化特征对比

总的来看，2000 年前后鄱阳湖水位年内频率分布特征发生明显改变，尤其是高水位和低水位表现出明显的频率分布转换特征。为进一步分析鄱阳湖水位突变特征，以 1953～2012 年鄱阳湖主要水文站点多年平均水位（湖口站为 12.82m、星子站为 13.33m、都昌站为 13.75m、棠荫站为 14.55m、康山站为 15.16m）为标准，高于多年平均水位的为高水位，低于多年平均水位的为低水位，统计分析 1953～2012 年各站点高水位和低水位历时的突变特征。图 4-13 为 1953～2012 年鄱阳湖湖口站至康山站高水位历时和低水位历时年际变化过程及相应的距平和累积距平，图中也表现了 2000 年前后高水位平均历时和低水位平均历时变化特征。从鄱阳湖各站高水位历时和低水位历时对应的累积距平曲线来看，鄱阳湖湖口站、星子站与都昌站对应的高水位历时累积距平曲线均在 1999 年抵达峰值，低水位历时累积距平曲线均在 1999 年抵达谷值（图 4-13（a）～（c））。而棠荫站和康山站高水位历时累积距平曲线分别在 2003 年和 2000 年抵达峰值，低水位累积距平曲线同样分别在 2003 年和 2000 年抵达谷值（图 4-13（d）～（e））。从鄱阳湖主要水文站高水位历时和低水位历时对应的累积距平曲线年际变化形态和特征，进一步确认了鄱阳湖水位变化过程在 2000 年前后存在突变特性。从平均历时变化来看，1953～1999 年各站高水位平均历时为 157～193d，而在 2000～2012 年为 138～158d，高水位平均历时下降幅度为 19～36d，其中星子站降幅最为明显，湖口站次之，康山站降幅最小。反之，2000～2012 年各站低水位平均历时上升幅度为 19～36d，星子站上升幅度最大，湖口站次之（35d），康山站增幅最小（图 4-13 右侧图）。

综上所述，2000 年前后鄱阳湖高水位历时与低水位历时特征发生明显转变，2000 年之后鄱阳湖各站高水位历时明显减少，低水位历时明显增加，其中都昌站高、低水位历时转变程度最强，康山站转变程度最弱。

为进一步剖析鄱阳湖高、低水位历时突变特征，用图 4-14 呈现 1953～1999 年与 2000～2012 年鄱阳湖湖口站至康山站逐月平均高水位历时和低水位历时变化及累积历时变化，表 4-5

表4-4　1953～1999年（时段Ⅰ）与2000～2012年（时段Ⅱ）湖口水位逐月频率分布比较

月份	时段	湖口水位逐月频率分布/%																	
		5～6m	6～7m	7～8m	8～9m	9～10m	10～11m	11～12m	12～13m	13～14m	14～15m	15～16m	16～17m	17～18m	18～19m	19～20m	20～21m	21～22m	22～23m
1月	Ⅰ		18.7	40.7	25.9	9.3	2.5	1.1	1.0	0.8	0.1								
	Ⅱ		0.2	55.9	17.3	22.5	3.0	0.7											
2月	Ⅰ	1.1	18.8	32.9	22.7	14.4	4.8	3.1	2.1	0.8	0.1								
	Ⅱ		7.9	29.8	33.1	20.9	3.8	1.9	1.6	0.5									
3月	Ⅰ	0.1	7.7	15.0	18.1	18.2	15.4	15.2	5.6	2.5	1.1	0.7	0.4						
	Ⅱ		0.2	6.2	13.1	21.0	26.7	21.8	8.7	1.5	0.7								
4月	Ⅰ		0.1	2.6	3.0	10.3	12.0	18.3	21.0	14.2	10.8	5.3	2.1	0.1					
	Ⅱ				0.3	5.6	11.8	40.4	13.0	14.8	9.5	2.0	1.3	1.3					
5月	Ⅰ				0.1	0.4	1.9	5.7	12.9	18.8	19.8	21.8	9.1	5.6	3.2	0.8			
	Ⅱ				4.5	4.5	9.4	7.9	13.4	11.4	19.1	12.9	6.2	7.9	3.0				
6月	Ⅰ							0.8	3.8	10.1	15.3	21.5	17.6	16.2	9.3	2.9	2.1	0.1	0.4
	Ⅱ					1.0	2.0	2.3	6.9	5.9	17.1	15.1	26.1	19.9	1.8	1.8			
7月	Ⅰ								0.6	1.6	4.3	10.0	17.6	18.9	17.3	15.0	7.3	7.0	0.4
	Ⅱ									1.2	5.7	27.5	23.8	19.8	8.9	8.9	4.2		

续表

月份	时段	湖口水位逐月频率分布/%																	
		5～6m	6～7m	7～8m	8～9m	9～10m	10～11m	11～12m	12～13m	13～14m	14～15m	15～16m	16～17m	17～18m	18～19m	19～20m	20～21m	21～22m	22～23m
8月	I							0.6	2.2	4.6	9.5	16.3	21.6	20.2	12.3	5.8	2.7	3.2	1.0
	II						2.2	0.7	2.2	12.1	6.2	19.1	26.5	14.4	8.7	6.2	1.7		
9月	I						1.7	3.0	4.6	6.8	13.7	18.3	21.8	15.9	5.7	4.6	3.1	0.8	
	II					1.5	7.7	3.6	3.3	3.1	8.7	24.8	34.3	7.4	4.3	1.3			
10月	I				0.1	2.0	2.2	2.9	12.0	20.6	18.9	17.3	13.0	8.3	2.3	0.3			
	II				7.7	10.9	5.4	11.9	18.6	14.1	16.1	13.6	1.7						
11月	I			0.1	3.8	11.7	18.1	16.7	19.1	15.2	10.0	3.0	1.6	0.6					
	II			1.0	20.7	19.9	14.8	16.1	14.6	4.6	3.6	3.3	1.3						
12月	I		2.2	18.5	29.6	21.5	13.5	9.8	3.4	1.5									
	II			22.0	36.4	20.8	13.4	6.7	0.7										

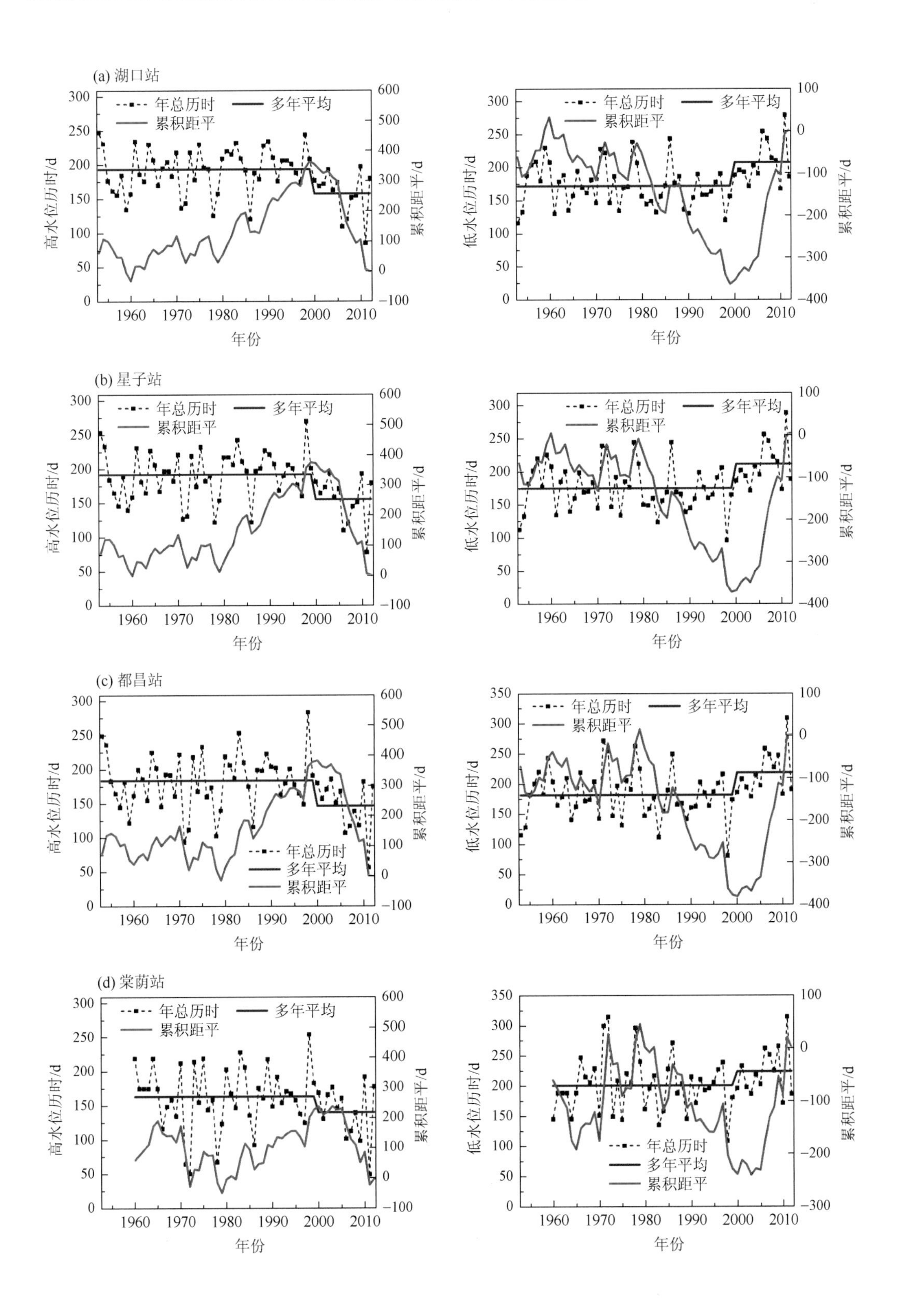
(a) 湖口站
(b) 星子站
(c) 都昌站
(d) 棠荫站
年总历时
多年平均
累积距平
高水位历时/d
低水位历时/d
累积距平/d
年份

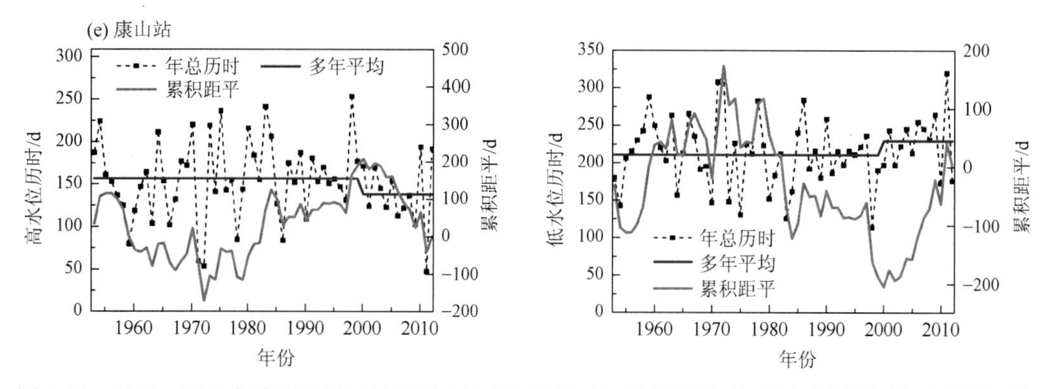

图 4-13　1953～2012 年鄱阳湖湖口站至康山站高水位历时与低水位历时年际变化过程及相应的距平和累积距平

统计出了 2000 年前后高水位和低水位累积历时差异逐月贡献率。从表 4-5 中可以看出，与 1953～1999 年相比，2000～2012 年各站逐月高水位历时和低水位历时具有如下特征：①湖口站高水位历时下降主要发生在 1 月、3～6 月、8～12 月，高水位历时下降幅度为 0.3d（1 月）～10.6d（10 月）；②星子站高水位历时下降主要发生在 1～6 月和 8～12 月，高水位历时下降幅度为 0.1d（2 月）～10.5d（10 月）；③都昌站高水位历时下降主要发生在 1～6 月和 8～12 月，高水位历时下降幅度为 0.1d（2 月）～9.8d（10 月）；④棠荫站高水位历时下降主要发生在 1 月、4～5 月、8 月、10～12 月，高水位历时下降幅度为 0.2d（12 月）～10.5d（10 月）；⑤康山站高水位历时下降主要发生在 1～6 月、8 月、10 月、11～12 月，高水位历时下降幅度为 0.1d（2 月）～8.6d（10 月）。各站高水位历时下降的同时，相应的低水位历时同期发生同幅增长。

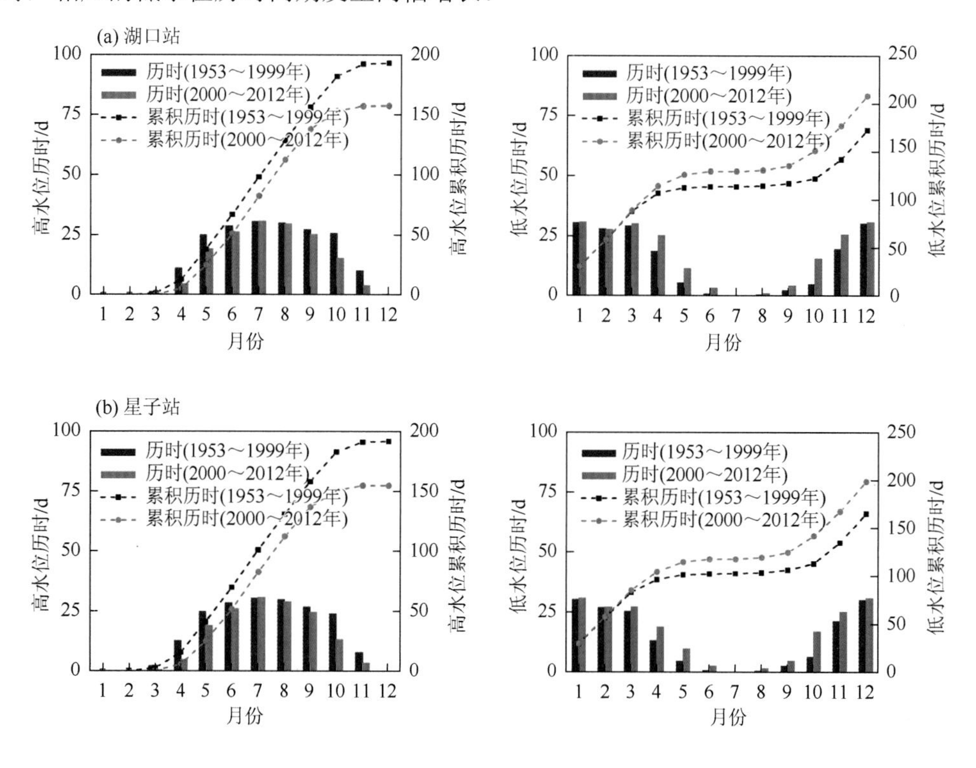

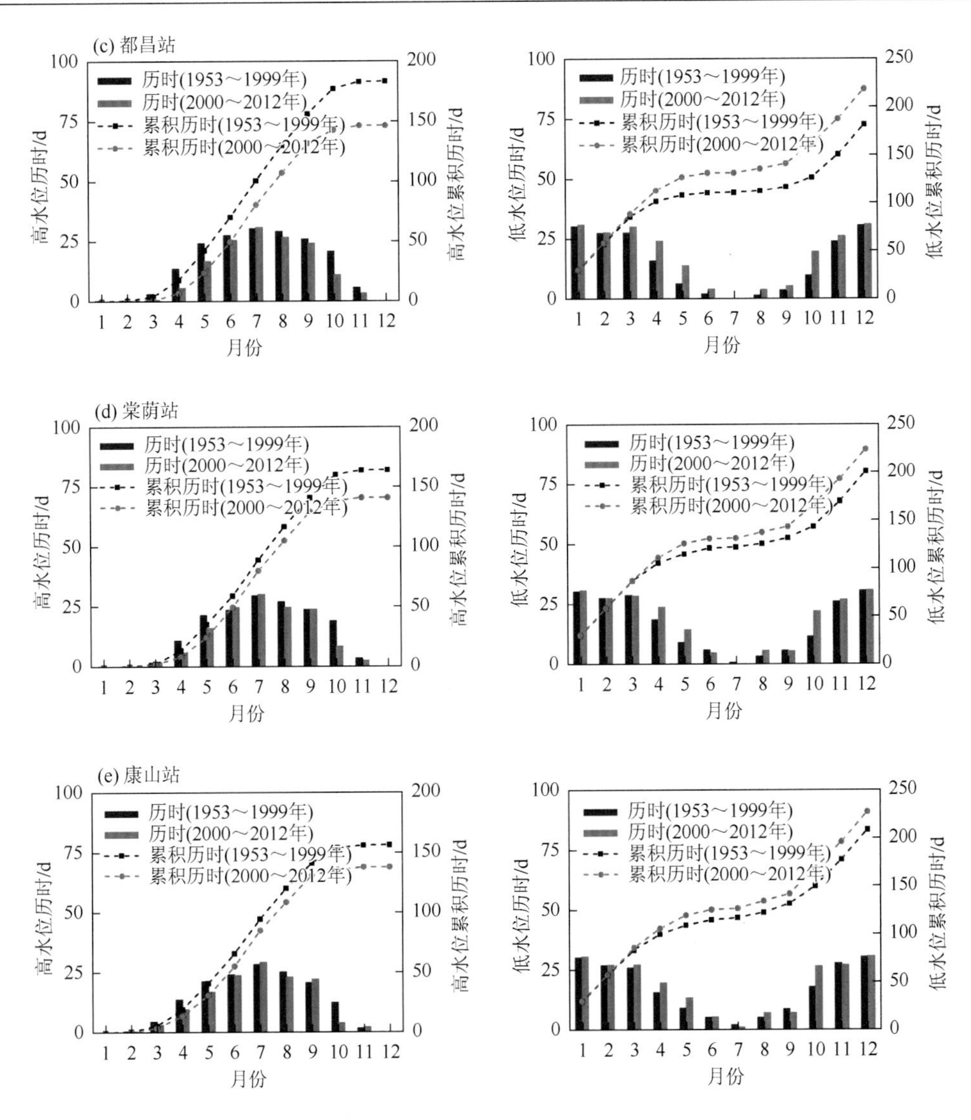

图 4-14 1953～1999 年与 2000～2012 年鄱阳湖湖口站至康山站逐月平均高水位历时与低水位历时变化及累积历时变化

表 4-5 2000 年前后高水位和低水位累积历时差异逐月贡献率

站点	贡献率/%											
	1月	2月	3月	4月	5月	6月	7月	8月	9月	10月	11月	12月
湖口站	0.8	−0.8	2.5	18.6	16.3	7.0	−0.2	1.2	5.7	29.7	17.6	1.5
星子站	1.1	0.3	4.3	21.6	15.9	6.7	−0.7	2.5	6.1	28.7	12.0	1.5
都昌站	1.5	0.3	6.5	21.8	20.5	5.5	−1.1	6.7	4.4	26.6	6.4	0.9
棠荫站	1.9	0.0	−0.6	22.1	23.5	−5.0	−2.3	10.7	−0.7	45.6	3.9	0.9
康山站	2.3	0.4	6.9	21.6	23.8	1.7	−5.4	11.3	−8.1	46.3	−2.7	1.8

总体来看，2000～2012年鄱阳湖水位历时转换特征，为高水位历时下降而低水位历时增加，湖口站和星子站在4月、5月、10月、11月相对明显，其余三站在4月、5月和10月比较明显。值得注意的是，2000年前后各站水位历时差异在10月尤为突出，高水位历时降幅和低水位历时增幅均在10月抵达最大值，湖口站、星子站和都昌站10月累积历时差异贡献率均在25%以上，棠荫站和康山站10月累积历时差异贡献率甚至接近50%。

4.4.2　水面积分析

统计发现，1953～1999年鄱阳湖平均水面积约为2150km^2，2000～2012年鄱阳湖平均水面积约为1905km^2，2000年以来鄱阳湖平均水面积下降了约245km^2。为进一步分析鄱阳湖水面积突变特征，以1953～2012年逐月平均水面积为基准，绘制1953～1999年与2000～2012年鄱阳湖逐月平均水面积距平曲线（图4-15）。1953～1999年逐月平均水面积均高于多年平均（1953～2012年）水平，而2000～2012年逐月平均水面积均低于多年平均（1953～2012年）水平，其中以10月（～480km^2）最为明显，4月（～290km^2）次之（图4-15）。从平均水面积距平曲线形态变化特征发现，2000年以来鄱阳湖水面积整体偏低，4月和10月平均水面积下降程度较为显著（图4-15）。

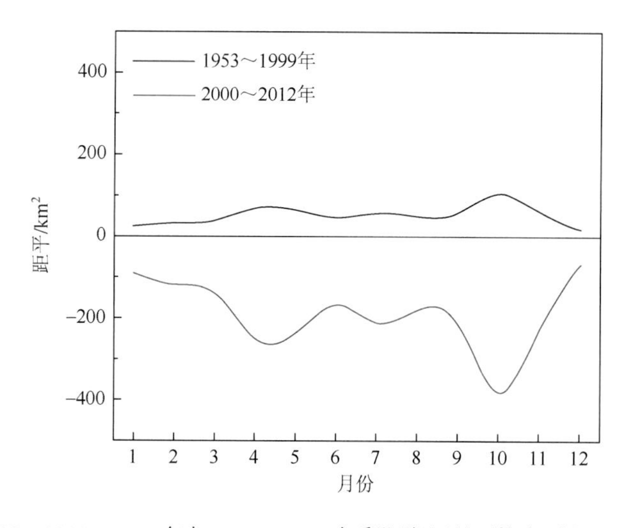

图4-15　1953～1999年与2000～2012年鄱阳湖逐月平均水面积距平曲线

为了进一步分析鄱阳湖2000年前后逐月水面积变化特征，图4-16呈现了1953～1999年与2000～2012年鄱阳湖逐月水面积频率分布和超越频率曲线变化特征。总体来看，2000～2012年逐月水面积超越频率曲线大多位于1953～1999年逐月水面积左侧，说明与1953～1999年相比，2000～2012年各月水面积整体偏低。

从时间上来看，2000～2012年与1953～1999年相比：①1月和2月500～1000km^{2}范围的水面积出现频率分别自46.6%和22.1%上升至63.4%和47.7%，而1000km^{2}以上的

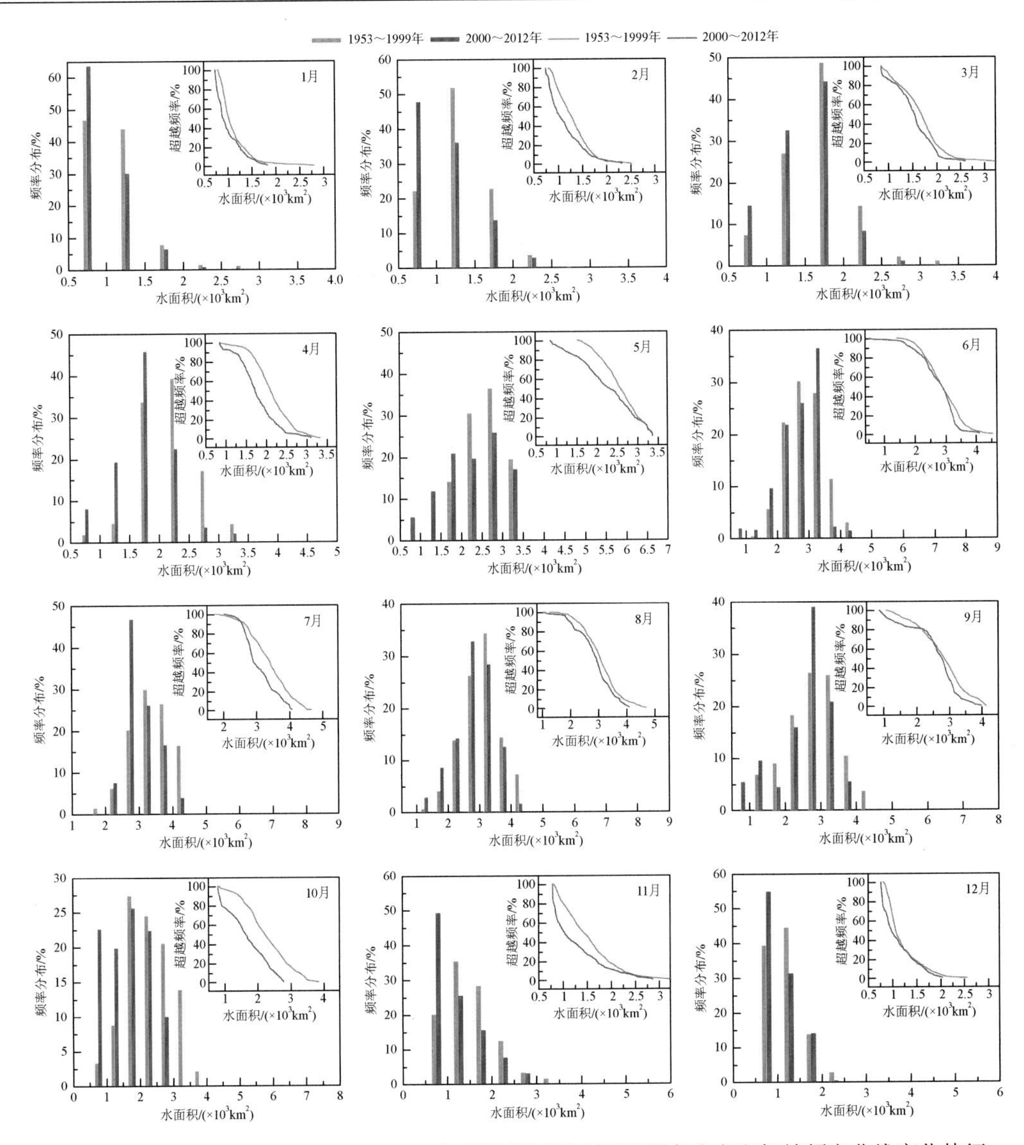

图4-16 1953～1999年与2000～2012年鄱阳湖逐月水面积频率分布和超越频率曲线变化特征

水面积出现频率下降；②3月500～1500km²范围的水面积出现频率自34.3%上升至47.8%，而1500km²以上的水面积出现频率下降；③4月和5月500～2000km²范围的水面积出现频率分别自35.8%和14.0%上升至72.6%和37.8%，而2000km²以上的水面积出现频率均有所下降；④6月500～2000km²范围的水面积出现频率自5.9%上升至12.8%，而3000～3500km²范围的水面积出现频率自27.8%上升至36.3%；⑤7月和8月1500～3000km²范围的水面积出现频率分别自27.6%和43.8%上升至54.0%和55.2%，而3000km²以上范围的水面积出现频率下降了13.0%～26.4%；⑥9月500～1500km²范围的水面积出现频率自6.8%上升至14.8%，而1500～2500km²范围的水面积出现频率自27.1%下降至20.2%，2500～3000km²范围的水面积出现频率自26.3%上升至38.9%，3000km²以上范围的水面积出现频率自39.8%下降至26.1%；⑦10月500～1500km²范围的水面积出现频率自12.0%

上升至42.3%，1500～3000km^{2}范围的水面积出现频率自72.2%下降至57.7%，大于3000km^{2}范围的水面积出现频率自15.8%下降至0；⑧11月和12月500～1000km^{2}范围的水面积出现频率分别自20.0%和39.2%上升至49.1%和54.7%，1000km^{2}以上范围的水面积出现频率分别自80.0%和60.8%下降至50.9%和45.3%。

从湖泊水面积不同范围的频率分布变化来看：①范围为500～1000km^{2}湖泊水面积的出现频率各月均呈现出不同程度的上升，其中11月和2月上升程度最大，分别增加了29.1%和25.6%；②范围为1000～1500km^{2}湖泊水面积的出现频率在1～2月和10～12月呈现出不同程度的降低，尤其在2月下降幅度高达15.7%，在3～9月出现频率有所增加，4月增幅最大，出现频率增加了15.7%；③范围为1500～2000km^{2}湖泊水面积的出现频率除在4～6月有所增加外，其余月份该范围湖泊水面积出现频率均呈下降态势，尤其在11月下降幅度为12.8%；④范围为2000～2500km^{2}湖泊水面积的出现频率仅在7～8月小幅（0.3%～1.4%）增加，其余月份出现频率均有所下降；⑤范围为2500～3000km^{2}湖泊水面积的出现频率仅在7～9月有所增加，7月增幅高达26.4%，其余月份出现频率均以微弱幅度降低；⑥范围为3000～3500km^{2}湖泊水面积的出现频率仅在6月增加了8.5%，其余月份（3～5月与7～11月）出现频率小幅下降；⑦湖泊水面积在3500km^{2}以上的情况仅发生在6～9月，该范围湖泊水面积出现频率在6～9月均发生不同程度的下降，7月降幅高达22.5%。总体来看，2000～2012年各月鄱阳湖相对较低的水面积范围出现频率有所增加，相对较高的水面积范围出现频率有所下降。

1953～1999年与2000～2012年鄱阳湖对应不同水面积范围的年均天数统计结果（表4-6）表明，与1953～1999年相比，2000～2012年鄱阳湖水面积小于1000km^{2}的年均天数增幅最为明显，平均每年增加了39d，而水面积为2000～2500km^{2}时对应的年均天数降幅比较突出，平均每年减少了14d，水面积＞3000km^{2}时，年均天数缩短了24d。此外，2000～2012年鄱阳湖水面积范围在1000～1500km^2、1500～2000km^{2}与2500～3000km^{2}对应的年均天数大致与1953～1999年相当，差异为−2～1d/a。

表4-6　1953～1999年与2000～2012年鄱阳湖对应不同水面积范围的年均天数

时段	鄱阳湖对应不同水面积的天数/(d/a)			
	＜1000km^2	1000～1500km^2	1500～2000km^2	2000～2500km^2
1953～1999年	43	67	65	57
2000～2012年	82	67	63	43

时段	鄱阳湖对应不同水面积的天数/(d/a)			
	2500～3000km^2	3000～3500km^2	3500～4000km^2	＞4000km^2
1953～1999年	56	48	20	9
2000～2012年	57	40	11	2

4.5　小　　结

本章以长序列历史观测数据为基础，综合运用M-K检验法、小波分析法和滑动t检验方法等数理统计方法开展研究，分析了 1953～2012 年鄱阳湖水文情势多时间尺度变化特征和趋势、周期特性及突变特征，阐明近 60 年来鄱阳湖水文情势的变化特征，主要得出如下几点结论。

（1）近 60 年来鄱阳湖水位与水面积存在着明显的年际波动特征，呈现出上升与下降趋势交替变化的规律。鄱阳湖平均水位和水面积在丰枯交替过程中，存在着一个 20a 左右的主周期和 7a 左右的次周期。

（2）建立不同水情条件下的鄱阳湖水位-水面积非线性关系模型，该模型对长时间序列逐日水面积反演具有较高的可行性和可靠度。结果表明，1953～2012 年鄱阳湖水面积最大值为 4680km^2，湖泊水面积最小值为 522km^2，多年水面积平均值约为 2097km^2。在年内分布上，9～11 月退水期湖泊水面收缩速率（–635km^2/月）比 3～5 月涨水期湖泊水面扩张速率（438km^2/月）更大。

（3）2000 年以来鄱阳湖水文情势进入了新的调整时期，湖泊水位和水面积在 2000 年前后存在着显著差异，不同湖区的平均水位降幅为 0.39～0.85m，平均水面积下降了约 245km^2。虽然湖泊平均水位与水面积整体降幅较小，但退水期与涨水期湖泊水文情势却发生明显变化。2000 年以来鄱阳湖水位和水面积丰枯交替循环特性并不明显，整体上偏枯。

第5章　鄱阳湖湖泊流域水文水动力模拟

5.1　引　　言

湖泊作为地表水体通常与周边流域的地表水系和地下水系具有密切的水力联系。流域入湖径流的变化均会引起湖泊水文要素在时间和空间上不同程度的响应。水文水动力联合模拟法，将湖泊及其流域作为一个整体，描述流域的径流过程及湖泊水文水动力的响应，是定量研究湖泊流域相互作用及其内在联系的有效方法。水文水动力联合模型在国内外不同类型湖泊流域中有着普遍的应用。

鄱阳湖湖泊-流域系统的水文联系复杂。受流域径流的季节性变化和长江的顶托作用，湖泊水位和水面积年内变化显著，鄱阳湖呈现独有的“河湖相”转换特征。受长江季节性来水的顶托和拉空作用，鄱阳湖复合水系统处于不断的动态调整之中。在气候变化和强人类活动不断加剧的背景下，尤其是近年来极端水文气候事件的频发，严重影响了鄱阳湖流域水资源的时空分布与湖泊水量的变化。湖泊水位的季节性变化，导致鄱阳湖水面积的明显萎缩与扩张以及洪泛洲滩湿地的动态响应，严重威胁鄱阳湖湿地生态系统的植被分布、候鸟栖息地的保护等诸多方面。在理解鄱阳湖湖泊流域水文情势变化的基础上，本章以鄱阳湖湖泊流域系统水文水动力联系为主线，提出湖泊流域联合模拟的方法与思路，构建空间结构完整的湖泊流域系统水文水动力联合模型，开展联合模型的多目标率定与验证，为下一步应用模型阐释鄱阳湖水文水动力特征以及区域的热点科学问题提供基础工具。

5.2　水文水动力联合模拟基本思路

将鄱阳湖湖泊流域系统在空间上划分为三个单元，即山区流域（五大子流域）、未控区间（基本为湖区平原区）以及鄱阳湖水体。鄱阳湖流域山区的降水-径流过程模拟，采用大尺度流域分布式水文模型 WATLAC（Zhang and Werner，2009；Zhang and Li，2009），该模型能够同时模拟五个相互独立的子流域，无须单独构建各子流域模型。该模型主要模拟鄱阳湖五大子流域的日入湖径流过程（五河入湖径流约占湖泊 88%的贡献量）。未控区间是整个流域不可或缺的一部分，将未控区间作为一个独立部分进行无站点观测的降水-径流计算。鄱阳湖水动力模型主要模拟湖泊水位、水体面积变化以及湖泊流速场对流域和长江来水的响应，采用基于丹麦水利研究院的 MIKE 21 水动力模型（DHI，2014）。

水文水动力联合模型的连接采用输入-输出的外部耦合技术，实现流域 WATLAC 分布式水文模型（结合未控区间降水-径流模型）与 MIKE 21 湖泊水动力模型的联合，形成一个空间结构完整的鄱阳湖湖泊流域水文水动力联合模拟框架（图 5-1）。通过五大子流域的日模拟径流（赣江、抚河、信江、饶河、修水）及未控区间入湖径流的合成流量，以五个点源入流的方式作为水文水动力联合模型的上边界输入条件（开边界），模型下边界则采用实测湖口水位过程线。

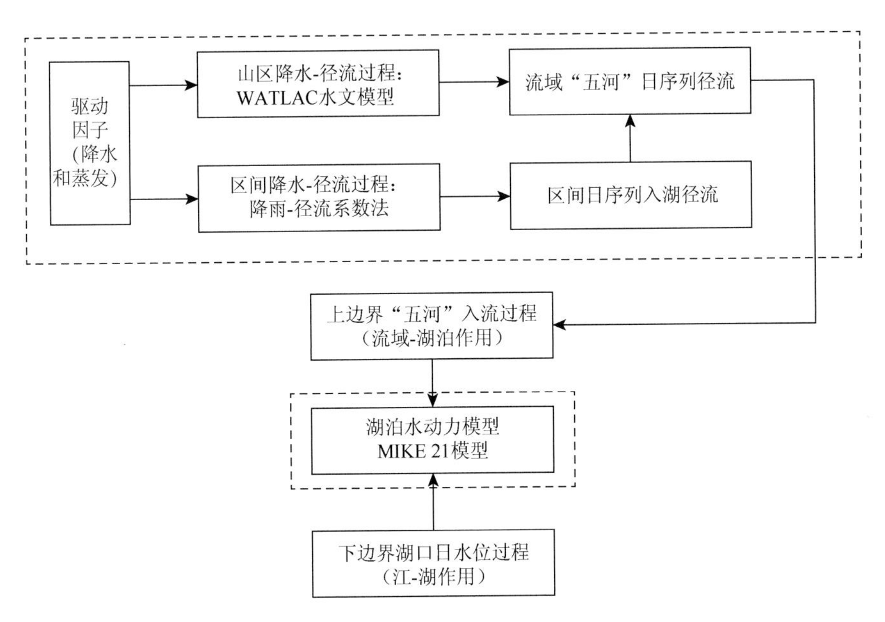

图 5-1　鄱阳湖湖泊流域水文水动力联合模拟框架

灰色线框表示联合模型组分，箭头表示输入-输出的外部连接关系

5.3　水文水动力数学模型

5.3.1　流域分布式水文模型构建

鄱阳湖流域的降水-径流过程模拟采用中国科学院南京地理与湖泊研究所自主开发的、一个考虑流域特点的地表-地下径流耦合模拟的分布式水文模型 WATLAC（Zhang and Li，2009；Zhang and Werner，2009）。该模型是一个基于物理机制的大尺度流域模拟模型，模拟流域地表过程、土壤水运动和地下径流的变化过程。WATLAC 模型是以日为时间步长、基于格网的分布式水文模型，其模拟的具体水文过程包括冠层截留、冠层蒸散、坡面汇流、河道汇流、土壤水壤中流、土壤蒸发、土壤渗漏补给以及地下水运动等（图 5-2）。降水和潜在蒸散发等气候要素是该模型的主要驱动因子。模型首先通过冠层的截留与蒸发来计算到达地面的实际降水，假定冠层截留量与叶面积指数呈线性比例关系（Xu et al.，2007）。当地表水经过土壤下渗且地面达到饱和状态时，地表径流随之产生。坡面流的汇流路径根据数字高程模型（DEM）采用 D8 算法来确定（Jain and Singh，2005）。WATLAC 模型中河道汇流演算方法主要有马斯京根法、变动蓄量法和指数法（Neitsch et al.，2002）。采用国内外熟知且应用广泛的马斯京根河道洪水演进算法（Singh and Mccann，1980；

Birkhead and James，2002）。土壤水的运动主要考虑土壤渗漏补给地下水以及土壤水的侧向流动。地下水流运动模拟采用改进后的美国地质调查局（USGS）的 MODFLOW 2005（Harbaugh，2005），地下水模拟具有明确的物理基础并采用有限差分法进行网格空间离散。地表水和地下水的联合模拟主要是通过土壤水的渗漏以及河流-地下水的实时交换来完成。WATLAC 模型能够真实刻画较为复杂的流域降水-径流过程，是一个物理机制较为明确的地表水-土壤水-地下水实时耦合的流域模拟模型。

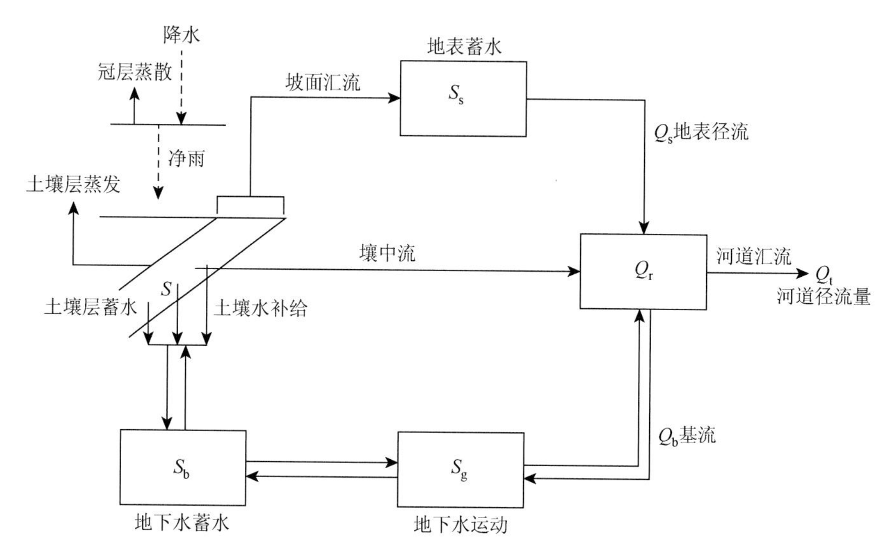

图 5-2　WATLAC 模型考虑的主要水文过程

WATLAC 模型已经取得了很多成功的研究案例，主要应用于不同复杂程度以及不同尺度大小的流域水文过程模拟，如鄱阳湖全流域的降水-径流过程模拟（叶许春，2010；李云良等，2013；Li et al.，2014）、太湖西苕溪流域的水文模拟（李丽娇和张奇，2008；Zhang and Li，2009）、云南抚仙湖流域的水文过程模拟（Zhang and Werner，2009）以及鄱阳湖赣江子流域（刘健和张奇，2009）与信江子流域（叶许春和张奇，2010；Li et al.，2012）的水文过程模拟。鉴于该模型的成功应用，详细的模型原理和数学方程描述可参考上述文献，这里不再赘述。本章仅将模型构建过程中的一些主要环节介绍如下。

根据研究区获取数据的详尽程度，选择 1km 的网格分辨率进行鄱阳湖流域的空间网格离散。对于大尺度流域水文模拟而言，1km 的模型分辨率足以真实刻画鄱阳湖流域下垫面的属性特征。以鄱阳湖流域实际的数字化水系作为参照，基于流域 DEM，以 ArcHydro Tools 为水系提取工具，遵循着尽量最低程度修正 DEM 原则，反复提取流域水系并与数字化水系进行对照，直至提取水系与流域数字化水系分布的吻合程度令人满意，并将流域存在的一些大型河流与关键水系加以考虑，WATLAC 模型对全流域水系采取最多三级的概化方式（图 5-3）。赣江子流域以外洲站作为主要控制站，抚河子流域以李家渡站作为主要控制站，信江子流域以梅港站作为主要控制站，饶河子流域以石镇街站和渡峰坑站作为主要控制站，而修水子流域以万家埠站和虬津站作为控制站（图 5-3）。这些站点的数据资料可用来验证水文模型。离散后的鄱阳湖流域概念模型中，主要划分为两种网格类型，一类是坡面流单元，主要模拟坡面汇流过程，这部分坡面径流依据 D8 算法最终汇入流域河道；第二类便是河道单元，模拟河道的汇流过程以及河流-地下含水层的水量交换。模型计算域约占整个湖泊流域面积的 87%，鄱阳湖五大子流域共剖分空间网格单元数为 138634。

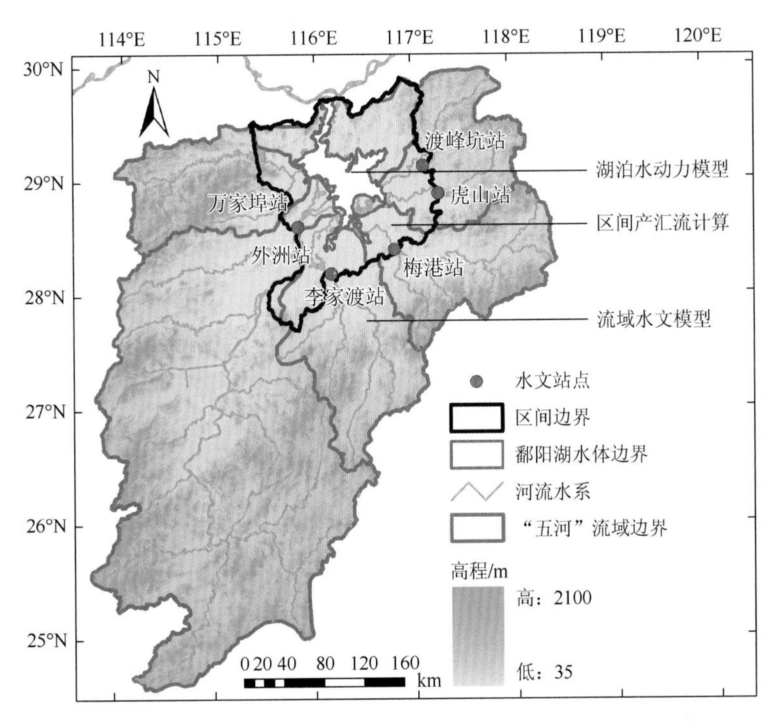

图 5-3　鄱阳湖流域空间结构与水系概化示意图

合理可靠的模型概化是保证流域水文模拟结果可靠性的重要前提。通过鄱阳湖流域六个实际水文控制站点的集水面积来评估上述子流域的划分结果（表 5-1）。赣江、抚河与饶河子流域的划分结果较为满意，相对误差基本小于 5%，而信江与修水子流域的提取结果与实际集水面积相比，相对误差稍微偏大，但均小于±10%。误差主要来源于 DEM，尽管其满足模型使用的精度要求，但不可避免地会给提取结果带来一定的偏差。

表 5-1　鄱阳湖子流域划分依据

水文站点	子流域	提取集水面积/($\times10^4$km^2)	实际集水面积/($\times10^4$km^2)	相对误差/%
外洲站	赣江	8.0858	8.0948	0.1
李家渡站	抚河	1.5560	1.5811	1.5
梅港站	信江	1.4214	1.5535	8.5
石镇街站	饶河	0.7891	0.8367	5.7
万家埠站	修水	0.3810	0.3548	−7.3
峡江站	赣江	5.9254	6.2724	5.5

WATLAC 模型输入数据主要包括 DEM、气象、水文、土地利用、土属属性与植被等数据，这些基本的数据均是对流域气候条件以及地表特征的描述。现具体介绍如下所述。

（1）模型输入的地形数据是基于空间栅格的 1km×1km DEM 数据，该数据是基于 1：25 万地形等高线图插值生成 100m 网格大小并重采样而成。

（2）模型所需的主要气象数据包括降水和潜在蒸散发资料，也是 WATLAC 模拟的主要驱动因子。WATLAC 模型将 40 个气象站点的降水量和蒸发皿日数据（2000～2008 年）采用泰森多边形法进行空间插值，参与到空间网格计算中。本章采用蒸发皿数据乘以折算系数的方法来估算潜在蒸散发量。其中，蒸发皿折算系数根据已有文献研究取经验值 0.7（尹宗贤和江安周，1987）。

（3）叶面指数（LAI）是陆面过程中一个重要的结构参数。本章鄱阳湖流域 LAI 数据来自 MODIS 的叶面指数产品（MCD15A2），WATLAC 模型以月为尺度输入（假定叶面指数在每个月内基本不变），即模拟期内每月一景 LAI，用来计算冠层截留水量。

（4）流域土地利用的数据根据模拟需要，采取一级和二级分类组合的方法将原始数据（2005 年）重新划分为六种主要类型：耕地、林地、草地、水体、居民用地和其他建设用地，分别占流域面积的 28%、61%、4%、5%、1.7%和 0.3%。可见，鄱阳湖流域耕地和林地所占比重较大。

（5）土壤数据来源于江西省的土壤调查结果，根据国家土壤分类标准，江西省土壤主要分类为红壤、红壤性土、水稻土、紫色土、冲积土、黄壤、黄棕壤和石灰土八大土壤类型。但 WATLAC 模型需要根据这些土壤类型的物理属性参数进行土壤水模拟计算，如饱和渗透系数、田间持水量和总孔隙度。

WATLAC 模型需给定土壤的初始饱和度与土壤层厚度，模型给定初始饱和度空间变化取值为 0～100%（理论值），土壤层厚度给定空间均一值 1.2m（经验值），这些初值在模型解算中被不断地更新替代。WATLAC 模型对不同级别的河流进行河道属性设置，主要包括河床宽度、河岸坡降、最大水深、河床糙率系数与水面蒸发系数。模型中还需给定与土地利用类型相关的主要参数，主要包括渗透面积百分率、植被最大根深与地表糙率系数等。这些是刻画流域坡面流和河道属性的主要参数，其参数取值主要根据鄱阳湖流域实际情况和相关研究文献而定。由于难以获取鄱阳湖流域的水文地质资料，当前地下水模型底部高程设定在潜水含水层底板（概化为一层），且渗透系数和给水度等水文地质参数基于概念性的空间均一赋值，不考虑水文地质参数分区。

5.3.2　未控区间入湖径流模型

本章对鄱阳湖未控区间入湖径流过程采用一种较为简单的估算方法，该方法基于概念性的降水-径流系数关系，即径流量（m^3/d）= 降水量（mm/d）×未控区面积（m^2）×径流系数×10^{-3}（单位转换系数）。

未控区间处于五大子流域水文监测站点和鄱阳湖水体之间（图 5-3），根据上述五大子流域的边界以及鄱阳湖的最大淹没边界来确定未控区间计算域边界，其面积约为 1.8 万 km^2。

未控区间同样采用 1km 的分辨率进行空间离散，共剖分 17556 个网格单元。对于未控区间降水-径流模拟，其所需的主要驱动资料为降水量数据，大体构建与计算过程概括如下。

采用最近邻法从流域气象站获取未控区间每个计算网格的降水量。换句话说，将气象站点的降水量数据插值到未控区间所有的空间网格单元。将每个网格的降水量乘以平均径流系数便可得每个网格的产流量。由于未控区间地下水埋深较浅，土壤含水量饱和程度较高，导致该区域易产生大量的地表径流，故未控区间径流系数根据文献经验值取 0.6（黄燕等，2008），该系数要高于鄱阳湖流域的平均径流系数 0.53（郭华，2007），表明径流系数的取值较为合理。实际上，径流系数在空间上因土地利用类型的差异是变化的，但考虑到鄱阳湖未控区间下垫面类型与山区比较而言是相对均一的，如大面积的农业用地等，故本章采取径流系数空间均一分布的概化方式。为了简化计算，将每个网格所计算的产流量采用距离判别方法分配至上游五个子流域出口。实际上，未控区间这部分产流会沿着不同的方向汇入湖泊（分布式入流），考虑到未控区间径流量所占比重相对较小（约占入湖总量的 12%），我们认为这种沿着湖岸线的边界分布式入流与本章通过五大子流域的点源入流方式有着等同的影响效果。上述入流边界的概化处理方法在国内外湖泊流域联合模拟研究中经常被采用（Debele et al.，2008）。通过逐时段（日尺度）计算，便可得未控区间的日入湖径流过程线，进而获得五大子流域出口断面的日降水-径流合成过程，进而完成整个鄱阳湖流域的水文过程计算。

5.3.3　湖泊水动力模型构建

MIKE 21 是一个专业的工程软件包，是丹麦水利研究院（DHI）开发的平面二维数学模型，主要用于模拟河流、湖泊、河口、海湾、海岸及海洋的水流、波浪、泥沙及环境（DHI，2014）。MIKE 21 为工程应用和科学研究、海岸管理及规划等方面提供了完备、有效的设计环境。该模型的核心水动力模块是基于三维不可压缩和 Reynolds 值分布的 Navier-Stokes 方程，服从于 Boussinesq 假定和静水压力的假定（DHI，2014）。水动力模型对计算区域的空间离散采用基于有限体积法（finite volume method）的三角形格网，能够很好地拟合复杂的计算域边界（DHI，2014）。模型中的初始条件需给定计算域的水位和流速。模型中的开边界条件可以给定流量或水位过程。沿着闭合边界条件（陆地边界），所有垂直于边界流动的变量均为零。MIKE 21 HD 能够有效地处理干湿动边界问题。

对于水平尺度远大于垂直尺度的情况，水深、流速等水力参数沿垂直方向的变化较沿水平方向的变化要小得多（假设浅水），从而可将三维流动的控制方程沿水深积分，并取水深平均，得到沿水深平均的二维浅水流动质量和动量守恒控制方程组，故该水动力模块可应用于任何忽略垂向分层的二维自由表面水流模拟，可模拟由于各种作用力而产生的水位及水流变化，被推荐为河流、湖泊、河口以及海岸水流的二维仿真模拟模型。

二维非恒定浅水方程组为

$$\frac{\partial h}{\partial t}+\frac{\partial h\bar{u}}{\partial x}+\frac{\partial h\bar{v}}{\partial y}=hS \tag{5-1}$$

$$\begin{aligned}\frac{\partial h\bar{u}}{\partial t}+\frac{\partial h\bar{u}^2}{\partial x}+\frac{\partial h\overline{uv}}{\partial y}=&f\bar{v}h-gh\frac{\partial \eta}{\partial x}-\frac{h}{\rho_0}\frac{\partial P_{\mathrm{a}}}{\partial x}-\frac{gh^2}{2\rho_0}\frac{\partial \rho}{\partial x}+\frac{\tau_{\mathrm{s}x}}{\rho_0}-\frac{\tau_{\mathrm{b}x}}{\rho_0}\\&-\frac{1}{\rho_0}\left(\frac{\partial S_{xx}}{\partial x}+\frac{\partial S_{xy}}{\partial y}\right)+\frac{\partial}{\partial x}(hT_{xx})+\frac{\partial}{\partial y}(hT_{xy})+hu_{\mathrm{s}}S\end{aligned} \tag{5-2}$$

$$\begin{aligned}\frac{\partial h\bar{v}}{\partial t}+\frac{\partial h\overline{uv}}{\partial x}+\frac{\partial h\bar{v}^2}{\partial y}=&-f\bar{u}h-gh\frac{\partial \eta}{\partial y}-\frac{h}{\rho_0}\frac{\partial P_{\mathrm{a}}}{\partial y}-\frac{gh^2}{2\rho_0}\frac{\partial \rho}{\partial y}+\frac{\tau_{\mathrm{s}y}}{\rho_0}-\frac{\tau_{\mathrm{b}y}}{\rho_0}\\&-\frac{1}{\rho_0}\left(\frac{\partial S_{yx}}{\partial x}+\frac{\partial S_{yy}}{\partial y}\right)+\frac{\partial}{\partial x}(hT_{xy})+\frac{\partial}{\partial y}(hT_{yy})+hv_{\mathrm{s}}S\end{aligned} \tag{5-3}$$

式中，t 为时间；x、y 为笛卡儿坐标系下坐标；η 为水位；$h=\eta+d$ 为总水深，d 为静止时水深；u、v 分别为 x、y 方向上的速度分量；f 为科氏力系数，$f=2\omega\sin\varphi$，ω 为地球自转角速度，φ 为当地纬度；g 为重力加速度；ρ 为水体密度；P_{a} 为表面气压；τ_{s} 和 τ_{b} 分别为表面风应力和底应力；S_{xx}、S_{xy}、S_{yy} 分别为辐射应力分量；S 为源项；$(u_{\mathrm{s}},v_{\mathrm{s}})$ 为源项水流速度；$\bar{u}$、$\bar{v}$ 为沿水深平均的流速，由以下公式定义：

$$h\bar{u}=\int_{-d}^{\eta}u\mathrm{d}z,\ h\bar{v}=\int_{-d}^{\eta}v\mathrm{d}z \tag{5-4}$$

T_{ij} 为水平黏滞应力项，包括黏性力、紊流应力和水平对流，这些量是根据沿着水深平均的速度梯度采用涡流黏性方程得出的：

$$T_{xx}=2A\frac{\partial \bar{u}}{\partial x},\ T_{xy}=A\left(\frac{\partial \bar{u}}{\partial y}+\frac{\partial \bar{v}}{\partial x}\right),\ T_{yy}=2A\frac{\partial \bar{v}}{\partial y} \tag{5-5}$$

鄱阳湖具有宽浅型水域特点，大部分湖区垂向流速以及温度差异较小（Li et al., 2016），受地形坡降和复杂的江湖相互关系的影响，形成较强的水平湖水运动，这些因素决定了 MIKE 21 二维水动力模型选用的合理性。

本次模拟采用 20 世纪 90 年代鄱阳湖湖盆地形的原始资料，其具有 30m×30m 的较高分辨率。根据 1998 年历史上最大的洪水事件来界定湖泊水面变化的最大拓展范围及岸线边界，防止鄱阳湖高度动态的季节性水面变化超出该计算边界，其中，计算域面积约占鄱阳湖湖泊流域总面积的 2%。由于鄱阳湖湖盆地形复杂且湖区由主河道、湖泊洲滩及岛屿等构成，且最为明显的是湖盆主河道呈现水流速度急快的特点而洲滩流速相对缓慢，因此，主河道与洲滩是鄱阳湖湖盆地形最为关键的两个主要部分。针对上述特点，模型网格生成借助地表水流 SMS（surface water modeling system）模拟软件，设置网格剖分的相关参数，自动生成计算域网格。在网格生成后，对主河道区域进行加密剖分，而远离主河道的洲滩区域网格分辨率则相对较粗（图 5-4）。其中，湖区岛屿不在计算域范围内，不参与水动力计算。通过对模型网格的进一步手动校正和模拟测试，获得了满足计算需求的空间离散分辨率。三角形网格的边长变化范围为 70～1500m，三角形网格的面积变化为 0.006～0.605km^2（图 5-4），共剖分出 11251 个节点及 20450 个计算单元。

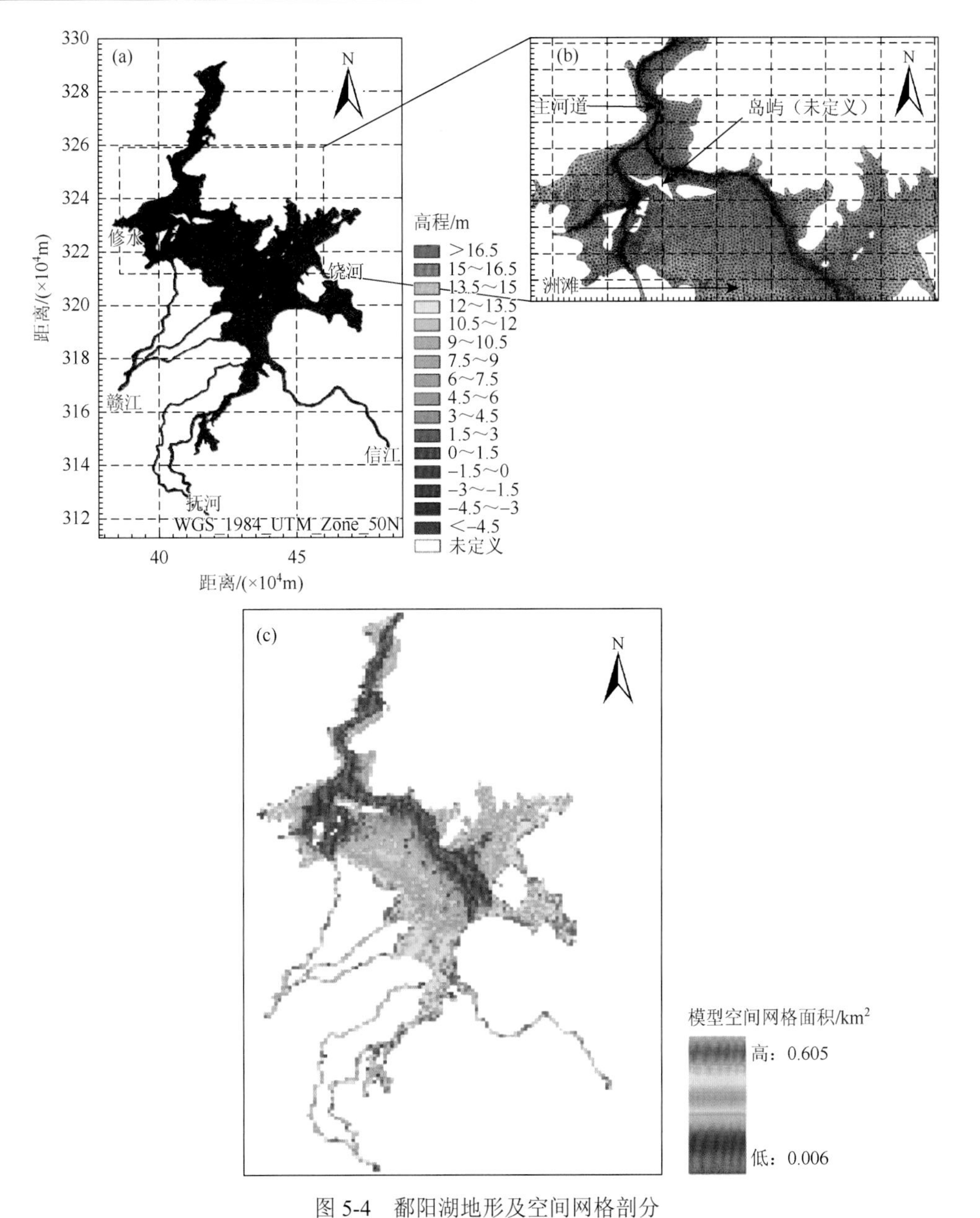

图 5-4　鄱阳湖地形及空间网格剖分

（a）空间网格剖分示意图；（b）局部网格剖分放大图；（c）模型空间网格面积

MIKE 21 计算参数主要分为两类：①数值求解参数。主要是关于方程组求解与计算稳定性的有关参数，如时间积分方法和时间步长设定等。②物理参数。主要有床面糙率系数、干湿交替计算参数及涡粘系数等。

（1）数值模型中，流速变化的时间相对较短，在模拟开始时通常被设定为 0。初始水位是较为关键的，它通常具有较长时间的影响力。本章水动力模型计算域的初始水位场采用湖区五个站点（湖口站、星子站、都昌站、棠荫站与康山站）水位插值空间结果，以减少水位初始条件的误差可能对模型结果的影响。

（2）为保证所有网格点的 CFL 数满足限制条件且计算稳定，模型中时间步长的取值采用一浮动范围的方式来自适应（DHI，2014），因此模型设定最小和最大时间步长范围，本章模拟最小时间步长设定为 5s，最大时间步长设定为 3600s。本章水动力模拟采用低阶时间积分和空间离散。

（3）因鄱阳湖存在显著的季节性干湿洲滩区域，为避免模型计算过程中出现失稳问题，本章模拟根据推荐值并设定干水深（drying depth）为 0.005m，淹没水深（flooding depth）为 0.05m，湿水深（wetting depth）为 0.1m，即采用干湿动边界处理技术来处理湖区洲滩随水位变化的淹没情况，提高水动力模型的计算效率。

（4）湖面降水和蒸发数据主要采用湖区邻近气象站点的数据，并按照随时间变化但空间均一的方式来参与水动力模型计算。

（5）对于季节性干湿交替的湖泊滩地区域，模型假定该区域降水全部转化为径流来参与水动力计算（DHI，2014），这种专门针对湖区干湿交替状况而采取的降水-径流转化模式能够很好地适应鄱阳湖动态的水情变化特点，有效地把这部分降水考虑进来，以避免造成严重的湖泊水量损失。

（6）模型中假定鄱阳湖水体密度在整个计算过程中恒定不变（正压模式）。

（7）涡粘系数的空间变化采用 Smagorinsky 公式计算（Smagorinsky，1963）。通常 Smagorinsky 系数可作为常数给定，文中在湖泊模拟区内设定其为空间均一常数。Smagorinsky 在二维直角坐标系中可以表达为

$$A = C_s \Delta x \Delta y \left[\left(\frac{\partial u}{\partial x} \right)^2 + \left(\frac{\partial v}{\partial y} \right)^2 + \frac{1}{2} \left(\frac{\partial u}{\partial y} + \frac{\partial v}{\partial x} \right)^2 \right]^{1/2} \tag{5-6}$$

式中，C_s 为 Smagorinsky 系数；Δx 与 Δy 为 x 和 y 方向上的网格尺寸；其他参数意义同上。

（8）空间上变化的曼宁数用来描述湖床底部的摩擦力。为了适应鄱阳湖主河道水流湍急、洲滩水流缓慢的特点，曼宁数空间分布大概为：从主河道至湖泊洲滩呈递减趋势。

鄱阳湖水动力模型 MIKE 21 共定义六个开边界条件，流域五河（赣江、抚河、信江、饶河与修水）的入湖径流分别作为水动力模型上游五个开边界条件，其表征了湖泊-流域作用关系；鄱阳湖与长江的水量交换通道-湖口水位过程线作为下游开边界条件，该边界条件表征了长江-湖泊相互作用关系；其他默认的是陆地边界（垂向流速为零）。上述鄱阳湖水动力模型的边界条件设定，综合体现了该模型能够很好地模拟水动力变化对流域“五河”入湖径流（包括未控区间）以及长江来水变化的共同响应。在时间的衔接上，流域日径流过程通过线性插值的方法以适应鄱阳湖水动力模型精细时间步长的计算需求，从而保证计算的稳定性。

5.4　模型率定与验证

5.4.1　率定方法与参数

将 PEST 参数自动优化技术（Doherty，2005）应用于 WATLAC 模型。PEST 的联合使用，主要用来进行参数的敏感性分析进而选择需要率定的主要参数，更重要的是实现模型参数的自动优化。PEST 在地表-地下水流联合模型参数优化方面已经取得广泛的应用。

PEST 为非线性参数估计工具，其原理是采用 GML（Gauss-Marquardt-Levenberg）算法来优化模型，PEST 的目标函数收敛较快，其能通过尽量少的迭代次数和模型调用次数使得计算值与观测值之间的残差达到最小，大大提高模型的运行效率。对于 MIKE 21 湖泊水动力模型，其封装的模块以及商业软件的特性，无法与 PEST 建立数据传递接口，故文中仍然采用传统的手动试错法（trial and error）来调整参数。

鉴于对结合 PEST 自动率定的 WATLAC 模型在应用于大尺度鄱阳湖流域并进行长时间连续模拟的需求考虑，如果参数过多且初值不合理，那么会耗费大量时间和计算量，因此，本章采用手工试错法与 PEST 自动率定技术联合的人机交互相结合方法来反演 WATLAC 模型。模型优化的目标函数由两大部分构成（图 5-5），一部分是以五大子流域的 6 个水文站点的河道日观测流量与模拟值之间的残差平方和作为多目标函数来评价 WATLAC 模型地表水流模拟效果；另一部分是以基流分割结果与模型模拟的基流指数（基流量/河道流量）之间的残差平方和作为目标函数来评价地下水流模拟效果。基流分割采用国内外普遍使用的数字滤波技术（Arnold et al.，1995），根据 6 个主要的水文控制站点以及其集水面积，采用面积加权平均值法可近似得到全流域的平均基流指数为 48%。从水均衡角度出发，基流量是地下水比较重要的组分，其作为目标函数纳入 PEST 来率定地表-地下水耦合模型，将被视为一种间接而有效的手段来评估地下水模拟效果的可靠性。模型整体率定过程主要分为两个步骤（图 5-5）。

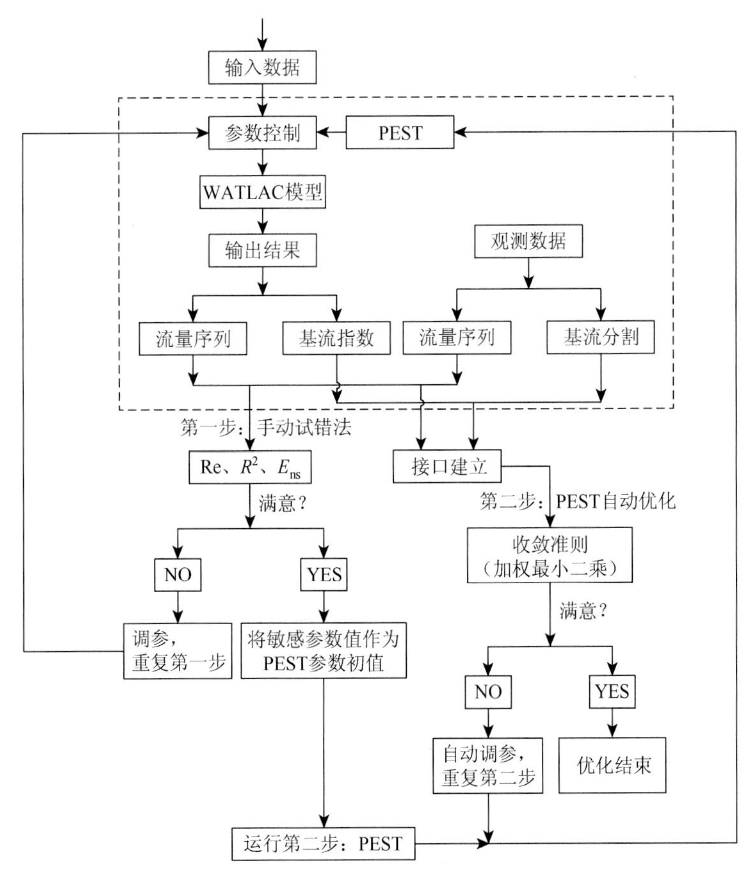

图 5-5　基于 PEST 自动优化技术的 WATLAC 模型率定策略

（1）第一步为经验调参。先通过试错法根据经验人为调整参数，直至河道径流拟合的纳希效率系数（E_{ns}）、确定性系数（R^2）、相对误差（R_e）等评价指标令人满意，目的是为PEST获取合理的参数初值，尽可能加快优化速度，提高运算效率。

（2）第二步为自动调参。将手动试错法得到的敏感参数及参数值作为PEST率定的初始条件。考虑到地表-地下水流联合模拟中各个水文变量（6个水文站的径流和基流）具有同等重要性，各个目标函数赋予等权重系数1.0。根据自定义的PEST与WATLAC模型建立数据传递接口（图5-5虚线框所示），采用PEST完成自动率定，直至模型目标变量达到最优化结果，率定过程结束。

当前WATLAC模型为全局参数率定，即鄱阳湖全流域使用一套参数系列。模型最终调整的主要敏感参数为坡面流滞后系数（α）、土壤水入渗系数（β_1）、地下水补给系数（β_2）、马斯京根洪水演进方法的时间蓄量常数（k）以及潜水含水层给水度（S_y）。其中，含水层的给水度假定为概念性的空间均一分布。这些参数主要反映下垫面产流能力、土壤水蓄水能力、河道洪水传播速度以及地下水运动等。对于湖泊水动力模型MIKE 21而言，其率定的主要参数有两个。首先是反映湖床糙率变化的曼宁数（M），该参数在空间上是变化的，变化范围为30～50m$^{1/3}$/s，以此来真实描述湖区洲滩和主河道不同的水力特性；其次是计算涡粘系数的Smagorinsky系数（C_s），该系数在空间上给定均一的初始值为0.25。

对于流域水文模型WATLAC，主要采用6个主要河道站点（石镇街站、万家埠站、外洲站、梅港站、李家渡站和峡江站）的径流量以及流域基流指数来进行参数率定和结果评估。对于湖泊水动力MIKE 21模型，主要采用4个主要湖泊站点（星子站、都昌站、棠荫站和康山站）的水位和湖口流量来进行模型的率定与评估。

水文模型与水动力模型的拟合效果采用常规的统计指标来量化评估，主要包括纳希效率系数（E_{ns}）、确定性系数（R^2）和相对误差（R_e），具体表达式如下：

$$E_{ns} = 1 - \sum_{i=1}^{n}(Q_{obsi} - Q_{simi})^2 \Big/ \sum_{i=1}^{n}(Q_{obsi} - \bar{Q}_{obs})^2 \quad (5\text{-}7)$$

$$R^2 = \left[\sum_{i=1}^{n}(Q_{obsi} - \bar{Q}_{obs})(Q_{simi} - \bar{Q}_{sim})\right]^2 \Big/ \left[\sum_{i=1}^{n}(Q_{obsi} - \bar{Q}_{obs})^2 \sum_{i=1}^{n}(Q_{simi} - \bar{Q}_{sim})^2\right] \quad (5\text{-}8)$$

$$R_e = \sum_{i=1}^{n}(Q_{simi} - Q_{obsi}) \Big/ \sum_{i=1}^{n} Q_{obsi} \times 100\% \quad (5\text{-}9)$$

式中，Q_{obsi}为观测序列；Q_{simi}为模拟序列；$\bar{Q}_{obs}$和$\bar{Q}_{sim}$分别为观测序列和模拟序列的平均值；n为时间步长总数。

5.4.2 率定与验证结果

鄱阳湖流域水文模型与鄱阳湖水动力模型均采用相同的模拟时段，即选用2000年1月1日～2005年12月31日（共6年）作为模型率定期，2006年1月1日～2008年12月

31 日（共 3 年）作为模型验证期。模拟时段的选择主要是因为其能充分反映鄱阳湖湖泊流域不同的水文年状况（如 2005 年为平水年，2003 年、2006 年和 2007 年为典型枯水年），共计 9 年的长时段连续模拟能够充分表明联合模型的整体能力。尤其是对于水动力模拟而言，连续 9 年的长时间尺度模拟确实是一项艰巨的任务和挑战，尽管其会花费大量的计算时间，但能充分评估联合模型的有效性以及增强其在水动力模拟结果上的可靠性。

为了使流域水文过程与湖泊水动力过程模拟均能达到理想的模拟效果，本章将 WATLAC 模型和 MIKE 21 模型进行独立率定，即两个模型的模拟结果分别与观测数据进行比较。在水文模型 WATLAC 与水动力模型 MIKE 21 率定与验证进程中，保持模型率定期的所有参数不变，只改变驱动流域水文过程（WATLAC 模型）的气候条件：降水和潜在蒸散发。依据水文水动力联合模拟方法，将水文模型计算的“五河”径流同时叠加未控区间的入湖径流作为鄱阳湖水动力模型（MIKE 21）的输入条件，同时下游开边界湖口水位更新为相应模拟时段的观测值。表 5-2 列出了湖泊流域系统联合模型率定的主要参数及优化值。

表 5-2　湖泊流域系统联合模型率定的主要参数及优化值

联合模型	参数和单位	参数描述	初值	取值范围	优化值
WATLAC 模型	α	坡面流滞后系数	0.60	0.001～2.0	0.997
	β_1	土壤水入渗系数	0.04	0.001～2.0	0.162
	β_2	地下水补给系数	0.10	0.001～2.0	0.035
	k/d	马斯京根时间蓄量常数	4.80	0.001～6.0	5.000
	S_y	浅水含水层给水度	0.05	0.001～0.2	0.054
MIKE 21 模型	$M/(\mathrm{m}^{1/3}/\mathrm{s})$	曼宁数	30～50	30～50	30～50
	C_s	Smagorinsky 系数	0.25	0.25～1.0	0.28

表 5-3 为湖泊流域水文水动力联合模型在整个率定与验证期，6 个水文站点河道日径流量、4 个湖泊站点水位及湖口出流量的拟合效果评估。由表 5-3 可得，在水文模型率定期，6 个水文站点拟合的纳希效率系数 E_{ns} 变化范围为 0.71～0.84，确定性系数 R^2 为 0.70～0.88，相对误差 R_{e} 基本控制在±10%左右，但水文模型在径流峰值捕捉上有过高或过低的模拟现象，主要是因为受流域较多大小型水库及人工引水灌溉等众多因素的影响，流域的天然径流过程发生了改变。此外，WATLAC 模拟的全流域基流指数（45%）与基流分割结果（47.6%）十分接近，表明 WATLAC 模型能够用来模拟河流与地下水之间的水量交换，在地下水定量模拟上具有一定的可靠性。基于 MIKE 21 模型的鄱阳湖水动力模拟，由表 5-3 量化结果可见，湖泊 4 个站点水位拟合的 E_{ns} 变化范围为 0.80～0.98，确定性系数 R^2 为 0.82～0.99，相对误差 R_{e} 均小于±3%。可见，常被视为对外部环境因子指示的湖泊水位，作为最主要的水动力要素取得了较为理想的模拟精度（表 5-3）。此外，考虑到湖口出流量可视为全湖区流速的一个较为重要的综合指示，同时，鉴于湖口流量变化也体现了鄱阳湖与长江的水量交换关系，故本章通过湖口径流量对整个鄱阳湖的水量变化做了一个总体性的评估，模拟值与观测值之间拟合的纳希效率系数 E_{ns} 和确定性系数 R^2 分别为

表 5-3　湖泊流域水文水动力联合模型率定与验证结果

水文站点	指标	模型率定期（2000～2005 年）			模型验证（2006～2008 年）		
		E_{ns}	R^2	R_e/%	E_{ns}	R^2	R_e/%
石镇街站	径流量	0.73	0.70	12.0	0.70	0.70	2.72
万家埠站	径流量	0.72	0.74	14.0	0.72	0.73	13.1
外洲站	径流量	0.82	0.88	−0.7	0.90	0.90	0.76
梅港站	径流量	0.82	0.84	−0.4	0.76	0.83	−14.0
李家渡站	径流量	0.71	0.80	16.0	0.62	0.82	14.7
峡江站	径流量	0.84	0.84	−3.2	0.86	0.86	−3.3
星子站	湖水位	0.97	0.99	1.0	0.95	0.98	3.8
都昌站	湖水位	0.98	0.98	2.4	0.93	0.98	4.6
棠荫站	湖水位	0.94	0.97	−1.3	0.97	0.97	−0.9
康山站	湖水位	0.88	0.96	3.0	0.80	0.94	3.6
湖口站*	出流量	0.80	0.82	−12.0	0.87	0.92	−13.7

注：*代表模型率定期湖口出流量的拟合时间序列为 2003～2005 年（共 3 年）。

0.80 和 0.82（表 5-3），但相对误差稍微偏大，R_e 达到−12%（表 5-3），表明水动力模型在湖口出流量的模拟上有过低估计的现象，这种误差可能来自多种影响因素，比如流域“五河”入湖径流的计算误差、未控区间入湖径流估算误差、湖盆地形等。鉴于鄱阳湖这样一个水情高度动态变化、结构复杂的非线性系统，加之鄱阳湖与长江之间有着互为反馈的水力联系，湖口流量拟合已经达到了预期的可以接受的模拟精度。

在模型验证期，6 个水文站点的日河道径流模拟 E_{ns} 变化范围为 0.70～0.90，R^2 变化范围为 0.70～0.90，R_e 基本控制在±10%内。对于湖泊水位模拟而言，各个水位站点拟合的 E_{ns} 变化范围为 0.80～0.97，R^2 变化范围为 0.92～0.98，R_e 基本控制在±5%内（表 5-3）。湖口出流量的验证结果同率定期相比，取得了更为理想的模拟效果，例如，E_{ns} 和 R^2 分别为 0.87 和 0.92（表 5-3）。

图 5-6～图 5-9 为模型率定期与验证期流域模拟与观测的日河道径流量、未控区间年入湖总径流量、湖泊站点水位及湖口出流量时间序列拟合效果图。从这些变量的年际、年内变化趋势以及峰值拟合的捕捉程度上而言，流域水文模型 WATLAC 能够很好地再现大尺度鄱阳湖流域上的降水-径流过程（图 5-6）。通过《江西省水资源公报》（2000～2005 年）获取地表水资源总量，将其扣除流域“五河”的总入湖径流量，便近似可得未控区间年入湖总量。由图 5-7 可见，未控区间年入湖总径流量估算结果与基于水资源公报所获结果呈现了很好的入湖总量年代际变化趋势，但未控区间日入湖径流量仍然难以寻求有效的验证方法，因此，日入湖径流量的计算具有一定的不确定性。湖泊水动力模型 MIKE 21 能够很好地再现长时间序列的水位和出流量变化过程对流域入湖径流和长江来水的共同响应（图 5-8 和图 5-9）。总体而言，模拟水位很好地呈现了观测值在丰水年或干旱年的季候态变化过程，水动力模型同样也再现了湖口流量的年际与年内变化趋势，尤其是每年 7～9 月出现的长江倒灌现象，在量级和倒灌时间上，水动力模拟结果成功捕捉了这一复杂的长江水情变化对湖口流量的影响。

水文水动力模型从率定期（2000～2005 年）至验证期（2006～2008 年）的模拟效果均令人满意，表明联合模型具有再现不同气候条件和不同干湿状况下的鄱阳湖湖泊流域水文水动

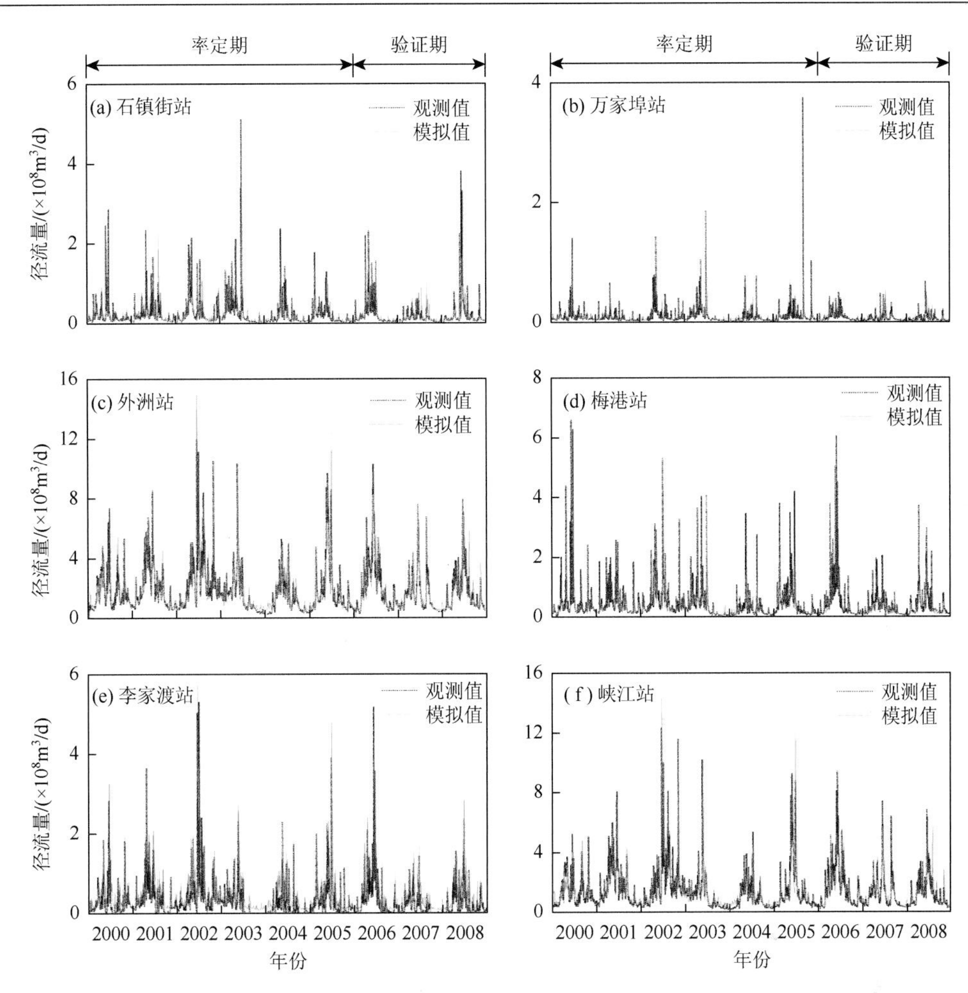

图 5-6　模型率定期与验证期流域模拟与观测的日河道径流量时间序列过程对比

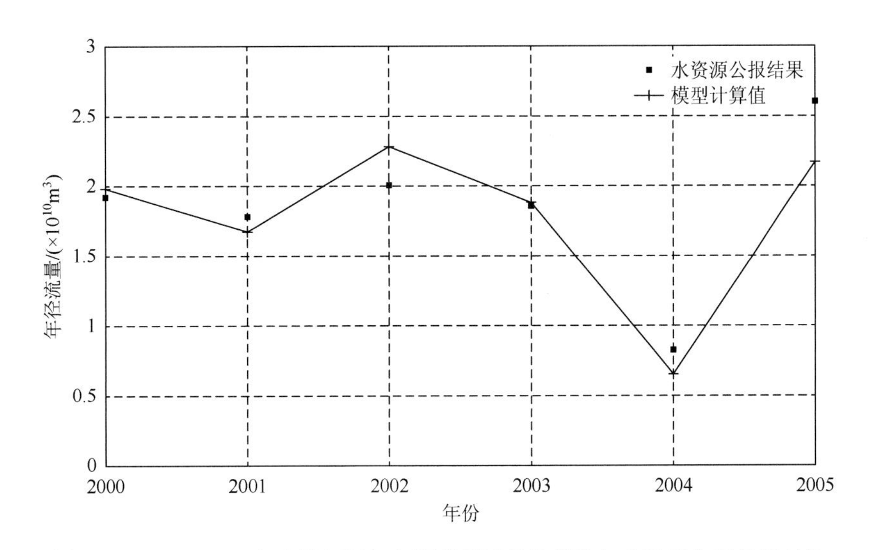

图 5-7　2000～2005 年未控区间年入湖总径流量计算值与水资源公报结果对比

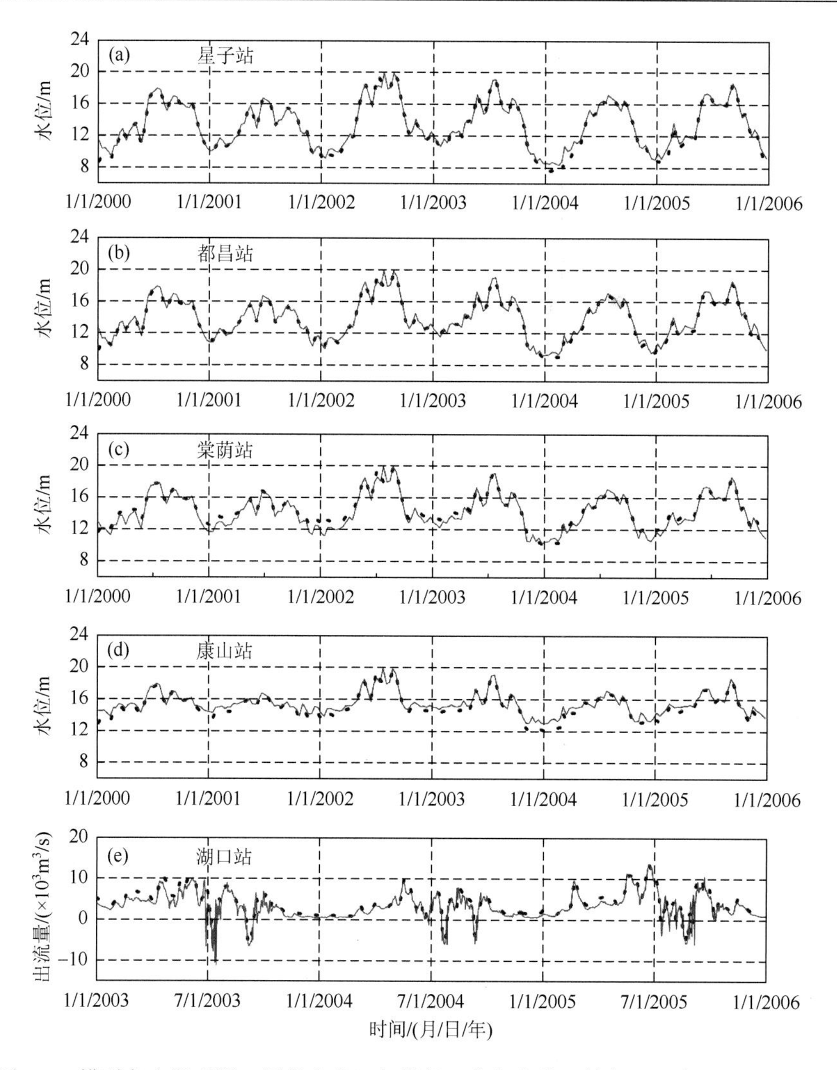

图 5-8　模型率定期观测（黑色虚线）与模拟（蓝色实线）的湖泊站点水位及湖口出流量时间序列过程（修改于 Li et al.，2014）

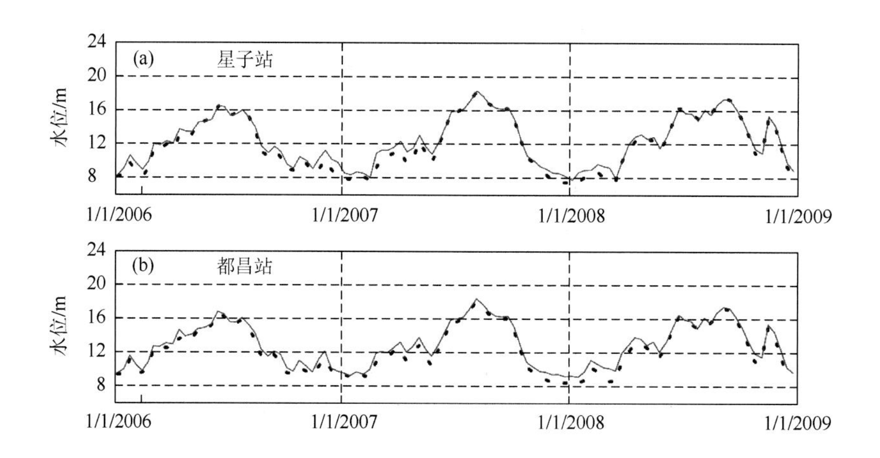

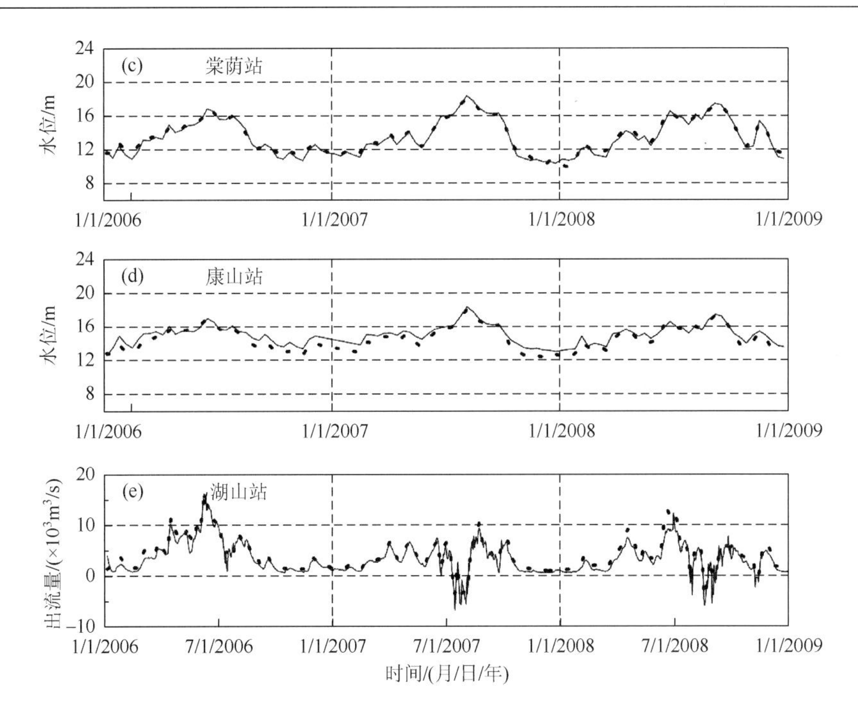

图 5-9　模型验证期观测（黑色虚线）与模拟（蓝色实线）的湖泊站点水位和湖口出流量时间序列过程（修改于 Li et al.，2014）

力过程的能力。水动力模型在枯水位的模拟上仍存在一定的偏差，该误差来源最可能有如下几方面的原因：①近年来鄱阳湖区采砂活动加剧，湖盆地形不可避免地发生了一定程度的改变，加上鄱阳湖低水位时期的“河相”特性以及湖区众多碟形洼地导致局部区域湖水不具备连通性，湖盆地形误差对低水位模拟效果的影响程度较高水位表现得更为敏感和显著；②尽管文中在未控区间入湖总径流量的估算上较为合理（年平均入湖总径流量约 1.8 亿 m^3），但日入湖总径流量存在误差，这可能会导致枯水季节的日径流量估算偏高，从而使得湖泊低水位模拟结果偏高；③模型的边界条件某种程度上会影响模拟效果的优劣程度。鄱阳湖在枯水位季节呈现的复杂“河相”特征，导致边界条件在该枯水期可能会存在一定的不适用性。

总而言之，模型结构由先前的单一流域模型发展为当前的湖泊流域联合模型，由先前的湖泊水量平衡模型发展为当前的水动力模型，由先前单一的流域水文过程模拟发展为当前的可表征流域-湖泊-长江水力联系的水文水动力模拟，水文模型的率定方法由先前的手工调参发展为当前的自动优化，所有这些保证了所构建的湖泊流域联合模型的有效性和先进性。

5.5　模拟结果分析

5.5.1　湖泊水位

图 5-10 为 2005 年鄱阳湖月水位空间分布模拟结果。不难发现，鄱阳湖空间水位在年内空间格局上差异显著。低水位季节的空间水位梯度极其显著，水位总体呈南高北低、东高西低的分布趋势。例如，低水位季节的 1 月（月平均水位约 7m），除了湖泊主河道，大

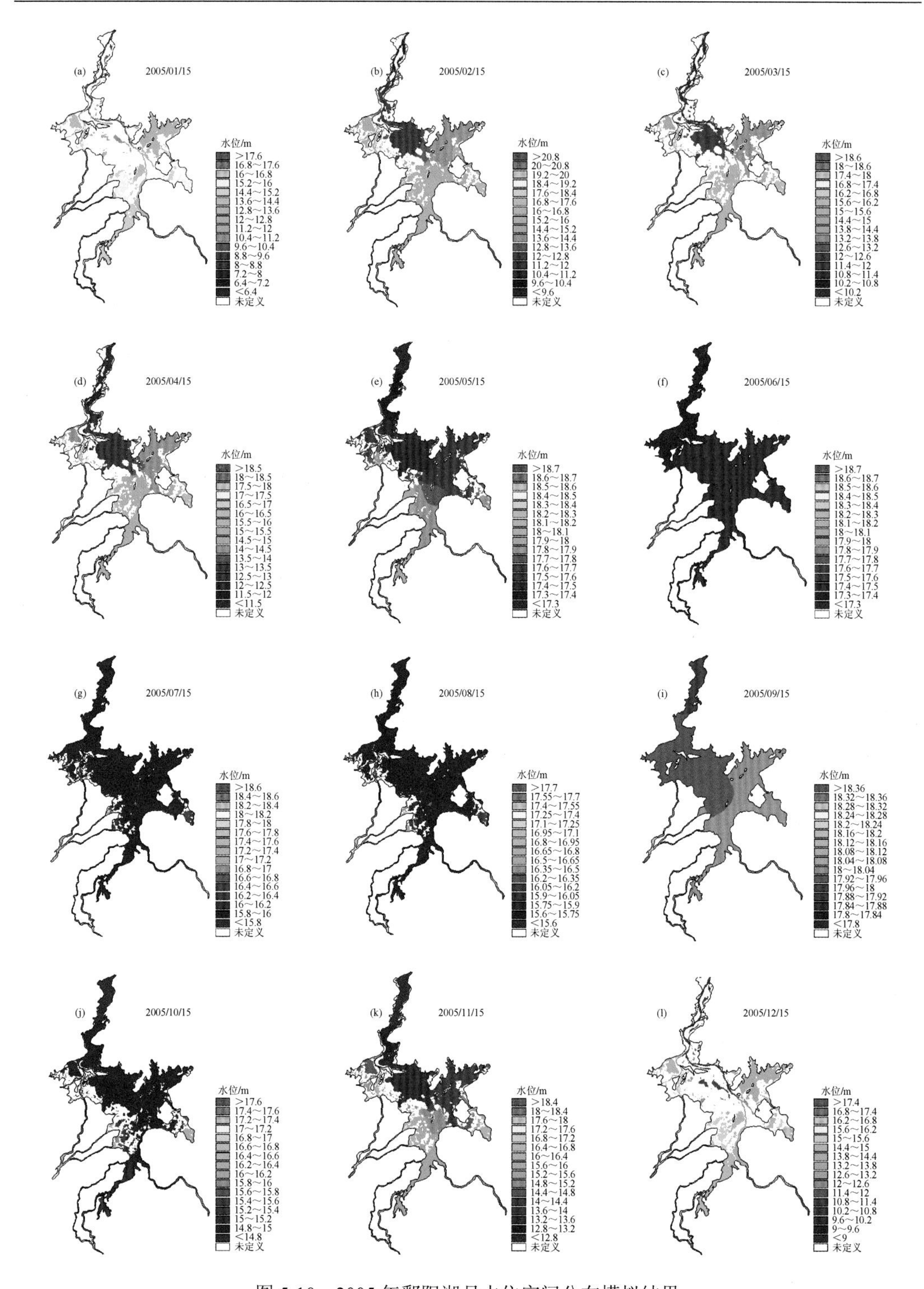

图 5-10　2005 年鄱阳湖月水位空间分布模拟结果

部分区域水深较浅，下游主河道洲滩区域基本呈出露状态，尤以湖区中西部区域的出露较为明显。低水位时期的空间水位总体分布格局呈湖区南部水位＞湖区东部湖湾区水位＞湖区中下游水位＞湖区最下游水位（湖口水道区），这种具有区域性的水位空间格局可能由湖盆地形决定，其主要发生在每年的 1～5 月；进入 6 月后，东西方向上的空间水位梯度几乎消失，但南北方向上的水位梯度仍然存在，该时期湖区中上游大部分区域水位（都昌站以上）几乎保持一致，该时期的水位空间分布格局呈湖区中上游水位＞湖区下游水位；全湖区水位相对较高的 7、8 月（月平均水位可达 18m），整个湖泊保持着较高的水位，且整个湖区水面近似呈水平状，该时期的空间水位梯度不管是在南北方向上还是在东西方向上，几乎不明显；9、10 月以后，湖区空间水位梯度便再次呈现出来，南北方向上的水位梯度十分明显，该时期的水位空间分布格局呈湖区上游水位＞湖区中下游水位，但 10 月的空间水位格局与 6 月呈现高度的相似性，这是因为湖水加速排泄至长江，导致该时期湖泊水位整体偏低；11、12 月为湖泊水位下降幅度最大的季节，主要是因为长江干流水位偏低导致湖泊蓄量锐减，该时期的空间水位分布格局基本与 1～5 月的相似。在 1～6 月，湖泊水位随着流域来水量的增多也逐步抬高，但该时间段都昌站附近的水位由于其低洼的湖盆地形似乎增加的最为迅速或水位扩张最为明显。5～6 月为湖泊水位增长幅度最大的季节，主要是因为流域主汛期的高强度入湖径流；而水位下降最为迅速的季节主要出现在 11～12 月，原因可能是长江干流异常偏低的水位导致湖泊-长江水力梯度加大，进而水位急剧下降。

5.5.2　流速场

鄱阳湖复杂的湖流特征是多种因素影响而导致的，而且流速相对水位来说，通常具有更为敏感和显著的变化特征（图 5-11）。每年 1～5 月，湖区流速变化最为显著的区域是主河道，流速随着流域来水的增加呈现出由主河道向滩地逐步增加的变化趋势，但主河道的流速明显大于洲滩流速。低水位时期，流速场较为复杂，流速空间梯度显著；6 月的流速空间梯度同 1～5 月相比，并不是很显著，但下游地区的流速要大于湖区中上游；高水位时期（如 7～8 月）流速空间梯度差异不是很大，整个湖区中部流速基本均一，但湖口水道区流速较中部相对较大；9 月以后，随着湖水位的下降，湖区流速场特征及流速空间梯度趋势又呈现出其低水位期的复杂流场特性。总体而言，鄱阳湖季节性的流速场特征归纳如下：①从上游至下游，主河道的流速均明显大于洲滩流速；②低水位时期，流速场特征较为复杂，流速空间差异显著，总体趋势是下游流速要大于上游流速；③高水位时期流速空间梯度差异不是很大，整个湖区中部流速基本均一，但湖口水道区的流速较湖区中部相对较大，流域“五河”入湖河口的流速也相对较大；④东西方向上，流速从主河道至湖泊岸线呈递减趋势，南北方向上，湖区北部的流速要略大于湖区中部和南部。从上述一般性的流速场分析可得，鄱阳湖呈现出季节性流速差异显著的时空变化特征。

为了进一步解析鄱阳湖复杂的流速场特征，特选取典型时段的鄱阳湖二维流速场模拟结果（图 5-12）。在鄱阳湖枯水期，大部分的水流限制在湖泊主河道中且主河道的流速模拟结果可达 0.5m/s，湖泊其他区域的流速基本小于 0.02m/s，而远离主河道的滩地流速甚至为零，没有水的流动，此时大面积湖区洲滩出露，如湖区中部的绝大部分区域。该时期，水流流向自南向北，与主河道走向基本一致并指向北部湖口方向，大部分水流沿着湖区主河道向下游长江排泄，鄱阳湖主要呈现其“河流”特性。水位上涨期，湖区最大模拟流速

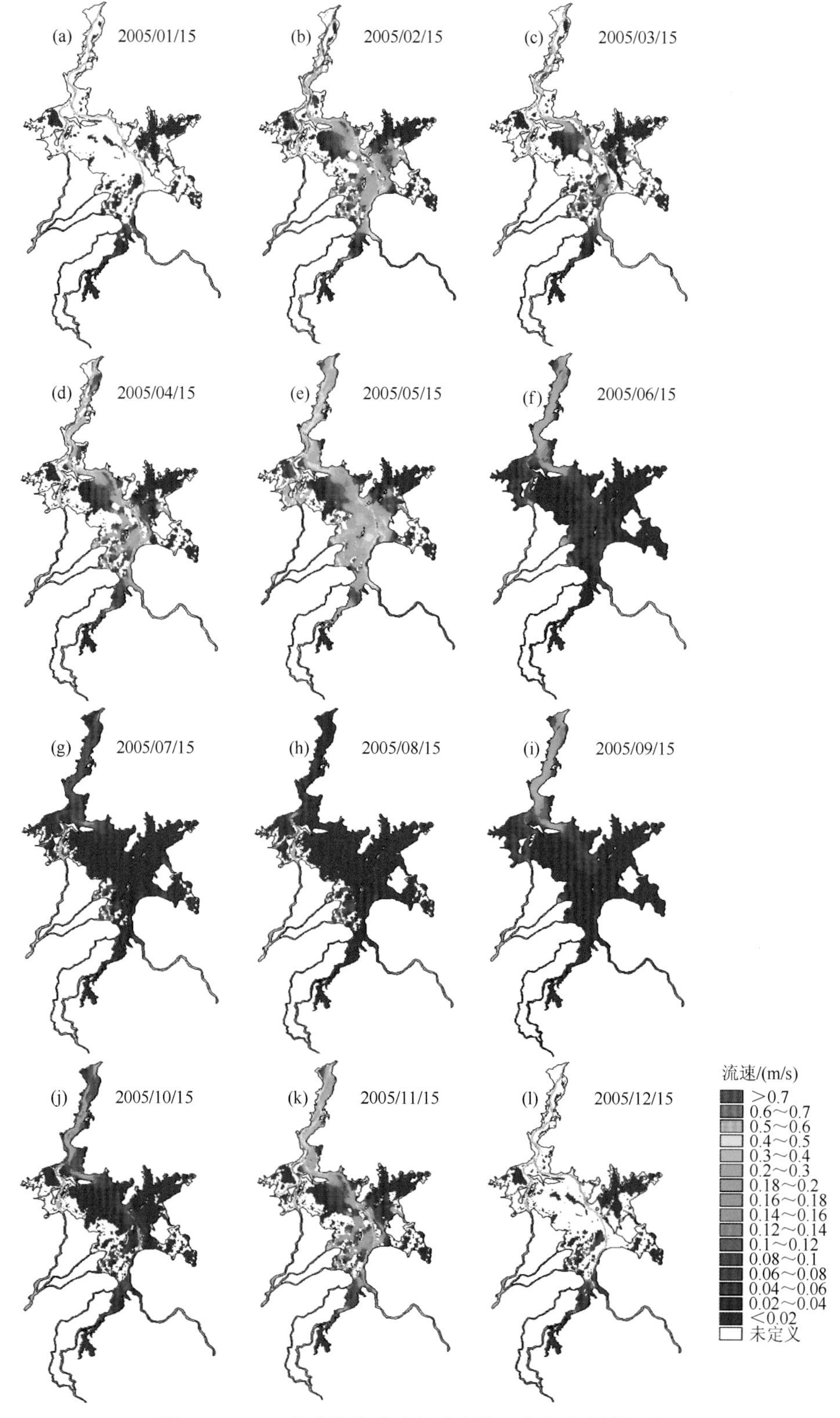

图 5-11　2005 年鄱阳湖流速场分布格局的水动力模拟结果

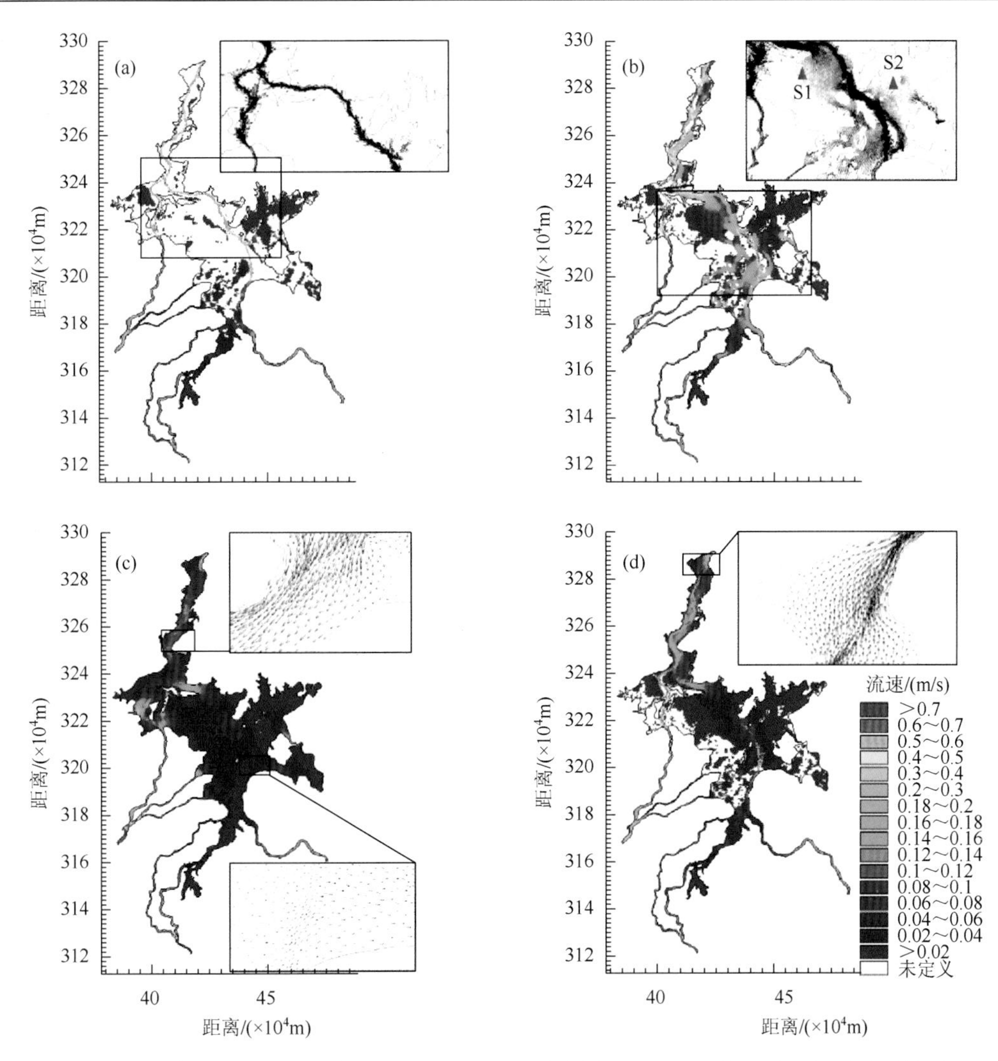

图5-12 鄱阳湖（a）枯水期、（b）涨水期、（c）洪水期和（d）退水期流速场模拟结果

主要出现在主河道的下游地区，流速可达0.7m/s。此外，大部分水流沿着主河道从上游至下游湖口方向流动，但河道附近的平坦区域流速较为复杂且呈现高度的非稳定性，例如，滩地的平均流速基本小于0.1m/s，水流流向复杂多变。不难发现，主河道北部接近入江水道的流速明显大于湖区中部和南部，入江水道附近的滩地流速也明显大于湖区中部与南部的滩地流速，例如，东北湖湾区的流速基本小于0.02m/s。从整个湖区流速的统计平均意义而言，水动力模拟流速变化幅度为0.15~0.51m/s。同枯水期与水位上涨期的流速比较而言，洪水期整个湖区流速明显降低，此时的鄱阳湖主要呈现其“湖泊”特性。该时期湖区流速模拟结果基本小于0.1m/s，明显低于枯水期的0.5m/s和水位上涨期的0.7m/s。该时期流速空间梯度主要表现为湖口通道处及“五河”河口处流速相对较大（可达0.7m/s或更大），湖泊中游地区流速次之（约0.1m/s），而湖区上游大部分区域流速最小（小于0.02m/s）。退水期的主要特点是主河道流速相对较快。从年内流速均值而言，流速的变化范围为0~0.7m/s，但湖泊下游主河道地区（入江通道）的最大流速可达1.3m/s。

5.5.3　换水周期

采用换水周期（e-folding time）这一应用比较广泛的概念来定量研究鄱阳湖的换水能力，即换水周期计算采用基于浓度变化的指数衰减函数来表示（Takeoka，1984；Dyer，1997；Li et al.，2015）：

$$C(t) = C_0 \cdot \mathrm{e}^{-t/T_\mathrm{f}} \tag{5-10}$$

式中，t 为时间；C_0 为 $t = 0$ 时刻的初始浓度值；$C(t)$为 t 时刻的剩余浓度值。由式（5-10）可得，当 $t = T_\mathrm{f}(V/Q)$时，浓度已经衰减到初始浓度的 e^{-1} 或 37%。因此，换水周期定义为剩余浓度降低至初始浓度的 37%时所需要的时间。

根据上述定义，为了调查鄱阳湖换水周期的空间分布特征，将整个鄱阳湖水体染成单位浓度为 $1\mathrm{kg/m^3}$ 的保守型示踪剂，通过监测水动力模型每个网格单元的剩余浓度变化，便可获得换水周期的空间分布。将 2001～2010 年的平均条件作为 MIKE 21 模型的基础输入，模拟时间设定为一个完整的水文年。模型更新输入主要包括上游“五河”开边界条件、湖口水位边界条件和湖区上边界气象条件，其他输入和模型参数保持不变。其中，“五河”开边界浓度值设定为零，湖口开边界处设定为浓度自由出流边界，将染色示踪剂的初始浓度场分别设定为 4 月 1 日、7 月 1 日、10 月 1 日和 1 月 1 日，以此表征鄱阳湖春季、夏季、秋季和冬季的换水能力。

图 5-13 描绘了基于指数衰减法的湖口站和星子站浓度时间变化曲线。可以看出，不同季节浓度曲线随时间变化大体呈指数衰减形式，充分表明本书所采用的换水周期计算方法在鄱阳湖具有很好的适用性。模拟表明，春季和冬季湖口站和星子站的换水周期约为 10d，而夏季和秋季两个典型点位附近水体的换水周期变化范围为 20～30d，尤其是夏季的换水周期可达 30d。

为了深入分析鄱阳湖换水周期的空间分布，对春夏秋冬四个季节的模拟结果加以分析（图 5-14）。模拟得出，整个湖区的换水周期较短，大部分湖区换水时间约小于 10d，邻近西部湖岸线的少部分湖区、东北部和东南部两大湖湾区有着相对较长的换水周期，平均换水时间约为 30d。总体来看，鄱阳湖春季的换水周期空间变异性较弱，主要是因为该季节强大的“五河”来水加速了湖区的水体流动，换水时间也相对较短。夏天鄱阳湖换水周期的空间变异性较强，换水周期从北到南呈梯度变化，北部湖区换水周期变化范围为 30～60d，湖区中游小部分湖区换水周期为 10～20d，而南部湖区的换水周期则少于 10d。换水周期的梯度分布主要与鄱阳湖洪水期的水情变化有关，该时期鄱阳湖出流受到长江顶托而整体水面保持水平，其中，北部湖区受长江影响更为显著，而流域“五河”入流则加快了南部湖

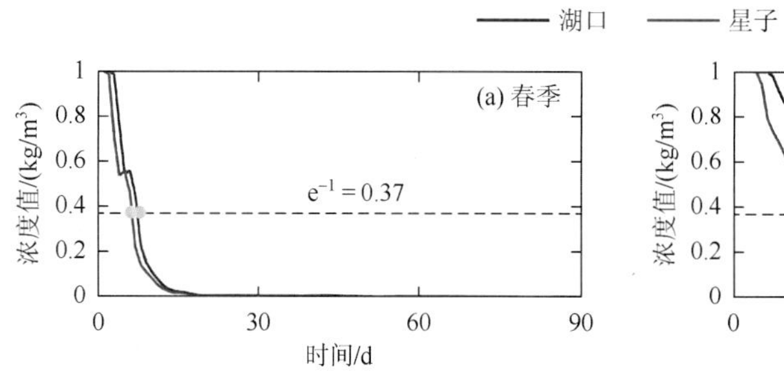

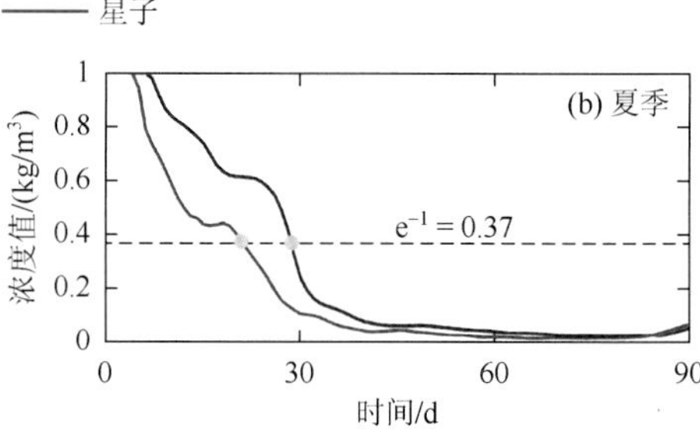

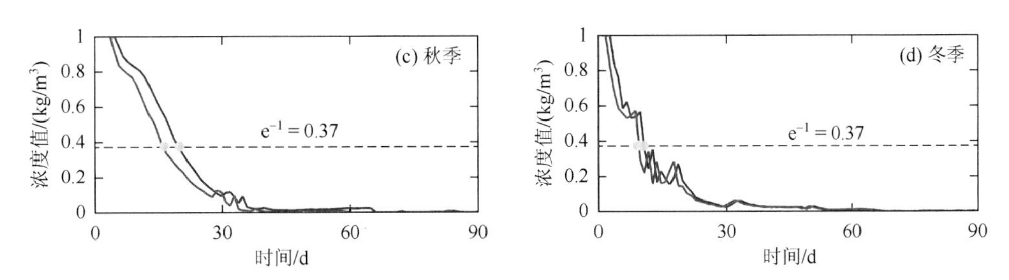

图 5-13　基于指数衰减法的湖口站和星子站浓度时间变化曲线（李云良等，2017）

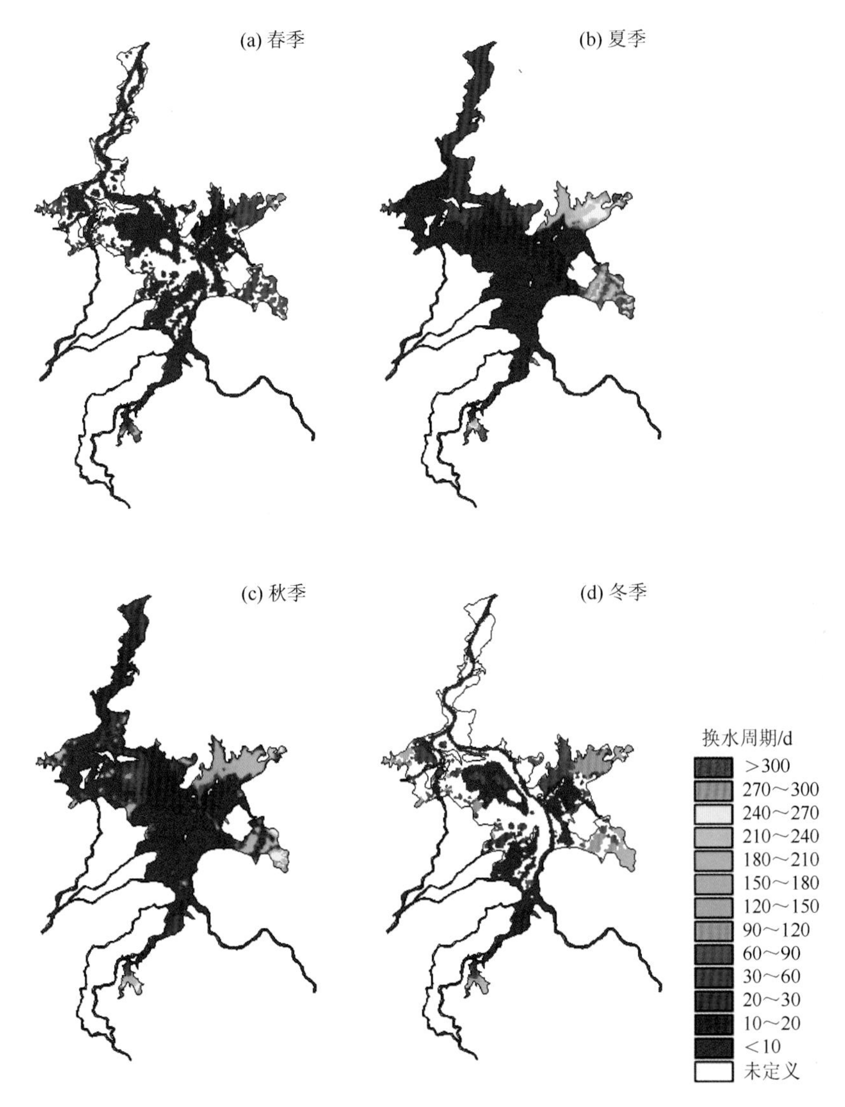

图 5-14　鄱阳湖换水周期的季节性空间分布（李云良等，2017）

区水体的换水能力。东北部、东南部和最南部湖湾区的换水周期较长，换水时间为 180d，最高值可达 300 多天，表明这些局部湖区受自身湖盆形态和水动力影响其换水能力很弱，需要较长时间才能完成一次换水。同夏季相比，秋季鄱阳湖换水周期整体上较短，北部至中部广大湖区的换水周期变化为 10～20d，而南部和西部湖区换水周期约小于 10d。此外，东北部、东南部和最南部湖湾区的换水周期仍然相对较长，换水时间最长可达 240d。冬季的鄱阳湖已被分割成许多相对独立的小型水体，主河道的换水周期相对较短约为 7d，相对独立的碟形湖或者小型水体因湖水位较低无法与主湖区进行充分的水量交换，换水周期相对较长，为 20～30d，而临近湖岸线的大部分湖湾区换水周期则长达 120d 左右。

5.5.4 长江的倒灌效应

通过水文水动力模型 MIKE 21 来获取鄱阳湖空间流场的实时变化，进一步耦合基于随机漫步理论（random walk）的拉格朗日粒子示踪模型来定量模拟倒灌对鄱阳湖水流与物质输移的影响范围与程度。考虑到倒灌频次和倒灌量在年际尺度上变化很大，鄱阳湖的倒灌现象几乎每年均有发生，但其主要发生在每年的 7～10 月。从方案模拟的角度而言，选择一个平均年份来模拟倒灌影响会具有普适性意义，但不同水情年份里倒灌以持续或者间断发生的形式并存，从而导致了难以合理选取平均年份。因此，在 1960～2010 年选取 1964 年和 1991 年的 7～10 月分别作为鄱阳湖倒灌频次最多的年份（27d）和倒灌量最大的年份（$1.2\times10^{10}m^3$），并通过湖泊空间水位、流速以及湖口断面流量来充分验证水动力模型。基于此，构建 1964 年和 1991 年无倒灌发生的模拟情景，通过不同情景下水动力模拟结果的比较（S1 与 S3，S2 与 S4 比较，见表 5-4）来评估典型倒灌事件对鄱阳湖水文水动力特征的影响。此外，在整个湖区均匀投放 100 个虚拟的保守性粒子（投放时间平均年 7 月 1 日），通过耦合拉格朗日粒子示踪模型来进一步分析倒灌对湖区空间水流路径与物质输移的影响。

表 5-4 模拟方案与水动力-粒子示踪模型关键参数

模拟方案	模型边界条件		目的与用途
	流域入流边界	湖口水位边界	
S1	1964 年 7～10 月观测数据	1964 年 7～10 月观测数据	真实条件，表征最多倒灌天数
S2	1991 年 7～10 月观测数据	1991 年 7～10 月观测数据	真实条件，表征最大倒灌量与强度
S3	1964 年 7～10 月观测数据	1960～2010 年 7～10 月平均日数据	情景设计，表征无倒灌发生
S4	1991 年 7～10 月观测数据	1960～2010 年 7～10 月平均日数据	情景设计，表征无倒灌发生
参数符号	参数描述	参数取值	参考文献
n	曼宁糙率系数	$0.02\sim0.033s/m^{1/3}$	Li et al.，2014
C_s	子涡扩散系数	0.28	Li et al.，2014
ω_s	粒子沉降速率	0.0082m/s	Anderson et al.，2013
D_H	水平弥散系数	$0.05m^2/s$	Fan，2010
D_V	垂向弥散系数	$0.001m^2/s$	DHI，2014

模拟结果表明，长江倒灌改变了鄱阳湖空间水流的流向与运动轨迹（图 5-15）。对比无倒灌条件下的流向变化（S3 和 S4）可以发现，星子站、都昌站和棠荫站等湖区水流均对倒灌表现出较为一致的响应变化（S1 和 S2），流向变化为 90°～180°，但上游康山湖区的流向变化相对较小，甚至没有变化。由此得出，在湖区南北方向上，虽然流向转变角度可达 180°，

但倒灌对流向的影响似乎也呈现出向湖区上游逐渐减弱的趋势（图 5-16）。粒子示踪结果清晰呈现了倒灌期间，粒子或物质在倒灌改变水流作用下整体向湖区上游迁移，但是倒灌对不同湖区粒子的迁移距离影响却差异较大，表明了水动力场的空间变异性。总体上，倒灌导致的水流流向变化能够使得湖区绝大部分粒子向上游迁移几公里至大约 20km，且倒灌使得粒子在下游主河道的迁移距离要明显大于中上游等洪泛区的粒子迁移距离（图 5-17）。

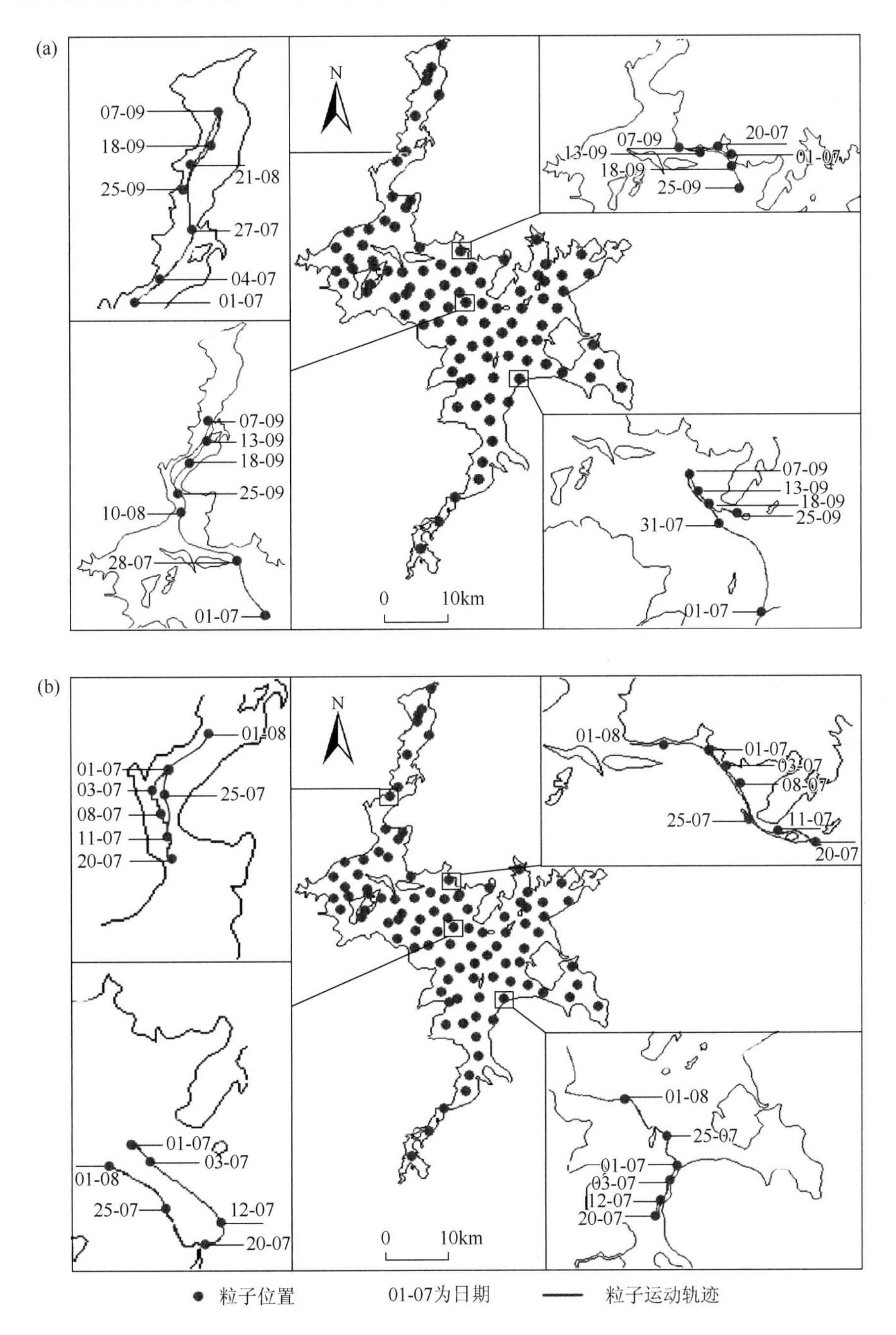

图 5-15　典型倒灌过程对湖区关键区域水流运动格局的影响（修改于 Li et al.，2017）

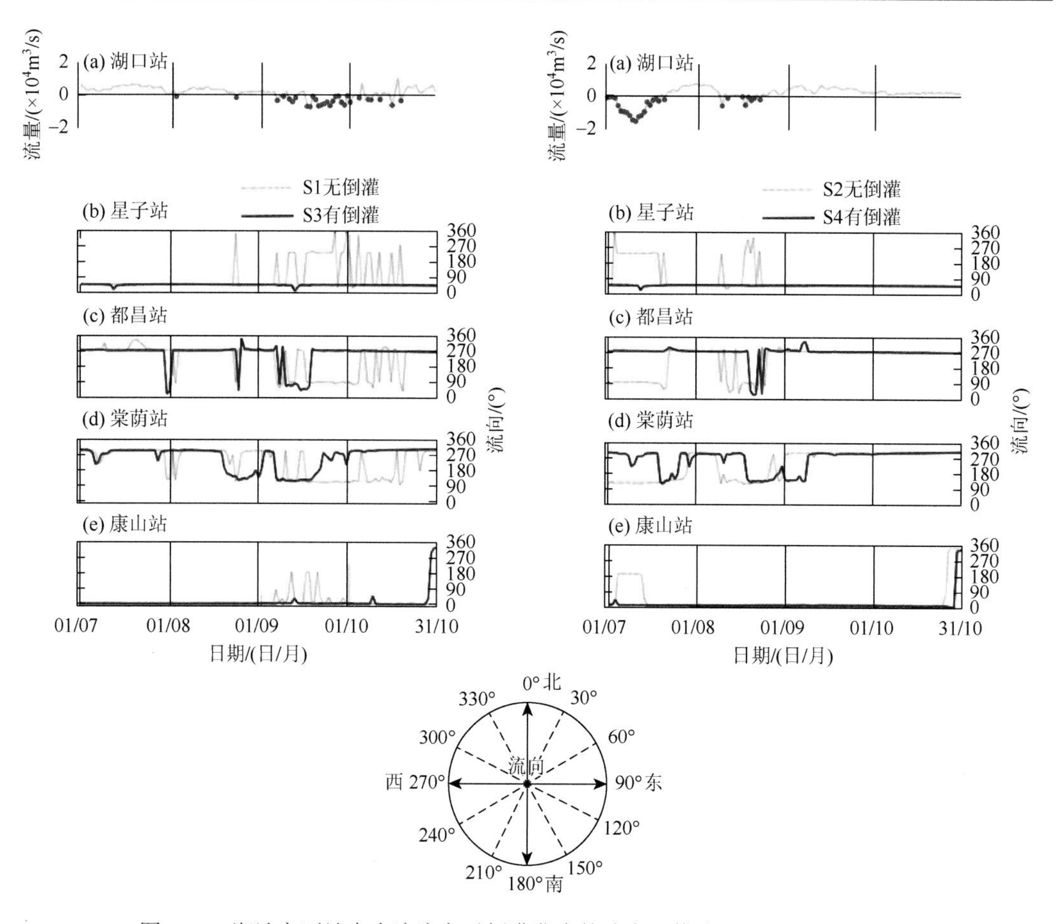

图 5-16　湖泊主要站点水流流向对倒灌发生的响应（修改于 Li et al.，2017）

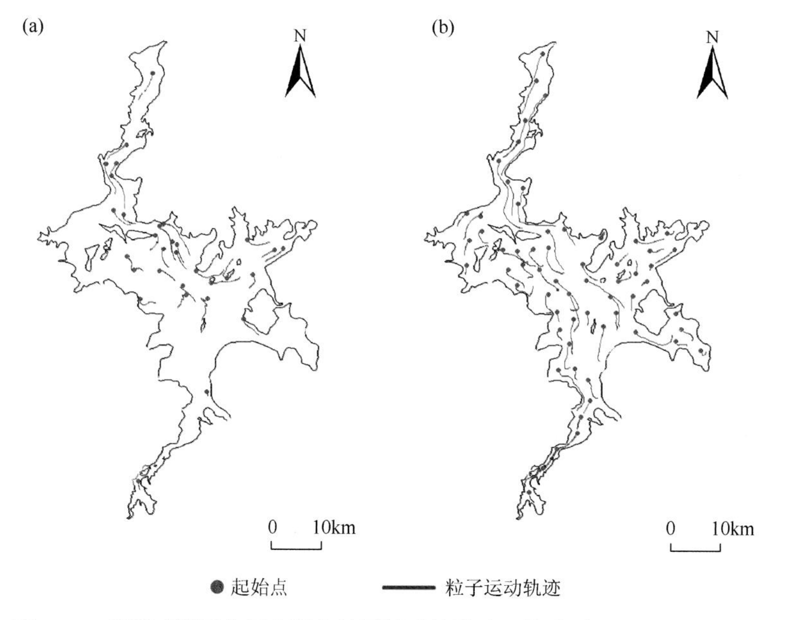

图 5-17　倒灌对湖区空间水流和粒子运动的影响（修改于 Li et al.，2017）

图 5-18 为水文水动力模拟计算的典型倒灌事件（1964 年和 1991 年）对鄱阳湖整个湖区水位和流速的影响。不难发现，倒灌导致了鄱阳湖全湖区水位的整体抬高，表明了倒灌可能造成鄱阳湖更严重的洪水事件与灾害。对比两次典型倒灌事件可以得出，湖泊水位受影响最为显著的区域主要分布在贯穿整个湖区的主河道，而浅水洪泛区的水位则受倒灌影响相对较小。总体而言，倒灌使得湖泊空间水位提高幅度变化范围为 0.2～1.5m，倒灌影响程度由湖口逐渐向湖区中上游以及湖岸边界等区域衰减。倒灌对湖区流速的影响与水位呈现相似的空间分布格局，而且倒灌对流速的影响也向湖区中上游逐渐减弱，但流速的空间变化表现出更为复杂的特征。也就是说，倒灌趋向于增加湖泊主河道的流速（可达 0.3m/s），但影响范围最远可至棠荫站等中部湖区。因为洪泛区的水流相对较缓，在地形和倒灌的复合影响下，倒灌影响使得流速变化既有增加（正值）又有减小（负值），但总体上洪泛区流速受倒灌影响表现得相对较弱。从湖区水量平衡角度出发，倒灌对空间水位和流速的影响主要取决于长江来水进入鄱阳湖的倒灌量。数据资料显示，在 7～10 月的倒灌期，长江倒灌量约为流域“五河”来水总和的 4 倍，从而可以合理解释倒灌对湖区水位的整体抬高以及流速复杂的空间响应。

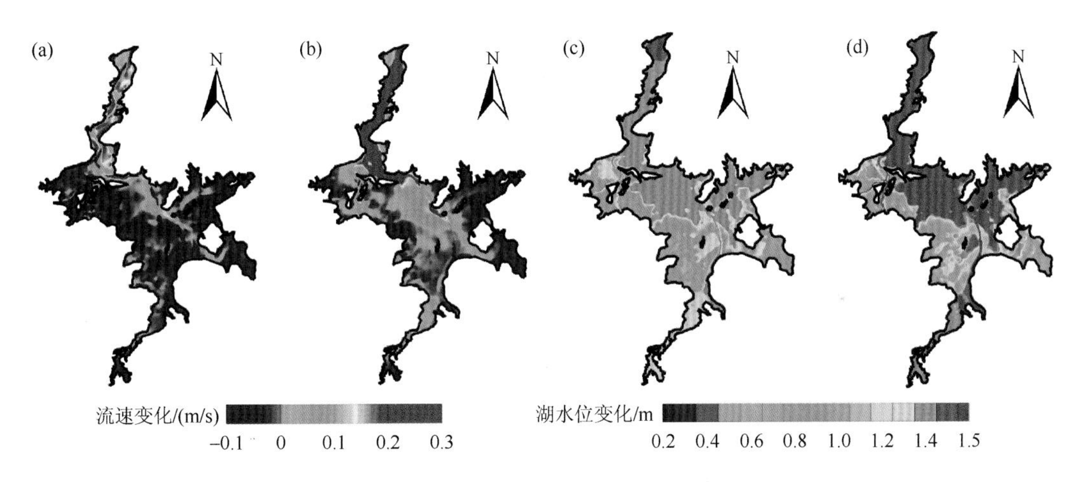

图 5-18　典型倒灌对鄱阳湖空间水位和流速的影响（修改于 Li et al.，2017）

5.6　小　　结

本章以鄱阳湖湖泊流域系统为整体研究对象，提出了湖泊流域水文水动力联合模拟的基本思路，重点阐述了水文水动力联合模型的构建过程以及模型的多目标验证，从精度与过程上评价了水文水动力联合模型的模拟能力。从空间尺度上，定量揭示关键水文水动力要素的分布特征。主要得出如下几点结论。

（1）通过流域河道径流量、湖水位与湖口流量等关键指标来验证水文水动力联合模型，率定期与验证期的模拟效果均令人满意。WATLAC 模型能够很好再现鄱阳湖流域的降水-径流动态过程，MIKE 21 具有较强的模拟能力去再现长时间序列的水位和出流量变化，切实描述鄱阳湖水位和流速的空间分布格局及季节性变化特征。

（2）总体上，鄱阳湖换水周期具有较高的空间异质性。在季节变化下，水流运动较快的主河道其换水周期约小于 10d，一些水流运动相对缓慢的湖湾区其换水周期长达 300 多天。80%的鄱阳湖区其换水周期约小于 30d，20%的湖区其换水周期变化约为几十天至几百天。夏、秋季节换水周期的空间分布结果要明显大于春、冬季节的换水周期，主要受季节水情作用下的鄱阳湖水动力场变化影响。

（3）倒灌对湖区水位与流速的影响向湖区中上游逐渐减弱，湖泊水位和流速受影响最为显著的区域主要分布在贯穿整个湖区的主河道，而浅水洪泛区的水位和流速则受倒灌影响相对较小。倒灌使得湖泊空间水位提高幅度为 0.2～1.5m，湖泊主河道的流速增加幅度可达 0.3m/s。倒灌导致湖区水流流向转变为 90°～180°，倒灌对流向的影响呈现出向湖区上游逐渐减弱的趋势。粒子示踪结果表明，倒灌导致的水流流向变化能够使湖区大部分粒子或物质向上游迁移最大距离约 20km，且粒子或物质在下游主河道的迁移距离要明显大于中上游等洪泛区。

参 考 文 献

郭华. 2007. 气候变化及土地覆被变化对鄱阳湖流域径流的影响. 南京：中国科学院南京地理与湖泊研究所.

黄燕，徐高洪，沈燕舟，等. 2008. 平原水网区水资源量平衡分析方法研究. 人民长江，39（17）：24-27.

李丽娇，张奇. 2008. 一个地表-地下径流耦合模型在西苕溪流域的应用. 水土保持学报，22（4）：56-61.

李云良，姚静，李梦凡，等. 2017. 鄱阳湖换水周期与示踪剂传输时间特征的数值模拟. 湖泊科学，29（1）：32-42.

李云良，张奇，姚静，等，2013. 鄱阳湖湖泊流域系统水文水动力联合模拟. 湖泊科学，25（2）：227-235.

刘健，张奇. 2009. 一个新的分布式水文模型在鄱阳湖赣江流域的验证. 长江流域资源与环境，18（1）：19-26.

叶许春. 2010. 近 50 年鄱阳湖水量变化机制与未来变化趋势预估. 南京：中国科学院南京地理与湖泊研究所.

叶许春，张奇. 2010. 网格大小选择对大尺度分布式水文模型水文过程模拟的影响. 水土保持通报，30（3）：112-116.

尹宗贤，江安周. 1987. 鄱阳湖的蒸发量与折算系数. 江西水利科技，（50）：72-80.

Anderson K E，Harrison L R，Nisbet R M，et al. 2013. Modeling the influence of flow on invertebrate drift across spatial scales using a 2D hydraulic model and 1D population model. Ecological Modelling，265：207-220.

Arnold J G，Allen P M，Muttiah R，et al. 1995. Automated base flow separation and recession analysis techniques. Ground Water，33（6）：1010-1018.

Birkhead A L，James C S. 2002. Muskingum river routing with dynamic bank storage. Journal of Hydrology，264：113-132.

Debele B，Srinivasan R，Parlange J Y. 2008. Coupling upland watershed and downstream waterbody hydrodynamic and water quality models（SWAT and CE-QUAL-W2）for better water resources management in complex river basins. Environmental Modeling and Assessment，13（1）：135-153.

DHI. 2014. MIKE 21 Flow Model：Hydrodynamic Module User Guide. Danish Hydraulic Institute Water and Environment，HØrsholm，Denmark：132.

Doherty J. 2005. PEST：Model-independent parameter estimation，user manual. 5th ed. Brisbane：Watermark Numerical Computing.

Dyer K R. 1997. Estuaries：A Physical Introduction. London：John Wiley and Sons Ltd.

Fan X. 2010. The study of hydrodynamic simulation of Poyang Lake based on Delft3D model. Nanchang：Jiangxi Normal University Master thesis.

Galster J. 2007. Natural and anthropogenic influences on the scaling of discharge with drainage area for multiple watersheds. Geological Society of America，3（4）：260-271.

Hamon W R. 1963. Computation of direct runoff amounts from storm rainfall. International Association of Science Hydrological Publication，63：52-62.

Harbaugh A W. 2005. MODFLOW-2005，The U.S. Geological Survey modular ground-water model-the Ground-Water Flow Process.

Unite States：U.S. Geological Survey Techniques and Methods，6：A-16.

Jain M K，Singh V P. 2005. DEM-based modelling of surface runoff using diffusion wave equation. Journal of Hydrology，302（1-4）：107-126.

Kebede S，Travi Y，Alemayehu T，et al. 2006. Water balance of Lake Tana and its sensitivity to fluctuations in rainfall，Blue Nile basin，Ethiopia. Journal of Hydrology，316：233-247.

Legesse D，Vallet-Coulomb C，Gasse F. 2004. Analysis of the hydrological response of a tropical terminal lake，Lake Abiyata（Main Ethiopian Rift Valley）to changes in climate and human activities. Hydrological Processes，18：487-504.

Li X H，Zhang Q，Xu C Y. 2012. Suitability of the TRMM satellite rainfalls in driving a distributed hydrological model for water balance computations in Xinjiang catchment，Poyang lake basin. Journal of Hydrology，426/427：28-38.

Li Y L，Yao J，Zhang L. 2016. Investigation into mixing in the shallow floodplain Poyang Lake（China）using hydrological，thermal and isotopic evidence. Water Science & Technology，74（11）：2582-2598.

Li Y L，Zhang Q，Werner A D，et al. 2017. The influence of river-to-lake backflow on the hydrodynamics of a large floodplain lake system（Poyang Lake，China）. Hydrological Processes，31：117-132.

Li Y L，Zhang Q，Yao J，et al. 2014. Hydrodynamic and hydrological modeling of Poyang Lake catchment system in China. Journal of Hydrologic Engineering，19：607-616.

Li Y L，Zhang Q，Yao J. 2015. Investigation of residence and travel times in a large floodplain lake with complex lake-river interactions：Poyang Lake（China）. Water，7：1991-2012.

Neitsch S L，Arnold J G，Kiniry J R，et al. 2002. Soil and Water Assessment Tool，theoretical documentation，version 2000. Texas：Texas Water Resources Institute，College Station，TWRI report TR-191.

Oudin L，Hervieu F，Michel C，et al. 2005. Which potential evapotranspiration input for a lumped rainfall-runoff model? Part 2-Towards s simple and efficient potential evapotranspiration model for rainfall-runoff modelling. Journal of Hydrology，303：290-306.

Singh V P，Mccann R C. 1980. Some notes of Muskingum method of flood routing. Journal of Hydrology，48：343-361.

Smagorinsky J. 1963. General circulation experiment with the primitive equations. Monthly Weather Review，91（3）：99-164.

Takeoka H. 1984. Fundamental concepts of exchange and transport time scales in a coastal sea. Continental Shelf Research，3（3）：311-326.

Xu J，Yan Y. 2005. Scale effects on specific sediment yield in the Yellow River basin and geomorphological explanations. Journal of Hydrology，307：219-232.

Xu L，Zhang Q，Li H，et al. 2007. Modeling of surface runoff in Xitiaoxi catchment，China. Water Resource Management，21（8）：1313-1323.

Ye X C，Zhang Q，Bai L，et al. 2011. A modeling study of catchment discharge to Poyang Lake under future climate in China. Quaternary International，244：221-229.

Zhang Q，Li L J. 2009. Development and application of an integrated surface runoff and groundwater flow model for a catchment of Lake Taihu watershed，China. Quaternary International，208（1-2）：102-108.

Zhang Q，Werner A D. 2009. Integrated surface-subsurface modeling of Fuxianhu Lake catchment，Southwest China. Water Resource Management，2：2189-2204.

第 6 章 鄱阳湖低枯水位演变及发生机制

6.1 引 言

2000 年以来，鄱阳湖湖区频繁发生极端低水位事件，其中影响较大的包括 2003 年、2006 年和 2011 年等（徐俊杰等，2008；Feng et al.，2012），这些极端低水位事件严重影响了当地居民的生产生活及生态安全，成为地方、国家和学术界的关注焦点（Zhang et al.，2014）。

鄱阳湖属于通江湖泊，受流域来水和长江来水的双重作用，在低水位成因上存在着争议。受 4～6 月流域汛期与 7～9 月长江汛期错峰影响（郭华和张奇，2011），鄱阳湖不同季节的水位变化成因十分复杂。江湖关系改变（如三峡工程的运行）和流域来水量的变化主要影响鄱阳湖哪些季节的水位变化、对低水位贡献占比多少等成为亟待解决的科学问题。另外，在自然演化和人类活动共同作用下，近五十年来鄱阳湖湖盆地形发生了巨大变化。从 20 世纪 60 年代到 1998 年，鄱阳湖湖区经历了一系列围垦-退垦还湖过程，至 2009 年，湖区面积基本恢复到 1954 年的水平（闵骞，2000；叶许春等，2012）。2000 年以后，鄱阳湖湖区采砂活动加剧。2001～2007 年，采砂主要集中在松门山以北的通江河道，2007 年以后扩张到鄱阳湖中部，至 2010 年，平均挖深为 4.95m，采砂量累计可达 $1.29\times10^9\text{m}^3$（江丰等，2015）。采砂造成入江河道下切，枯季水位进一步下降，加剧了鄱阳湖枯水期的干旱程度。因此，本章基于水文统计方法分析了鄱阳湖低水位演变规律，从水动力角度出发，量化流域来水和长江来水对不同季节低水位事件的影响权重，并阐释地形变化对枯季水位的影响。

6.2 鄱阳湖低水位演变趋势

6.2.1 鄱阳湖低水位年际变化趋势

第 3 章鄱阳湖水位变化趋势表明，鄱阳湖年平均水位在 2000 年之后呈下降趋势，2000s 的平均水位为近五十年最低。从星子站年最低水位变化来看（图 6-1），这一趋势更为明显，20 世纪 80 年代末期到 2005 年年初，最低水位上升趋势达到显著性水平，2006 年以后，年最低水位变化呈下降趋势，但下降趋势并不显著。不同年代星子站水位累积频率曲线也显示了同样的变化趋势（图 6-2），即 80 年代和 90 年代水位明显高于历史平均值，而在 2001～2010 年则明显低于历史均值。总体来说，经过 80 年代和 90 年代的水位上涨阶段后，自 2000 年以来，鄱阳湖年水位呈下降趋势。

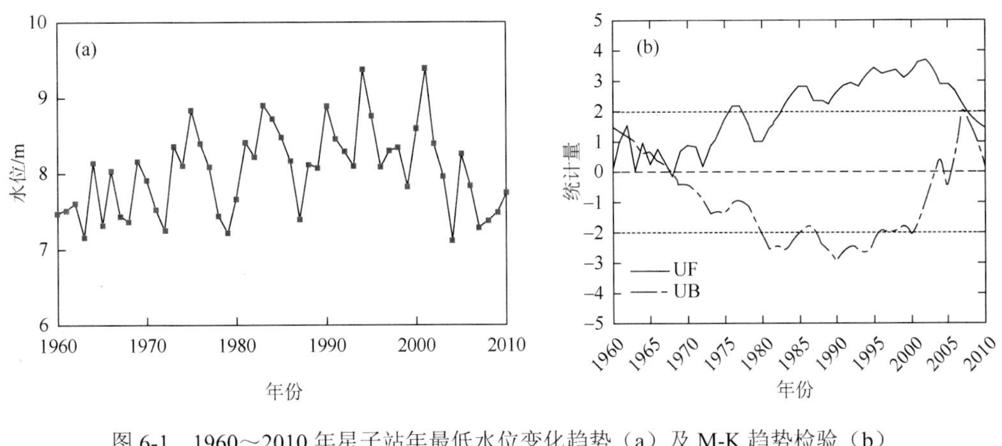

图 6-1　1960～2010 年星子站年最低水位变化趋势（a）及 M-K 趋势检验（b）

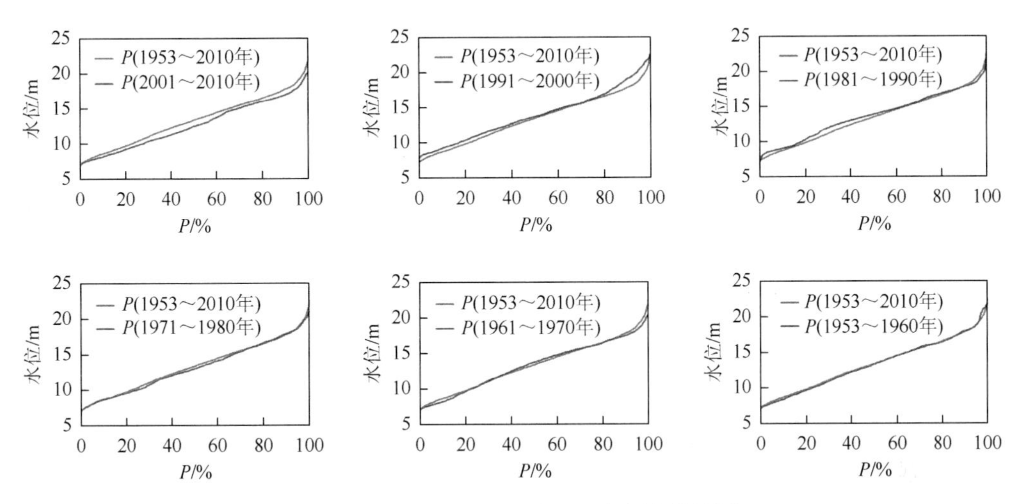

图 6-2　不同年代星子站水位累积频率曲线图

6.2.2　鄱阳湖低水位季节变化趋势

鄱阳湖低水位的另一特点为季节性低水位。从星子站各年代平均水位变化过程来看（图 6-3（a）），2000 年之后的低水位主要表现为秋季低水位，而且其低水位程度远超其他年代。60 年代春季低水位也较为明显。图 6-3 进一步给出了 1960～2010 年星子站春季 1～4 月和秋季 7～10 月平均水位和最低水位变化过程。从秋季（7～10 月）水位来看，2000 年以后，水位明显下降，其中 2006 年秋季平均水位（12.23m）和最低水位（8.62m）均为最低。此外，其他年份如 1960 年、1972 年、1978 年、1986 年和 1992 年，秋季水位也明显低于历史同期值。而春季（1～4 月）低水位在 60 年代和 2000s 均常发生。如 1963 年，春季平均水位为 8.08m（历史最低），最低水位为 7.16m；2004 年平均水位和最低水位分别为 8.73m 和 7.12m（历史最低），除 60 年代和 2000s 以外，1972 年、1979 年、1987 年和 1999 年，春季水位也显著低于历史同期水平。由此可见，鄱阳湖低水尤其是春季和秋季的季节性低水在历史上并不鲜见。

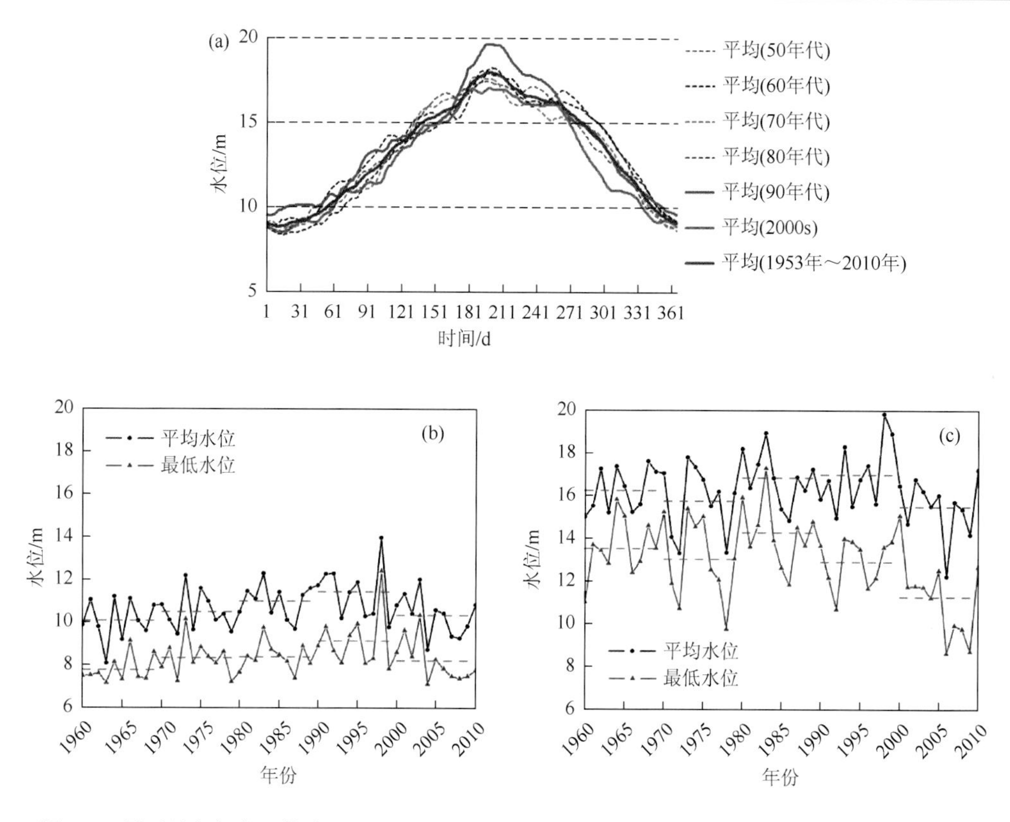

图 6-3　星子站各年代平均水位（a）以及 1～4 月（b）、7～10 月（c）的平均水位和最低水位

图 6-4 为星子站 20 世纪 60 年代和 2000s 日水位变化过程。由图可知，1963 年春季不仅水位低，而且持续时间长，相应的 2006 年秋季水位最低、持续时间也最长。因此 1963 年和 2006 年为典型的春季和秋季低水位年。

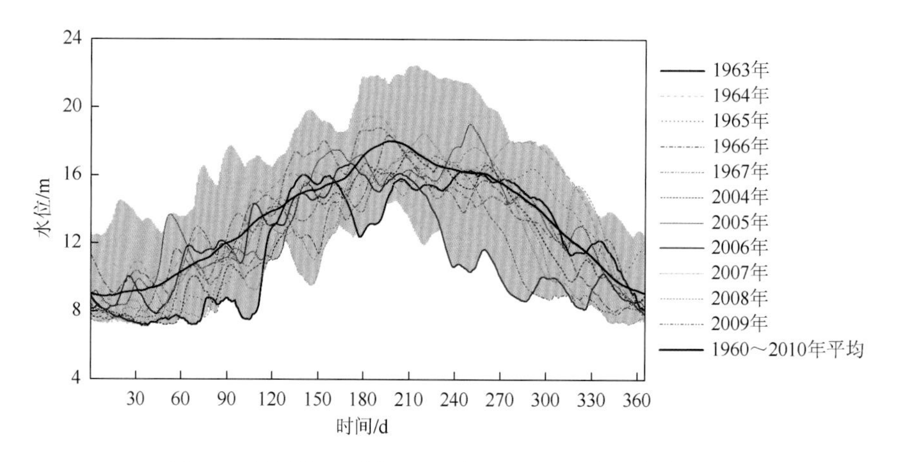

图 6-4　星子站 20 世纪 60 年代和 2000s 日水位变化过程

灰色部分为 1960～2010 年间最高、最低水位包络线

6.3　流域和长江对鄱阳湖低枯水位的影响

6.3.1　三峡水库运行对长江干流径流的影响

三峡水库运行改变了坝下长江干流流量的季节性分配。Guo 等（2012）通过相似水文年的研究方法，对比分析了三峡水库运行的影响。结果表明，与三峡水库运行前相比，三峡水库运行后，长江干流 1～6 月流量有所增加，而 9～11 月流量减小。特别是，三峡水库 10 月的集中蓄水，使长江流量减小了 30%。这种影响在近坝区的宜昌站最为显著，而在远坝区的大通最为微弱，表现为宜昌站流量受到显著影响的天数为大通天数的 5 倍（图 6-5）。

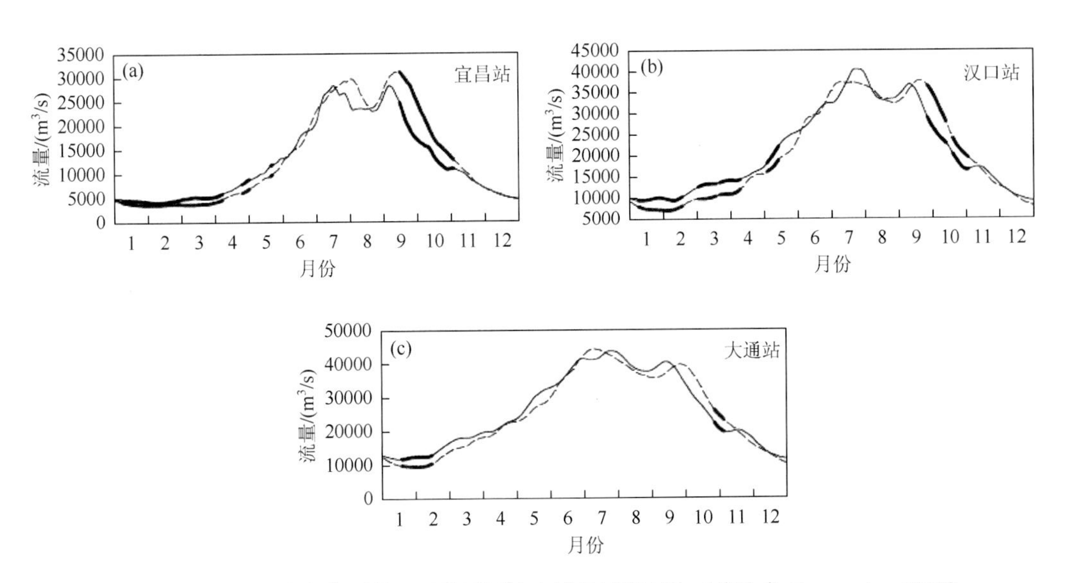

图 6-5　三峡水库蓄水前后长江干流不同站点流量过程对比（修改自 Guo et al.，2012）

实线为三峡水库运行后，虚线为三峡水库运行前

鄱阳湖是重要的通江湖泊，与长江进行着复杂的水文和水动力交互作用。长江与鄱阳湖的相互作用及其变化直接影响湖泊水位的变化。Guo 等（2012）分析了 1957～2008 年长江与鄱阳湖作用的频率分布（图 6-6）。从 1957～2008 年的长江作用和鄱阳湖作用的日累计次数季节特征来看，长江作用主要发生在 7～9 月，而鄱阳湖作用主要发生在 4～6 月。1957～2008 年 4～6 月鄱阳湖作用总频数为 1117 次，而长江作用总频数仅为 66 次。与 4～6 月的频率形式相反，7～9 月长江作用总频数为 1030 次，而鄱阳湖作用总频数为 226 次。10 月～次年 3 月，长江和鄱阳湖的作用都明显减弱，但是相对而言，10 月的长江作用强于鄱阳湖作用，而 12 月～次年 3 月的鄱阳湖作用强于长江作用。上述分析充分表明，长江与鄱阳湖相互作用的季节性变化与转变。

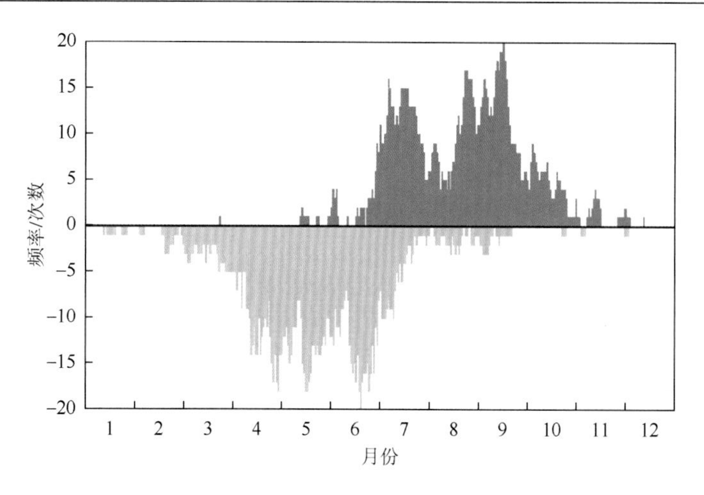

图 6-6　1957～2008 年长江与鄱阳湖作用的频率分布（修改自 Guo et al.，2012）

长江作用为正值，鄱阳湖作用为负值

郭华和张奇（2011）的研究表明，2003 年三峡水库运行后，水库通过调节长江中下游的季节流量直接影响了江湖作用和鄱阳湖的水位，这些影响叠加在气候变化的影响上使得江湖作用更加复杂。相比于 1957～2008 年的平水年（1961 年、1963 年、1980 年、1985 年、1991 年和 1994 年），2004～2008 年 4～6 月长江中游降水量减少了 8.1%。虽然该季节是长江三峡水库的放水期，但汉口站流量仍然减少了 7.3%，与此同时，长江作用频率减少了 20%。鄱阳湖流域 2004～2008 年 4～6 月的平均降水量与平水年同期的平均降水量非常接近，但是“五河”入湖径流量减少了 4.8%，这主要是由于土地覆被变化以及湖区用水量增加。

长江中游 2004～2008 年 7～9 月平均降水量与平水年同期的平均降水量大致相同，但汉口站流量减少了 10.8%，造成这种变化的重要原因之一是 9 月三峡水库蓄水。但此变化对长江作用频率影响不大，因为 7～9 月虽然长江对鄱阳湖作用强度有所减弱，但频数总体并未减少。同期鄱阳湖流域降水量减少，“五河”入湖径流量减少了 21%，使得鄱阳湖作用频率大幅度减少，变化率为–84%（表 6-1）。2004～2008 年 10 月长江中游平均降水量减少，加之该季节三峡水库较大幅度的蓄水，汉口站径流量锐减，幅度在 20%以上。长江作用频率也明显减弱，减少了 90%，比长江作用最弱的 20 世纪 90 年代的强度还要小。同时，鄱阳湖流域降水量和“五河”入湖流量也分别比平水年减少了 14%和 23%，但是鄱阳湖作用频率未有明显变化。在长江作用频率大幅度减少的情况下，鄱阳湖作用频率一般会有所增大，但是由于“五河”入湖流量也在减少，这种相互抵消作用使得鄱阳湖作用频率变化不大。相比于 4～6 月和 7～9 月，10 月的降水量变化幅度明显增大（长江中游和鄱阳湖流域降水量分别减少了 30%和 14%），加上 10 月大幅度的水库蓄水，使得长江作用频率明显减少。

长江作用集中发生在 7～9 月，鄱阳湖作用集中发生在 4～6 月。三峡水库运行之后，总的来说，4～6 月以放水为主。三峡水库放水造成的长江中游流量的增加可导致 4～6 月长江作用增强，但从分析结果可以发现，2004～2008 年 4～6 月长江和鄱阳湖作用频率均略低于平水年同期的频率。7～9 月三峡水库少量蓄水，减少了长江流量，但 2004～2008 年 7～

表 6-1　降水量、径流量和江湖相互作用频率相对于平水年的变化

季节	变量	平水年	2004～2008 年	变化率/%
4～6 月	长江中游降水量/mm	490	452	−8.1
	汉口站流量/(m^3/s)	23595	21861	−7.3
	鄱阳湖流域降水量/mm	659	665	0.9
	“五河”流量总和/(m^3/s)	6355	6050	−4.8
	长江作用频率/(次/a)	2.5	2	−20
	鄱阳湖作用频率/(次/a)	22.2	21	−5.4
7～9 月	长江中游降水量/mm	409	410	0.2
	汉口站流量(m^3/s)	38242	34112	−10.8
	鄱阳湖流域降水量/mm	371	354	−4.6
	“五河”流量总和/(m^3/s)	3362	2655	21
	长江作用频率/(次/a)	19.7	19.8	0.5
	鄱阳湖作用频率/(次/a)	5	0.8	−84
10 月	长江中游降水量/mm	77	54	−29.9
	汉口站流量/(m^3/s)	25786	20364	−21
	鄱阳湖流域降水量/mm	44	38	−13.6
	“五河”流量总和/(m^3/s)	1458	1129	−22.6
	长江作用频率/(次/a)	2	0.2	−90
	鄱阳湖作用频率/(次/a)	0	0	0

9 月长江作用频率与平水年同期的作用频率相同或略高，而鄱阳湖作用频率则显著减少（−84%，表 6-1）。进入 10 月后，三峡水库大量蓄水（为全年最大的蓄水月），长江作用频率减少幅度最大。2004～2008 年 10 月长江流量以及长江与鄱阳湖相互作用的变化与三峡水库蓄水影响相一致，而在 4～6 月则并未表现出三峡水库放水的影响。

为了定量模拟分析三峡水库运行对鄱阳湖水位的影响，Zhang 等（2012）运用统计学模型 GAMs（Hastie and Tibshirani，1986；Wood，2006）开展了一系列统计分析和模拟计算。基于上游降水数据，分别建立了三峡水库运行前（1980～2002 年）和运行后（2004～2008 年）闸下径流量的预测模型，结果显示，模型可以较好地模拟三峡水库运行前后两个阶段的径流过程（图 6-7）。在此基础上，分别基于三峡运行前（1978～2002 年）、运行后（2003～2009 年）以及整个时期（1978～2008 年）的平均降水数据，模拟预测三峡水库运行前后径流量的变化（图 6-8）。结果显示，三峡水库显著改变了坝下长江干流的径流过程，5 月水库汛前腾空，径流量小幅上涨；9 月之后，水库蓄水，流量减少；值得注意的是，三种结果均显示运行期间大约 5%的下泄水量损失了（图 6-8），这可能是因为水库渗流或其他的未知过程。

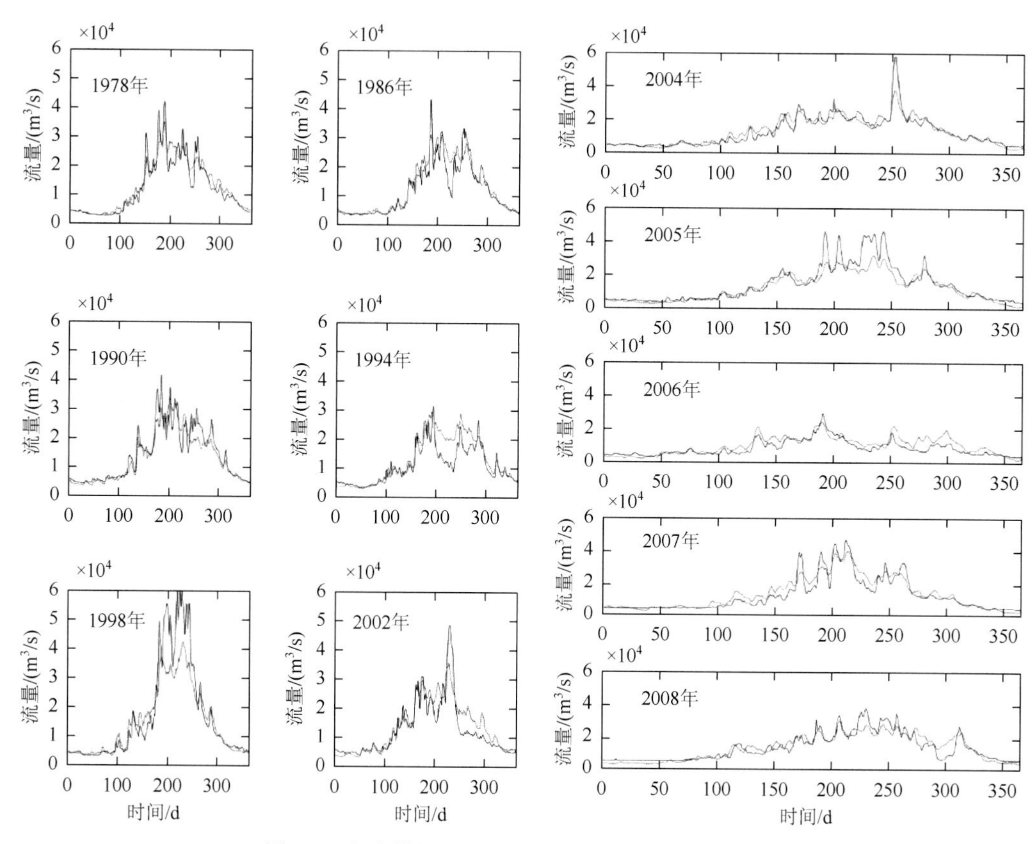

图 6-7　径流模拟与实测对比（Zhang et al.，2012）

红色为模拟值，蓝色为实测值

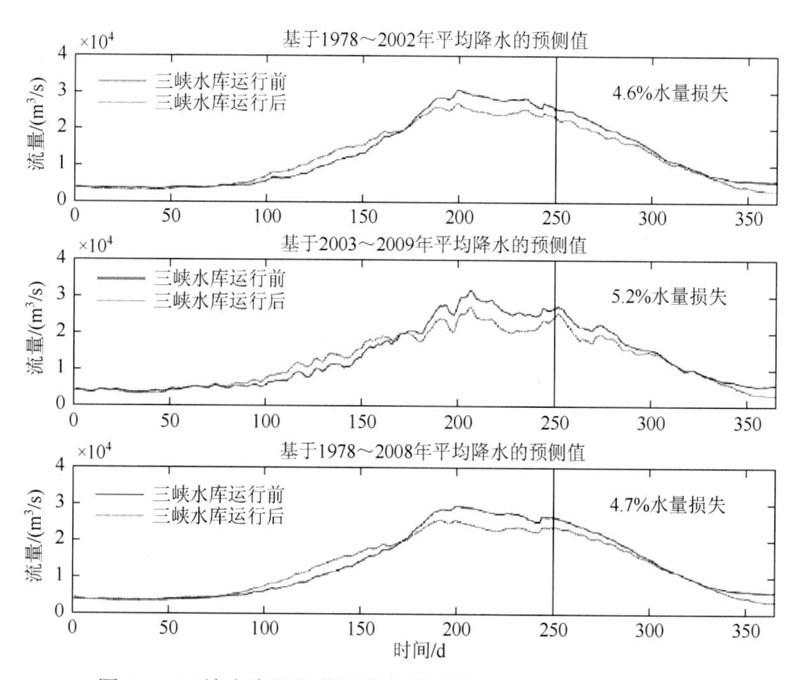

图 6-8　三峡水库运行前后的径流预测（Zhang et al.，2012）

Zhang 等（2012）同样基于 GAMs 模型，根据流域降水和三峡水库上游降水数据，进一步预测鄱阳湖湖口水位的变化。结果显示，三峡水库对鄱阳湖水位的涨落有一定的影响，使得湖口水位秋季平均下降了 2m（图 6-9），由于三峡水库蓄水引起的长江水位下降对鄱阳湖的排空作用影响明显，加剧了枯水期鄱阳湖的低水位和干旱程度。

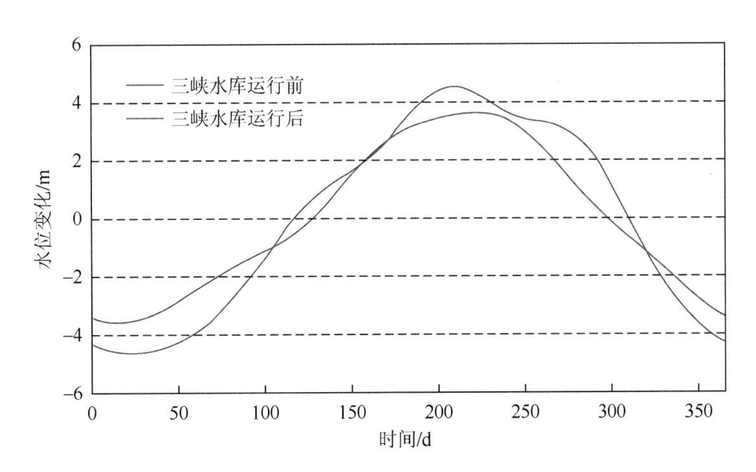

图 6-9　三峡水库运行对鄱阳湖湖口水位的影响（Zhang et al.，2012）

6.3.2　长江和流域“五河”对 2000 年来鄱阳湖低枯水位的影响

为了对比分析长江和流域对“五河”2000 年以来鄱阳湖低枯水位的影响，Zhang 等（2014）基于鄱阳湖二维水动力数学模型构造了三种情景，进行了对比分析。S1 为多年平均情景，即上下游边界均为 1953～2010 年平均条件，作为基准情景；S2 为上游流域“五河”采用 2001～2010 年平均条件，下游长江来流采用 1953～2010 年平均条件，用以评估流域来水影响；S3 为上游流域“五河”采用 1953～2010 年平均条件，下游长江来水采用 2001～2010 年平均条件，用以评估长江来水影响。

计算发现，相比于前 30 年（1970～2000 年），2001～2010 的 10 年间，鄱阳湖水面积和蓄水量分别减小约 154km^2 和 11 亿 m^3。从各情景的水位变化过程来看（图 6-10），S3 最接近 2001～2010 年多年平均水位实测值，尤其在秋季退水期。S1 和 S2 采用相同的长江来水条件，秋季退水期水位过程也极为相似。结果发现，相较于涨水期，退水期水位对长江水情变化更为敏感。相比于鄱阳湖流域气候变化的影响，长江对鄱阳湖的排空作用比之前想象的要大，长江来水减少是造成湖泊秋季 9～10 月异常低水位的主要因素。长江的这种排空作用甚至可以波及至湖泊上游约 100km 的湖面。

6.3.3　鄱阳湖典型年枯水事件成因辨析

为了评估流域“五河”和长江对低水位的影响，尤其是在不同季节的影响差异，Yao 等（2016）选取鄱阳湖历史上典型的春季低水年 1963 年和秋季低水年 2006 年进行对比分析。

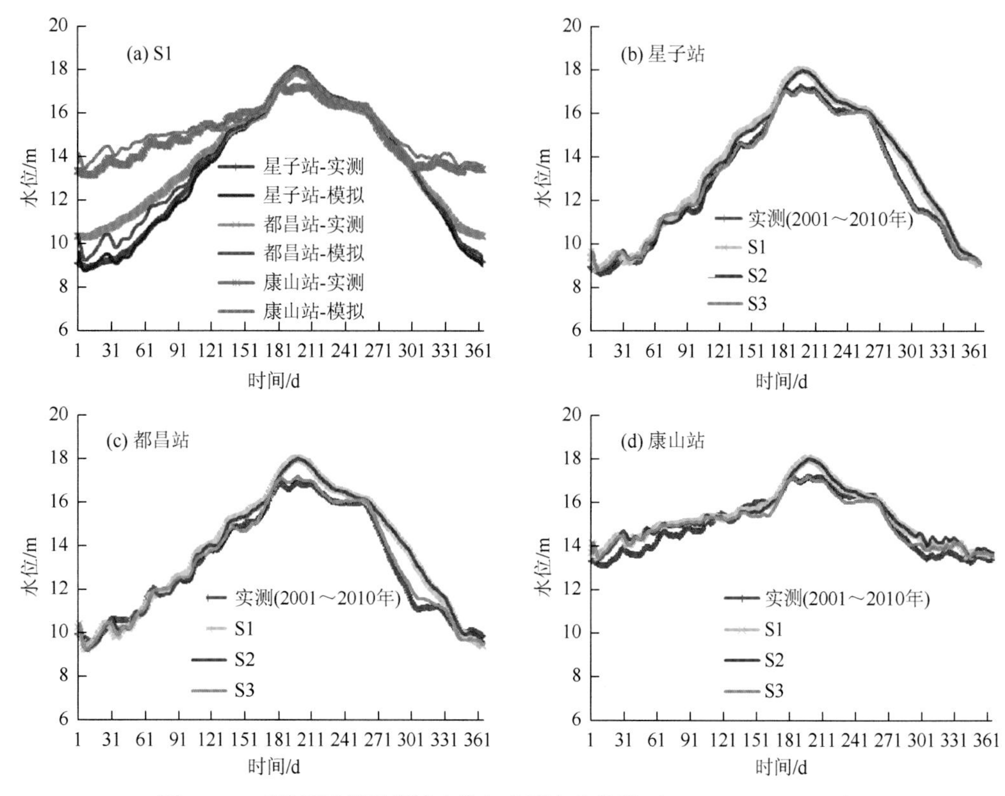

图 6-10　三种模拟情景模拟水位与实测水位比较（Zhang et al.，2014）

图 6-11 为实测的 1963 年、2006 年和多年平均的湖泊水位（星子站）、长江流量（汉口站）和流域“五河”入湖流量的变化过程。由图可知，1963 年 1～4 月水位明显低于多年平均值，最大降幅为 5.5m，平均降幅为 2.6m；同一时期，流域“五河”入湖流量和长江来水流量也均低于多年平均值，尤其是流域“五河”入湖流量在 1963 年全年均低于平均值。2006 年 7～9 月水位显著降低，与多年平均相比，最大降幅为 6.18m，平均降幅为 4.02m；同时期长江来水流量比多年平均降低了 50%，而流域“五河”入湖流量并未有明显降低。由此可知，2006 年秋季，长江来水流量减少是低水位的主要原因，而在 1963 年春季，流域“五河”和长江水量的减少共同导致了低水位的发生，但具体两者的影响量级和影响形式仍需进一步研究。

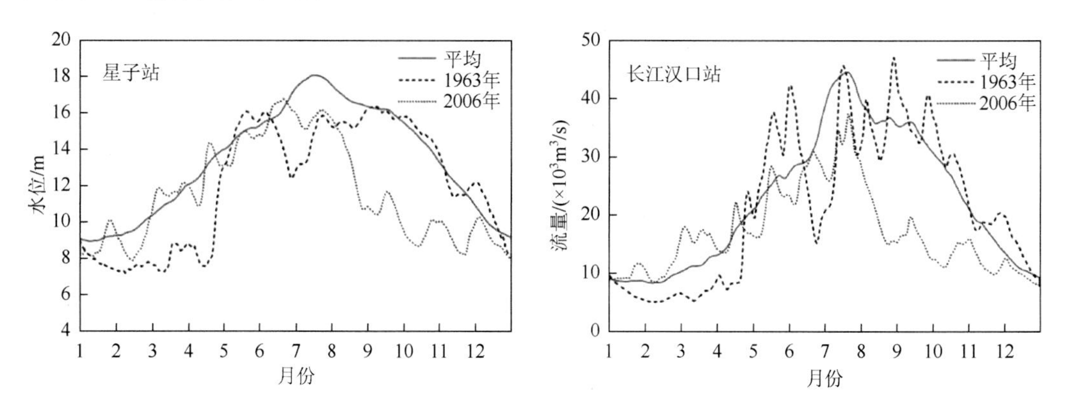

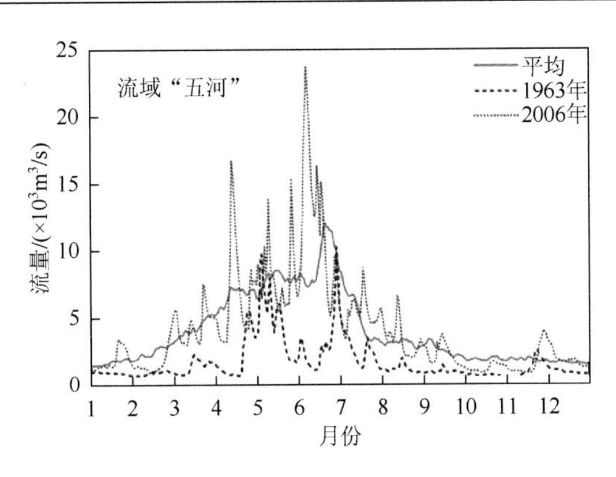

图 6-11　1963 年、2006 年和多年平均的湖泊水位（星子站）、长江流量（汉口站）变化和流域“五河”入湖流量

基于鄱阳湖水动力模型，开展流域“五河”和长江来水的多种组合数值模拟（表 6-2），分析流域“五河”和长江对水位的影响权重及时空差异。图 6-12 和图 6-13 分别为基于 1963 年和 2006 年模拟情景的全年水位变化过程。1963 年春季，从实测资料来看，流域“五河”来水和长江流量均低于历史平均水平。在 1963 年的基础上（S2）流域“五河”来水换成多年平均以后（S4），1～4 月原本低于历史平均的水位有了明显的提高，接近了历史平均水平（S1）。特别是上游的康山站，这一时期的 S1 和 S4 几乎完全重合。流域“五河”来水的增加明显提高了鄱阳湖春季水位。与之类似，在 1963 年的基础上（S2），长江流量换成多年平均以后（S3），只对星子站、都昌站春季水位有微弱的提升作用，对康山站几乎没有影响，表明 1963 年春季水位主要是由流域“五河”控制的，但长江对下游的水位也有一定的影响。同样，基于 2006 年模拟的基础（S5），流域“五河”来水被替换成多年平均以后（S7），秋季低水位只在 8 月底至 9 月中旬有少许提升。相反，长江流量被替换成多年平均以后，2006 年秋季水位可达到多年平均水平，秋季水位变化主要是由长江引起的。

表 6-2　流域“五河”和长江来水的多种组合数值模拟

情景	流域“五河”来水（上游）	长江流量（下游）
S1	1953～2010 年平均	1953～2010 年平均
S2	1963 年	1963 年
S3	1963 年	1953～2010 年平均
S4	1953～2010 年平均	1963 年
S5	2006 年	2006 年
S6	2006 年	1953～2010 年平均
S7	1953～2010 年平均	2006 年

为了进一步量化流域“五河”和长江的影响，分别计算了流域“五河”和长江对春季

与秋季的水位影响值（图 6-14）。流域“五河”来水影响即为 S3 减去 S1（S6 减去 S1），长江流量的影响即为 S4 减去 S1（S7 减去 S1）。1963 年 1～4 月与多年平均相比，水位最大降幅为 4.2m，平均为 1.7m。而流域“五河”和长江对水位影响的最大值分别为 2.6m 和 1.1m，平均值分别为 1.3m 和 0.2m，流域“五河”和长江影响权重分别约为 70%和 30%。而 2006 年的情况正好相反，与多年平均相比，7～10 月水位最大降幅为 5.8m，平均为 3.9m。其中长江引起的水位最大降幅为 5.4m，平均为 3.7m，长江对水位的贡献权重约为 95%，而流域“五河”的影响极其有限，仅占 5%。

图 6-15 为 1963 年 1～4 月由流域“五河”和 2006 年 7～10 月由长江引起的平均水位的空间分布变化。由图可知，水位分布存在明显的空间梯度。在 1963 年春季，流

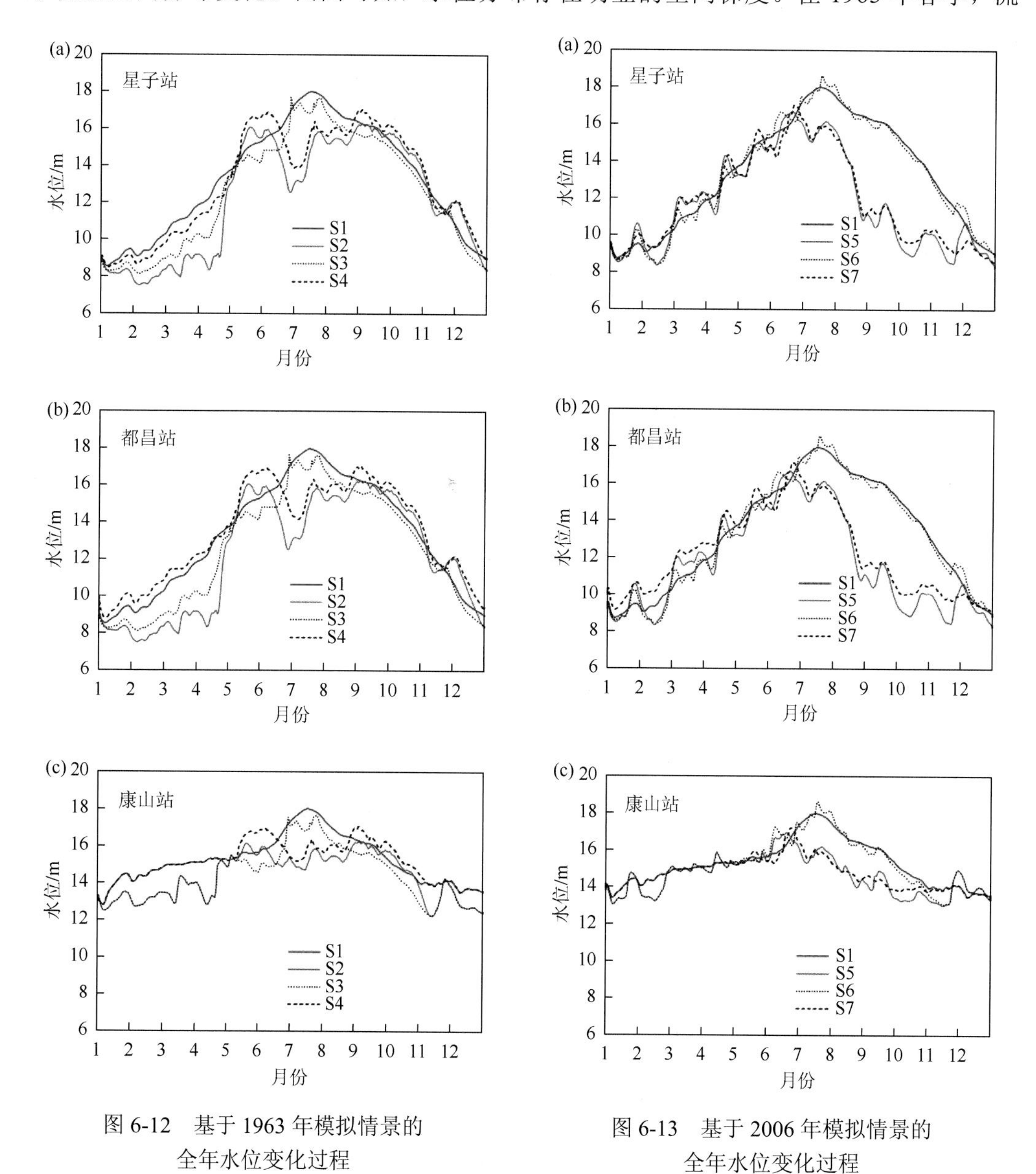

图 6-12　基于 1963 年模拟情景的全年水位变化过程

图 6-13　基于 2006 年模拟情景的全年水位变化过程

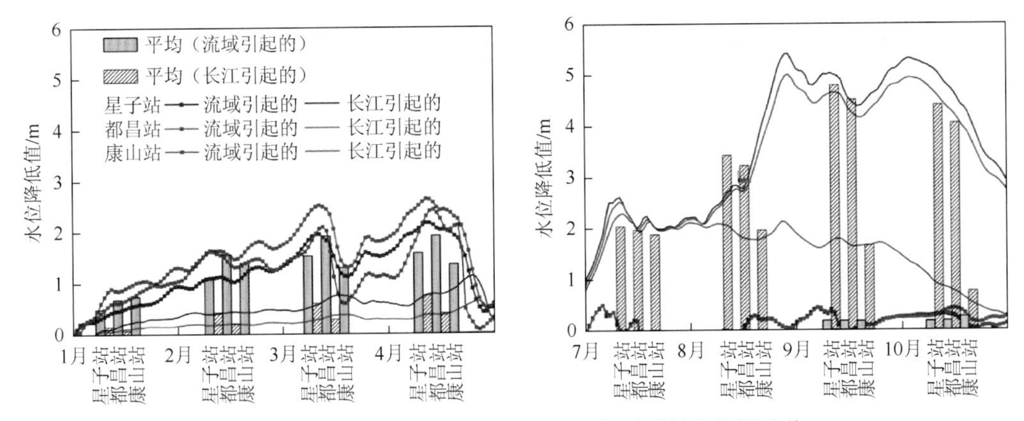

图 6-14　流域“五河”和长江对春季与秋季的水位影响值

域“五河”的影响主要集中在河道，但随着水位上涨，湖中部区域、东南部洲滩及东部湖湾也受影响。总体而言，流域“五河”引起的水位降幅普遍小于 2m。在鄱阳湖国家级自然保护区，只有河道受其影响，水位降幅小于 0.5m。在南矶湿地国家级自然保护区，流域“五河”引起的水位降幅小于 1m。长江对 2006 年秋季的影响呈现更强的

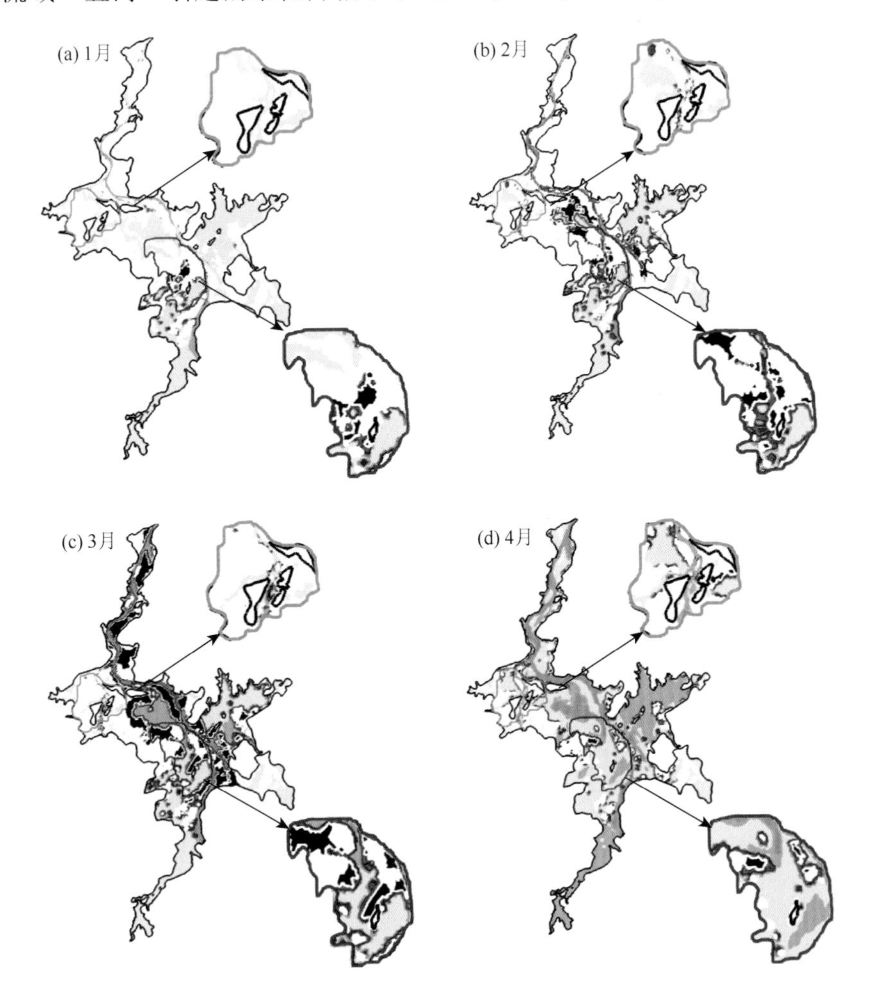

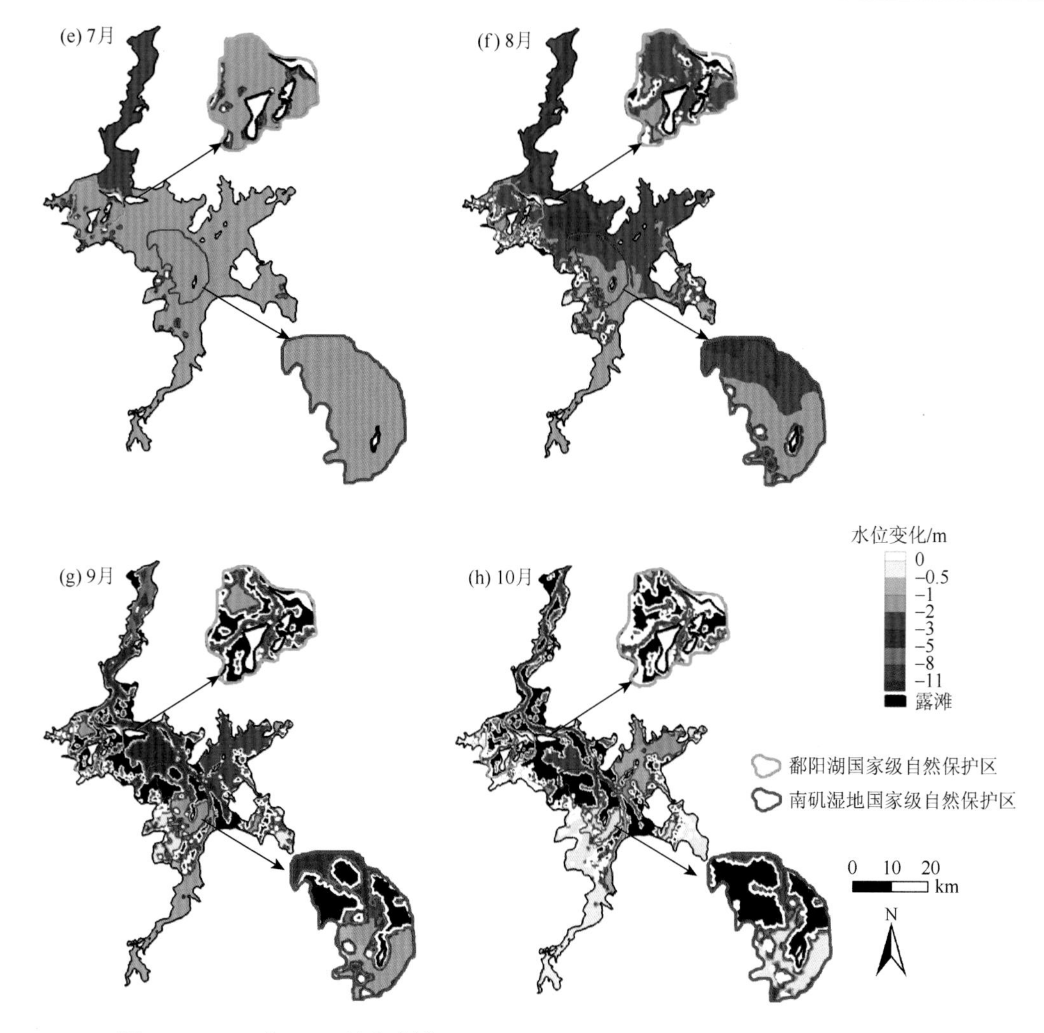

图 6-15　1963 年 1～4 月由流域“五河”（(a)～(d)）和 2006 年 7～10 月由长江（(e)～(h)）引起的平均水位的空间分布变化

空间异质性特点。7 月，长江使得北部河道水位降低了 2～3m，其余湖区（包括两个自然保护区）降低了 1～2m。随着水位逐渐消退，长江的影响自北向南逐渐减弱。至 8 月，北部湖区的鄱阳湖国家级自然保护区水位降低了 2～3m，而南部的南矶湿地国家级自然保护区水位降低了 1～2m。受长江影响最强的区域为湖中部区域（包括鄱阳湖国家级自然保护区和南矶湿地国家级自然保护区北部）至湖口处，该区域水位降低了 5～8m，湖滨区甚至出露。同时，水位的降低也加快了退水过程。至 10 月，除河道区以外，湖区南部及西部区域已经不受长江影响。

6.4　湖盆地形变化对鄱阳湖低枯水位的影响

关于鄱阳湖低水位的成因，相关学者从降水蒸发、江湖关系、三峡水库影响等多方面开展了研究（李世勤等，2008；徐俊杰等，2008；Liu et al.，2013；Zhang et al.，2014；Yao et al.，2016），但从地形变化角度探寻低水位原因的并不多。如 Lai 等（2014）结合水文、遥感数据，定量分析了河道采砂活动对鄱阳湖泄流能力的影响，结果表明，大规模的采砂导致枯季泄流能力增大了 1.5～2 倍，并进一步量化了由此引起的水位降低值。刘小东和任兵芳（2014）对比了 1998 年、2011 年入江通道断面的形态，结合水文数据，给出了相同湖口枯水期水位、流量条件下水面线的变化值。这些研究对地形变化的水文影响给出了一定的阐释，但其中关于地形变化对水位、流量在时间、空间上的影响差异则涉及较少。基于此，本书构建了精细的鄱阳湖水动力模型，基于 2010 年和 1998 年两种地形条件，模拟相同的枯水年（2006 年）水情在不同地形条件下的水位、流量变化过程，对比地形变化对水位和流量影响的程度和范围，探寻地形影响的时空差异。本章从基于物理机制的水动力模拟角度入手，研究了近十多年来鄱阳湖地形变化的影响，结果可为水资源管理、江湖关系演变分析、湿地及生态环境保护等提供理论指导，也可为长周期的水动力模拟可能带来的误差提供理论依据。

6.4.1　近 30 年鄱阳湖地形变化特点

图 6-16 为 1998 年和 2010 年鄱阳湖湖盆地形及其变化。由图可知，地形变化主要发生在湖区北部入江通道段。2010 年地形相比于 1998 年，入江通道段下切严重（最大可达 10m 以上），其余区域差异不甚明显，与以往的研究结论一致（吴桂平等，2015）。

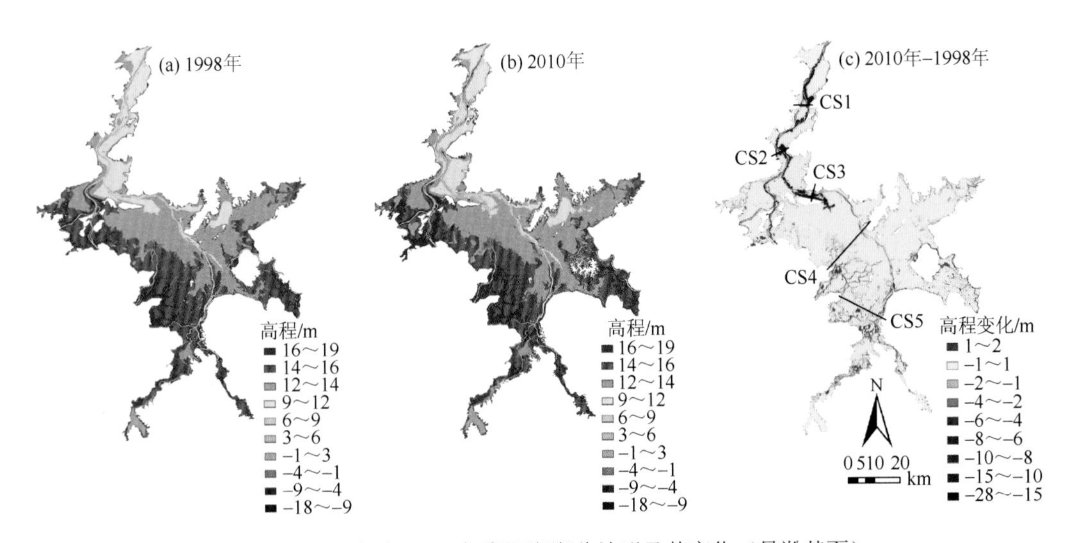

图 6-16　1998 年和 2010 年鄱阳湖湖盆地形及其变化（吴淞基面）

进一步分析南北分布的 5 个横断面（图 6-16（c））：CS1（拟建水利枢纽位置）、CS2（星子南）、CS3（松门山附近）、CS4（中部大湖面）、CS5（南部大湖面）。由图 6-17 可知，CS1～CS3 断面平均降低幅度分别为 3.6m、6.6m 和 4.3m，而 CS4～CS5 断面形态变化并不明显。CS1 断面最大下切量为 12m，CS2 和 CS3 断面最大下切量分别达到 17.7m 和 17.6m。这些河道横断面形态变化与以往的研究结论相似（De Leeuw et al.，2010；Lai et al.，2014）。

除底高程下切外，北部入江通道在低水位时期明显加宽。以 CS3 断面为例，水位为 10m 时，河道宽度从 700m 增至 1500m，过水断面面积增加了 9600m^2。

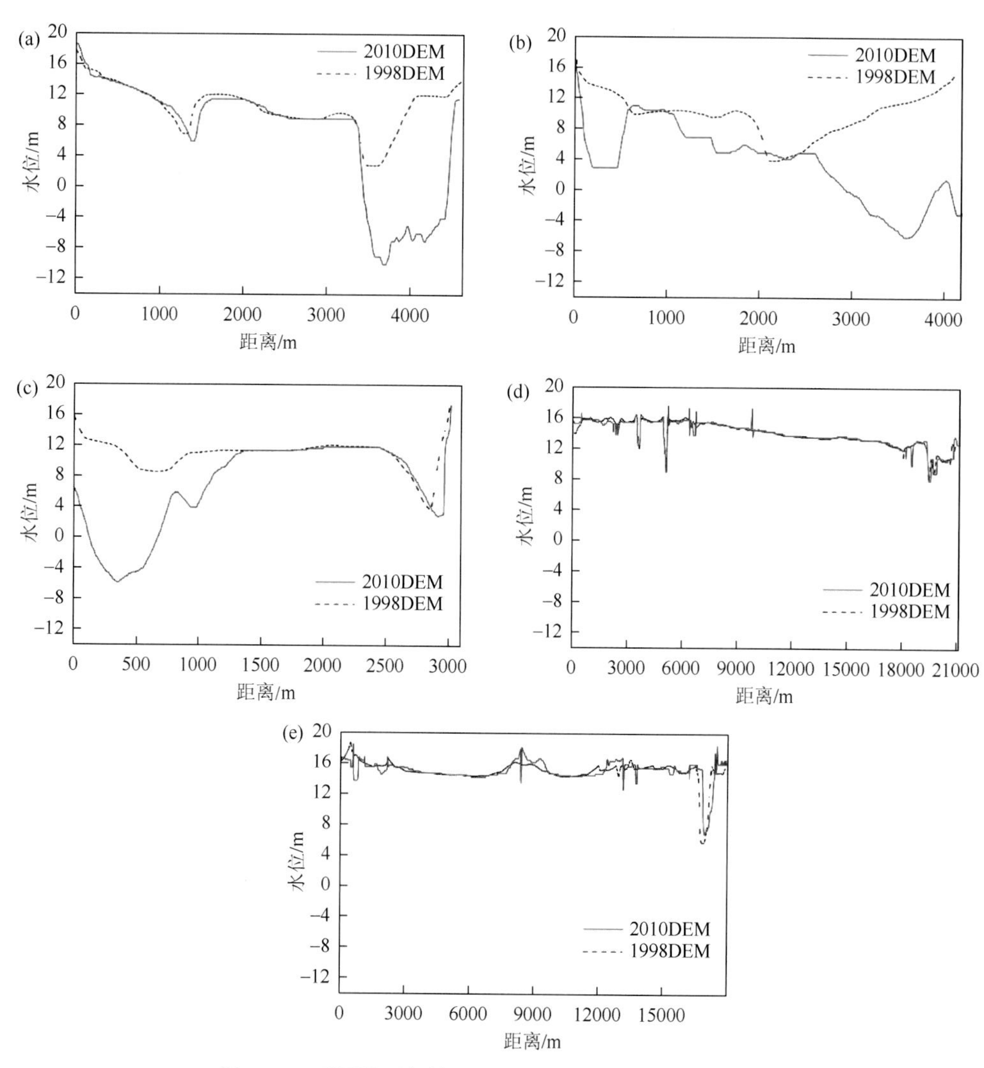

图 6-17　不同地形条件下湖盆横断面形态（吴淞基面）

6.4.2　基于不同年代地形的水动力模型构建

为刻画地形变化对水位的影响，姚静等（2017）分别构建了针对 1998 年和 2010 年地形的鄱阳湖水动力模型，根据已有的堤坝及湖泊历史洪水淹没范围确定模型计算范围及岸线边界（图 6-18，湖盆基面均为 1985 国家高程基准），采用三角形网格，网格数为 347709，节点数为 176465。流域“五河”的 9 个主要入湖口流量过程线作为水动力模型上游开边界条件，鄱阳湖与长江的水量交换通道——湖口水位过程线作为下游开边界条件（图 6-18）。其中，入湖流量为流域站点流量与站点至入湖口的平原区流量的总和，而平原区流量根据临近入湖河流的流量权重分配至各入湖口。时间步长为 1.5s，初始水位场采用湖区 5 个站点的（湖口站、星子站、都昌站、棠荫站和康山站）实测水位空间插值而得。糙率根据地形特点采用空间变化的糙率场，由河道区的 0.018 过渡至洲滩植被区的 0.028。水平涡粘系数采用 Smagorinsky 公式计算。基于 1998 年和 2010 年地形的水动力模型，除地形差异以外，其余模型设置及计算条件完全一致。

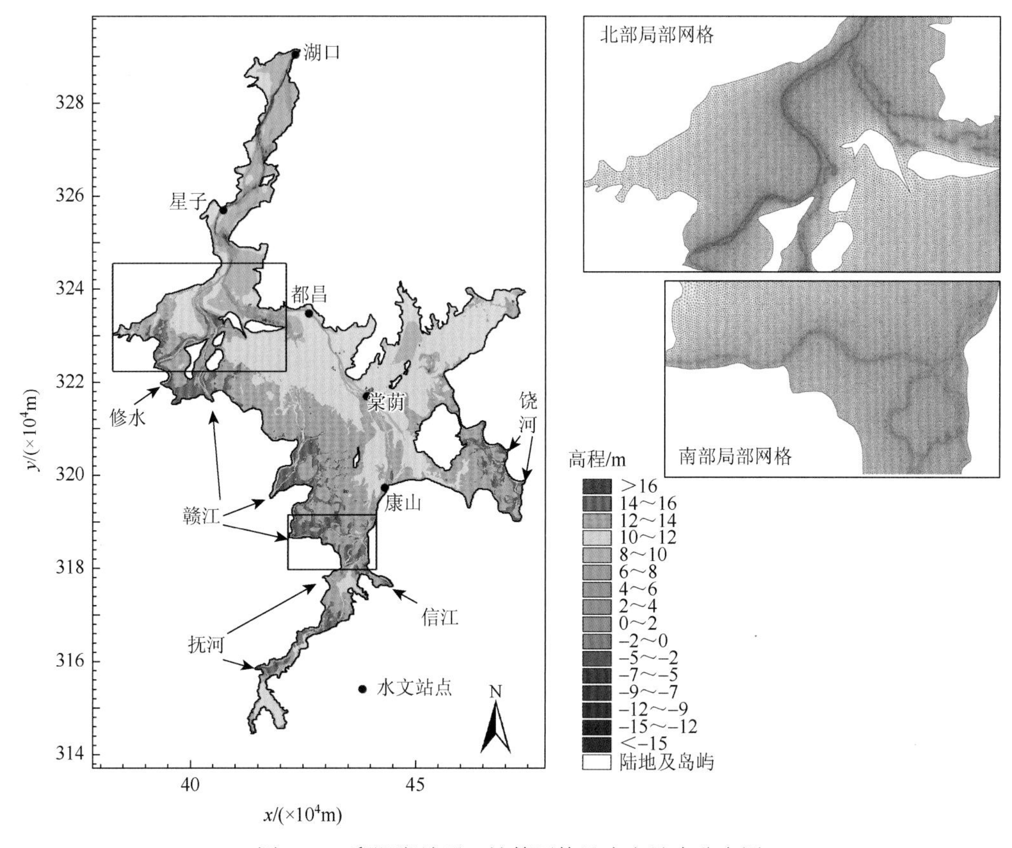

图 6-18　鄱阳湖地形、计算网格及水文站点分布图

对 2010 年的水位、流量过程进行验证。从星子站、都昌站、棠荫站、康山站 4 个站点的水位验证曲线来看（图 6-19），各站的水位拟合较好，除低水位时误差稍大外，其余时刻基本吻合。湖口流量验证（图 6-20）效果次于水位验证效果，但基本也能反映流量变化过程。表 6-3 给出了 2010 年水位、流量验证误差，水位验证方面，各站的相对误差均不超过±2%，确定性系数和 Nash-Sutcliffe 效率系数均大于 0.96，湖口流量验证相对水位验证，效果稍逊，但整体来看，模型精度较高。

6.4.3　地形变化对水位和流量的影响

1. 对水位的影响

从 4 个站点的水位变化过程来看（图 6-21），与 1998 年地形相比，在 2010 年地形条件下，各站点和各阶段水位存在不同程度的降低。星子站和都昌站在低水位时最为明显，而在高水位时变化微弱，棠荫站和康山站水位降低值较小，且全年变化都较为均一。从各站点、各阶段的平均水位降低值来看（表 6-4），受地形下切影响，低水期水位最大可降低 1～2m，涨水期和退水期水位降低值也均在 0.6m 以上，而高水期水位平均降幅最大不超过 0.4m。各站点中，都昌站受地形变化影响最大，低水期水位平均降幅可达 2.03m，而高水期水位平均降幅为 0.36m，均超过同时期其他站点。其次为星子站，水位平均降幅为 0.23～1.37m。这两处低水期水位降幅均为高水期的 5 倍以上。至棠荫站，水位降幅明显降低，全年水位降幅约为 0.33m，康山站为 0.1～0.2m，与都昌站和星子站相比，这两处在不同时期的水位降幅差异并不显著。

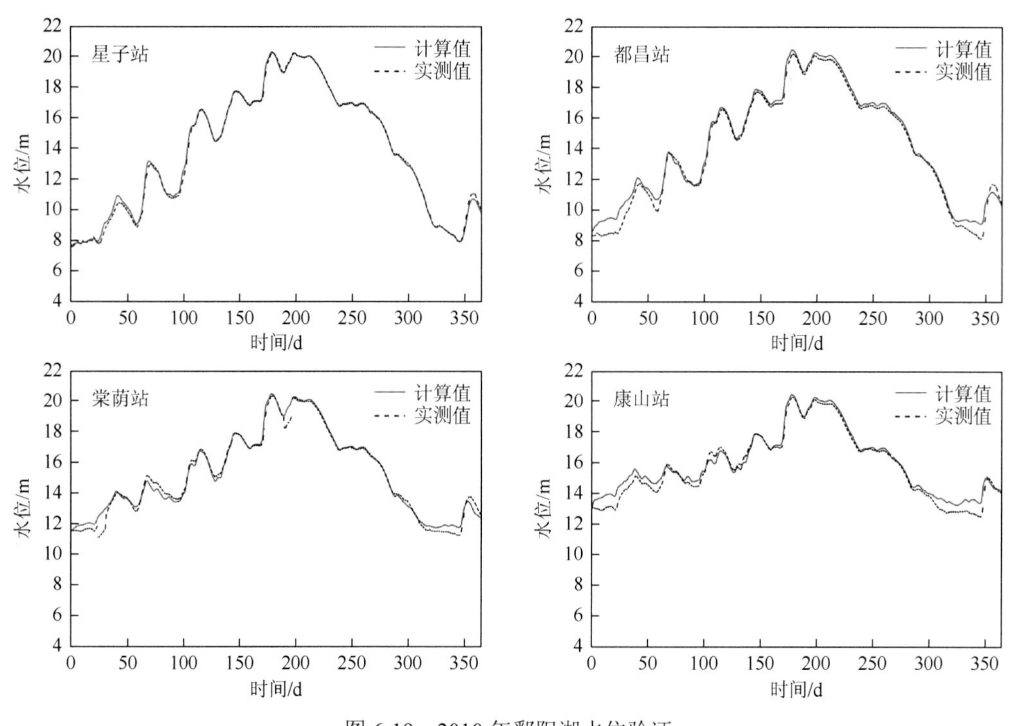

图 6-19　2010 年鄱阳湖水位验证

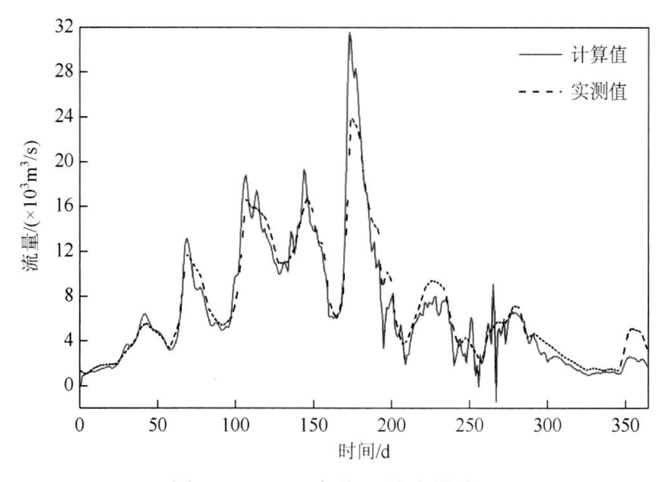

图 6-20　2010 年湖口站流量验证

表 6-3　2010 年水位、流量验证误差

站点	相对误差/%	确定性系数	Nash-Sutcliffe 效率系数
星子站	0.2	0.998	0.998
都昌站	1.9	0.993	0.987
棠荫站	0.4	0.985	0.984
康山站	1.5	0.981	0.965
湖口站*	–5.2	0.923	0.887

注：*为湖口站流量验证，其余 4 站为水位验证。

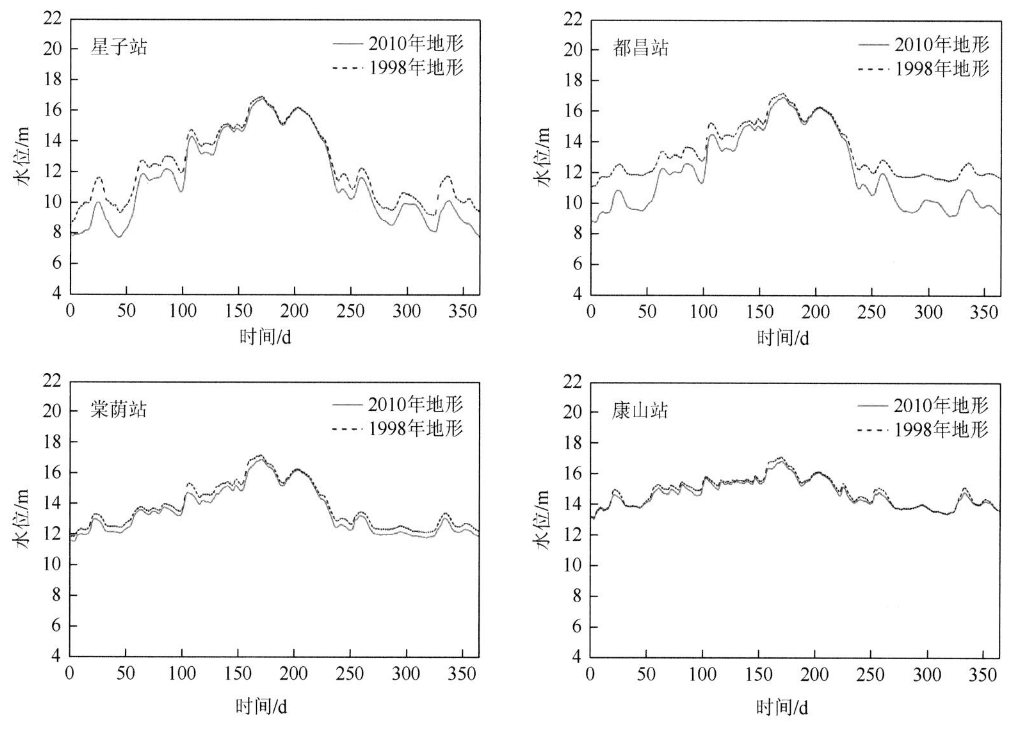

图 6-21　不同地形条件下 2006 年各站点水位变化过程图

表 6-4　与 1998 年相比 2010 年地形条件下各站点平均水位降低值　（单位：m）

	涨水期（3～5 月）	高水期（6～8 月）	退水期（9～10 月）	低水期（11～次年 2 月）
星子站	0.67	0.23	0.78	1.37
都昌站	0.88	0.36	1.65	2.03
棠荫站	0.34	0.26	0.36	0.35
康山站	0.21	0.20	0.11	0.09

根据计算结果，进一步建立不同湖口水位条件下地形变化引起的水位降低值(表 6-5)。由于星子站、都昌站两处受地形影响比较明显，因此仅给出这两站在不同湖口水位条件下的水位降低值。由表可知，湖口水位越低，受地形影响越显著，但并非线性关系。相同湖

口水位条件下，都昌站受地形变化影响程度明显大于星子站。湖口水位低于 9m 时，星子站受地形变化影响，水位降低值可达 1m 以上；而都昌站水位在湖口水位低于 11m 时即可降低 1m 以上；湖水水位为 8m 时，都昌站水位降幅甚至达到了 2.26m。湖口站水位在 14m 以上的高水位期时，星子站和都昌站水位降幅分别降至 0.2m 和 0.3m 左右。

表 6-5　不同湖口水位条件下地形变化引起的水位降低值　（单位：m）

湖口水位	8	9	10	11	12	13	14	15	16
星子站水位降低值	1.38	1.19	0.90	0.76	0.56	0.40	0.24	0.22	0.15
都昌站水位降低值	2.26	1.83	1.39	1.01	0.83	0.63	0.41	0.35	0.23

为分析空间上的水位变化梯度，给出了 1998 年和 2010 年两种地形条件下康山至湖口段高水期（7 月 20 日）、低水期（12 月 15 日）、涨水期（4 月 15 日）和退水期（9 月 25 日）水面线（图 6-22），该曲线斜率即为水面坡降。从各时段本身的水面坡降来看，高水期上下游水面基本持平，低水期水面坡降最为明显，涨水期和退水期则居中。从各时段水位变化来看，低水期水面线变化最大，其次为退水期、涨水期，高水期变化微弱，说明上下游水面坡降越大，受地形影响越明显。从空间变化来看，水位变化最大处为都昌站（2.2m），以都昌站为中心，星子站-都昌站-棠荫站段为显著影响区域。以低水期为例，1998～2010 年地形变化使得星子站-都昌站段水面平均降低了 1.6m，都昌站-棠荫站段平均降低了 1.2m，湖口站-星子站段平均降低了 0.8m，棠荫站-康山站段平均降低不足 0.3m。而退水期和涨水期，空间各区段的水位变化差异明显减弱，表明上下游水面坡降越大，由地形引起的空间水位变化差异越显著。相比于 1998 年，在 2010 年地形条件下，低水期都昌站至湖口站水头差由 3.1m 降至 1.1m，而康山站至湖口站水头差基本没变。

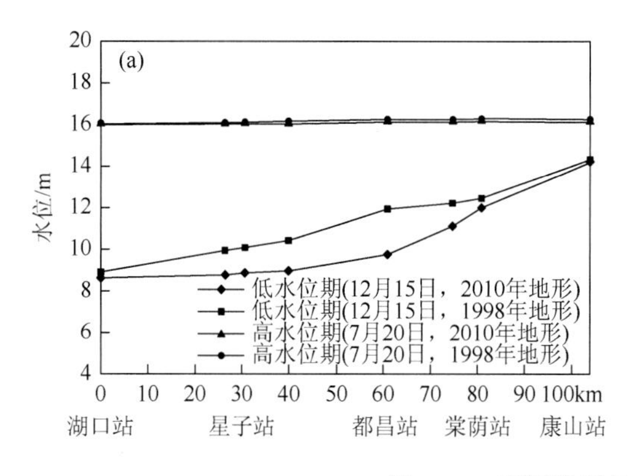

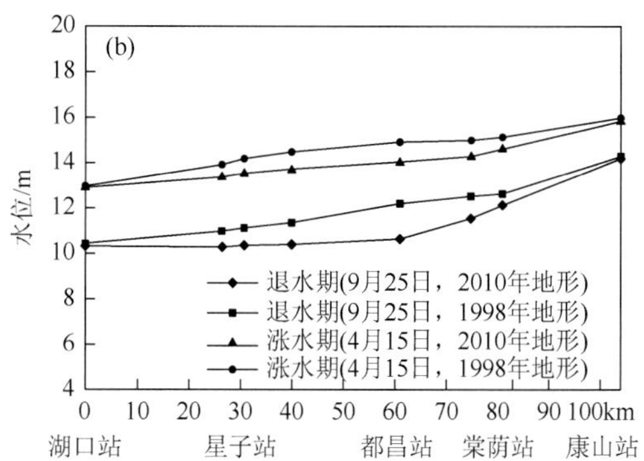

图 6-22　不同地形条件下 2006 年水面线

前文的地形变化影响分析主要基于河道站点，为研究地形变化对水位的空间影响，给出了 1998 年和 2010 年两种地形条件下与水面线同时刻的涨水期（4 月 15 日）、高水期（7 月 20 日）、退水期（9 月 25 日）和低水期（12 月 15 日）的水位空间分布（图 6-23）。涨水期，湖区中部、东部及北部 13～16m 水位分布范围发生了明显变化。与 1998 年地形相比，在 2010 年地形条件下，13～15m 水位分布向南部上游区偏移，而 15～16m 水位分布范围大为减少，受影响湖区面积可占全湖总面积的三分之二。高水期，只在北部入江通道处 15～16m 水位分布有小范围的差异。退水期，相比于 1998 年地形，在 2010 年地形条件下棠荫站以北的河道区 10～11m 的水位范围扩大，11～12m 的水位范围减小。低水期，主要影响范围同样是棠荫站以北的河道区，其中 8～10m 水位范围扩大，10～12m 水位范围减小。此外，退水期和低水期，局部水体与主河道脱离之后形成的碟型湖或子湖水面面积也存在一定的差异，这主要是由局部地形的冲淤变化引起的。以赣江中支和南支入湖三角洲带为例，退水期和低水期水位 16m 以上的范围在 2010 年地形条件下比在 1998 年更大。对比地形图可以发现，此处 2010 年的滩地范围更大，呈封闭状，因此在退水以后，洼地仍存留了一定的水体。陈龙泉等（2010）通过遥感也发现，赣江南支、抚河和信江干流三河入湖区域在 1989～2006 年淤积了约 28km^2，与本结论相印证。

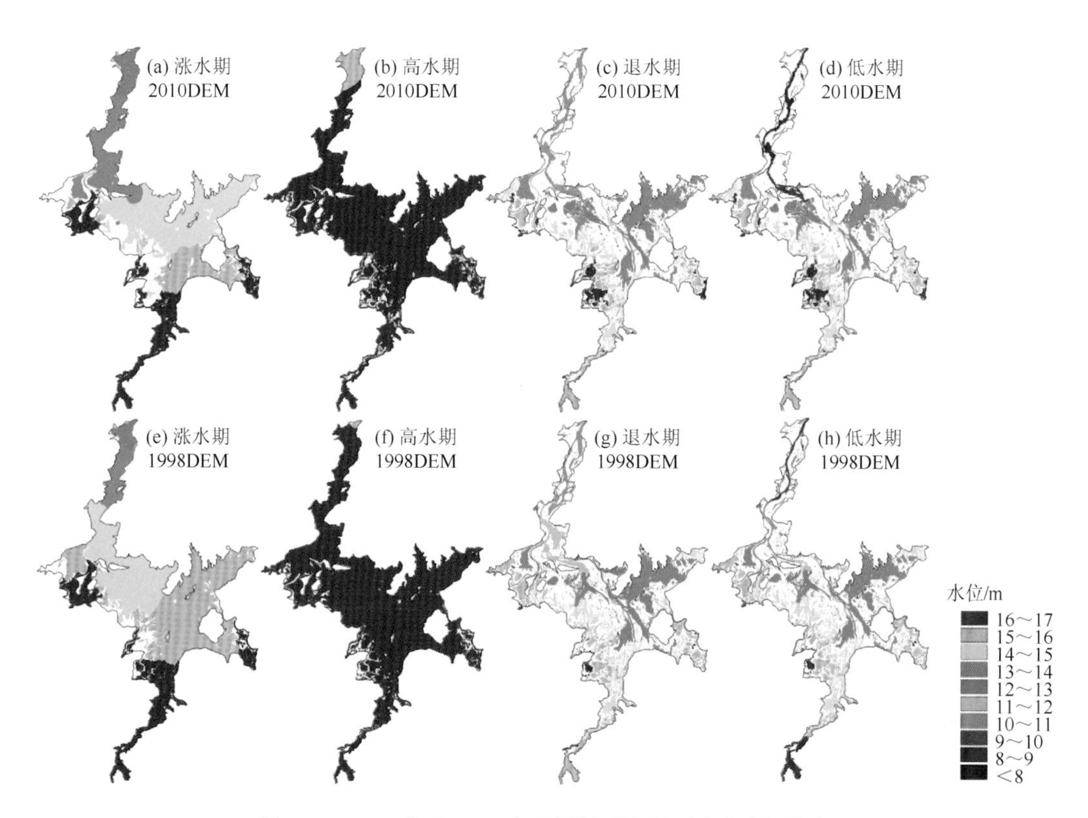

图 6-23　1998 年和 2010 年不同地形条件下水位空间分布

2. 对流量的影响

由于湖底高程的降低改变了地形坡度，湖口出口流量也发生了变化。从湖口流量过程来看（图 6-24），与 1998 年地形相比，在 2010 年地形条件下出口流量普遍增大，最明显之处为高水期、涨水期和退水期流量峰值处，最大增量可达 2192m^3/s。全年出口总流量合

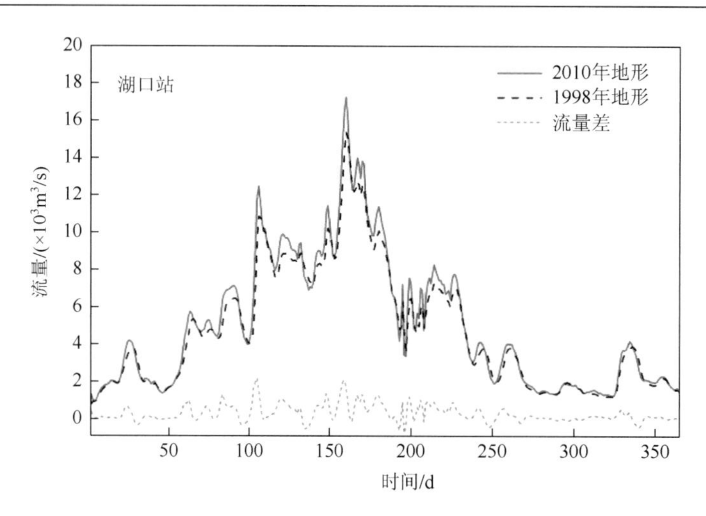

图 6-24　1998 年和 2010 年不同地形条件下湖口出湖流量过程及差异

计增加了 95.2 亿 m^3，约占全年总流量的 6%。该流量增加值与水位减少值相对应，表明地形的下切引起了水位降低，加快了湖口出流。

6.5　小　　结

本书结合水动力模拟和统计分析方法，分析了鄱阳湖低水位演变趋势，重点叙述了三峡水库运行对长江干流径流的影响和流域、长江对鄱阳湖季节性低水位的时空影响，并对湖盆地形变化对枯季水位的影响做了模拟研究。主要得出以下几点结论。

自 2000 年以来，鄱阳湖水位呈下降趋势。长江来水减少是造成 2000 年以来秋季异常低水的主要因素。长江影响主要集中在入江通道并可波及至湖区中部。长江作用中，三峡水库运行的影响不可忽视。三峡水库运行改变了长江干流径流的季节分配，尤其是 10 月的集中蓄水，使得秋季湖口水位平均下降了 2m，对鄱阳湖的排空作用影响明显，加剧了鄱阳湖的低水程度。在 2006 年典型秋季低水事件中，长江的影响可达到 95%，表明长江对秋季水位的主控作用。流域主要影响鄱阳湖的涨水期，影响范围集中在南部湖区和上游河道区域。在 1963 年春季低水事件中，流域影响可达 70%，表明了流域和长江在不同季节水情的作用差异。

对比 1998 年和 2010 年 DEM 发现，地形变化主要发生在北部入江通道，2010 年河道普遍加深、变宽，地形下切使得出流加快，水位下降。地形变化对高水期、低水期、涨水期、退水期不同时期的影响范围和量级并不相同。以 2006 年为例，在湖口低于 9m 的低水位时，湖区内水位受地形影响降幅最大，为 1～2m，在湖口站 15m 以上的高水位时，水位降幅最大不超过 0.4m；都昌站受地形影响最大，枯季水位降幅可达 2m 以上，其次为星子站，水位降幅可达 1m 以上，棠荫站、康山站水位降幅均小于 0.33m。都昌至湖口段水头差降低了 2m，康山至湖口水头差基本不变。湖口全年出湖总流量增加了 6%。地形变化对 2006 年星子站秋季低水的贡献约占 14.4%，说明地形变化对近年来的秋季低水也有一定贡献。

参 考 文 献

陈龙泉，况润元，汤崇军. 2010. 鄱阳湖滩地冲淤变化的遥感调查研究. 中国水土保持，(4)：65-67.

郭华，张奇. 2011. 近 50 年来长江与鄱阳湖水文相互作用的变化. 地理学报，66（05)：609-618.

江丰，齐述华，廖富强，等. 2015. 2001-2010 年鄱阳湖采砂规模及其水文泥沙效应. 地理学报，70（5)：837-845.

李世勤，闵骞，谭国良，等. 2008. 鄱阳湖 2006 年枯水特征及其成因研究. 水文，(6)：73-76.

刘小东，任兵芳. 2014. 鄱阳湖低枯水位变化特征与成因探讨. 人民长江，(4)：12-16.

闵骞. 2000. 近 50 年鄱阳湖形态和水情的变化及其与围垦的关系. 水科学进展，11（1)：76-81.

吴桂平，刘元波，范兴旺. 2015. 近 30 年来鄱阳湖湖盆地形演变特征与原因探析. 湖泊科学，27（6)：1168-1176.

徐俊杰，何青，刘红，等. 2008. 2006 年长江特枯径流特征及其原因初探. 长江流域资源与环境，(5)：716-722.

姚静，李云良，李梦凡，等. 2017. 地形变化对鄱阳湖枯水的影响. 湖泊科学，29（4)：955-964.

叶许春，李相虎，张奇. 2012. 长江倒灌鄱阳湖的时序变化特征及其影响因素. 西南大学学报（自然科学版)，34（11)：69-75.

De Leeuw J，Shankman D，Wu G，et al. 2010. Strategic assessment of the magnitude and impacts of sand mining in Poyang Lake，China. Regional Environmental Change，10（2)：95-102.

Feng L，Hu C，Chen X，et al. 2012. Assessment of inundation changes of Poyang Lake using MODIS observations between 2000 and 2010. Remote Sensing of Environment，121：80-92.

Guo H，Hu Q，Zhang Q，et al. 2012. Effects of the Three Gorges Dam on Yangtze River flow and river interaction with Poyang Lake，China：2003-2008. Journal of Hydrology，416-417：19-27.

Hastie T，Tibshirani R. 1986. Generalized additive models. Statistical Science，1：297-310.

Lai X，Shankman D，Huber C，et al. 2014. Sand mining and increasing Poyang Lake's discharge ability：a reassessment of causes for lake decline in china. Journal of Hydrology，519：1698-1706.

Liu Y，Wu G，Zhao X. 2013. Recent declines in china's largest freshwater lake：trend or regime shift？Environmental Research Letters，8：14010.

Wood S N. 2006. Generalized Additive Models：An Introduction with R. Boca Raton：Chapman and Hall.

Yao J，Zhang Q，Li Y，et al. 2016. Hydrological evidence and causes of seasonal low water levels in a large river-lake system：Poyang Lake，China. Hydrology Research，47（s1)：24-39.

Zhang Q，Li L，Wang Y G，et al. 2012. Has the Three-Gorges Dam made the Poyang Lake wetlands wetter and drier？Geophysical Research Letters，39（20)：L20402.

Zhang Q，Ye X，Werner A D，et al. 2014. An investigation of enhanced recessions in Poyang Lake：comparison of Yangtze River and local catchment impacts. Journal of Hydrology，517：425-434.

第 7 章　鄱阳湖洪水演变及发生机制

7.1　引　　言

鄱阳湖是长江中游地区重要的天然径流调节库，承担着保障长江中下游水安全和生态安全的重要使命。鄱阳湖不仅对流域“五河”入湖径流具有调节作用，对长江干流的径流也具有调节功能，是长江中游防洪体系中极为重要的一环。长江-鄱阳湖-“五河”之间相互作用、互为制约，江湖关系错综复杂，是我国大江大河流域最为复杂的区域之一，特殊的地理环境再叠加气候变化与人类活动的影响，使该区域成为我国洪涝灾害的重灾区和多发区，在过去几十年中洪水灾害频繁出现，给当地的经济发展和人民的生命、财产带来巨大的损失。据统计，鄱阳湖区域发生大洪水灾害的典型的年份主要有 1954 年、1983 年、1995 年、1998 年、1999 年等。其中，1983 年湖口水位达 21.71m，超过 1954 年特大洪水的 21.68m，滨湖地区 108 座圩堤溃决，淹没农田 427km^2。而至 20 世纪 90 年代，鄱阳湖洪水发生的频率和强度更是显著增加，比历史上任何时段都更为频繁，其中 1998 年特大洪水，鄱阳湖湖口实测水位最高达 22.59m，为有记录以来的最高水位，造成沿湖区的多个城市严重受淹，受灾人口达 60 多万，江西省直接经济损失达 376 亿元。频繁的洪涝灾害危及湖区人民生命财产安全，严重制约着湖区经济社会的发展。

本章将重点分析自 20 世纪 50 年代以来鄱阳湖洪水的演变特征，包括最高洪水位、洪水历时、发生频次、洪峰时间等要素的演变趋势；并对不同时期长江来水、流域降水、湖区围垦、入湖泥沙等气候与人类活动的影响作用进行分析；基于 MIKE 21 水动力模型，通过情景模拟定量确定了长江与“五河”来水对鄱阳湖高洪水位的影响。分析结果对进一步认识鄱阳湖地区洪涝灾害的发生机理、保障湖泊水安全等具有重要意义，同时可为鄱阳湖区防汛抗旱减灾、制定流域综合管理措施、生态环境保护、鄱阳湖生态经济区建设等提供重要的科学依据。

7.2　鄱阳湖洪水演变及影响因素

7.2.1　鄱阳湖高洪水位年内分布

据鄱阳湖水位观测数据资料统计，在鄱阳湖水位的年内变化上，通常每年的 1 月、2 月和 12 月是湖泊水位较低，涨落比较平稳的时候，尤其是 1 月，湖泊水位达到低谷，这段时间也是鄱阳湖最为干涸的时节。3～6 月是湖泊水位快速上涨的阶段，7 月湖泊水位达到最高点（多年平均水位约为 17.8m）；8～9 月水位有所回落，但仍维持在一个较高的水平（一般大于 16.0m）。由鄱阳湖不同水位（19.0m、20.0m 和 21.0m）在年内洪水期（6～9 月）的出现频率（图 7-1）可看出，19m 作为警戒水位，自 6 月下旬开始，警戒水位以上水位出现频率迅速增加，至 7 月中下旬达到最大，而在 8 月初快速下降并一直持续到汛期结束。20m 以上水位发生频率比 19m 小很多，最大值亦出现在 7 月中旬，但需要指出的是，8 月底至 9 月初，20m 以上水位出现的频率也较高，需引起足够重视。21m 以上水位出现的频率分布与 20m 类似，但频率进一步降低（Li et al.，2015）。以湖口站水文统计为例，7～9 月年最高水位出现的概率达 84.6%，其中 7 月出现概率为 67.3%，湖口站实测水位高于 20m 的年份，均出现在 7～9 月，而鄱阳湖区的洪涝灾害也主要发生在该时间内。

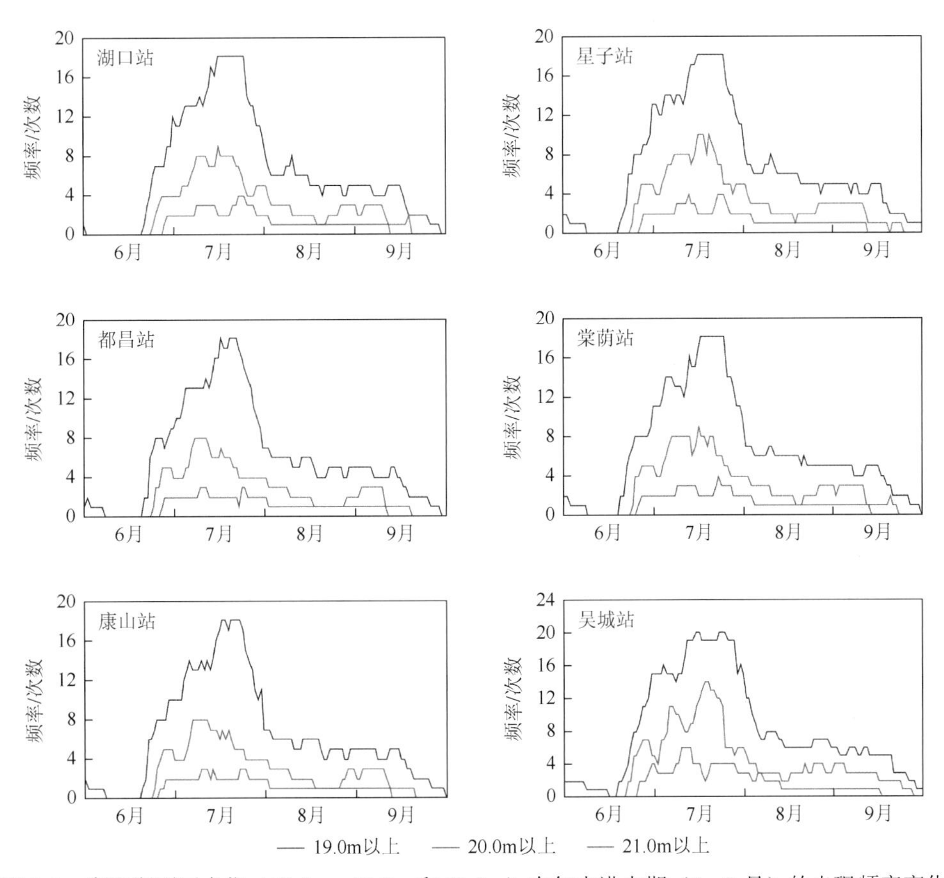

图 7-1　鄱阳湖不同水位（19.0m、20.0m 和 21.0m）在年内洪水期（6～9 月）的出现频率变化

在空间差异上，不同位置湖泊水位各不相同（表 7-1），从南到北，康山站、棠荫站、都昌站、星子站和湖口站水位依次递减。在低水位时，各站水位相差较大，以 1 月为例，湖口站与康山站水位差可达 5.31m，这与低水位时湖泊呈河流相，水力梯度较大有关。随着 3～6 月湖泊水位的上升，湖泊内部各水文站的水位差异不断减小，至高水位的 7～9 月，湖泊内部的水位差异已非常小，湖面基本呈水平状。但在某些特殊年份里，受长江强烈的顶托作用，湖泊发生倒灌，此时，北面的湖口水位往往还会高于湖泊南部水位。

表 7-1 鄱阳湖不同站点月平均水位 （单位：m）

站点	1月	2月	3月	4月	5月	6月	7月	8月	9月	10月	11月	12月
湖口站	8.11	8.28	9.72	11.99	14.36	15.83	17.85	16.69	15.92	14.52	11.87	9.24
星子站	9.09	9.65	11.03	12.95	14.66	16.00	17.87	16.77	16.05	14.60	12.14	9.81
都昌站	10.48	11.14	12.17	13.57	14.79	15.94	17.68	16.61	15.91	14.49	12.30	10.67
棠荫站	12.19	12.68	13.40	14.33	15.21	16.20	17.83	16.79	16.14	14.81	13.07	12.21
康山站	13.42	13.86	14.46	15.15	15.65	16.41	17.77	16.79	16.20	15.03	13.87	13.39

7.2.2 鄱阳湖洪水特征年际变化

鄱阳湖水位存在显著的年际变化差异，据观测资料，湖口站年最高水位年际变幅最高可达 6.69m（1972 年最低为 15.84m，1998 年最高为 22.53m），平均变幅为 4.87m；星子站年最高水位年际变幅最高可达 6.51m（1963 年最低为 15.99m，1998 年最高为 22.5m），平均变幅为 5.16m；都昌站年最高水位年际变幅最高可达 6.54m（1972 年最低为 15.87m，1998 年最高为 22.41m），平均变幅为 5.44m；棠荫站年最高水位年际变幅最高可达 6.5m（1972 年最低为 16.03m，1998 年最高为 22.53m），平均变幅为 3.74m；康山站年最高水位年际变幅最高可达 6.22m（1972 年最低为 16.2m，1998 年最高为 22.42m），平均变幅为 3.47m。值得注意的是，1953～2012 年鄱阳湖主要水文站点最高水位年际变幅均能达到 6m 以上，湖口站年际变幅最高，康山站最低。

由 1953～2012 年鄱阳湖各站年最高水位不同时段正负距平次数统计发现（表 7-2），在 20 世纪 90 年代以前，各站最高水位的正、负距平出现次数与频率基本相当，而在 1990～1999 年的 10 年间，鄱阳湖各站最高水位变化基本全为正距平，表明这一时期鄱阳湖最高水位明显高于其他时段，处在历史最丰水时期；而在 2000～2012 年的 13 年间，各站最高水位的负距平出现了 9 次，而正距平仅为 4 次，负距平次数明显高于正距平，表明这一时段的最高水位低于其他时段，鄱阳湖处于较枯水时期。

表 7-2 1953～2012 年鄱阳湖各站年最高水位不同时段正负距平次数统计

站点	距平	1953～1959 年	1960～1969 年	1970～1979 年	1980～1989 年	1990～1999 年	2000～2012 年
湖口站	为正	2a（6.45%）	4a（12.90%）	6a（19.35%）	5a（16.13%）	10a（32.26%）	4a（12.90%）
	为负	5a（17.24%）	6a（20.69%）	4a（13.79%）	5a（17.24%）	0a（0.00%）	9a（31.03%）
星子站	为正	2a（6.45%）	4a（12.90%）	6a（19.35%）	5a（16.13%）	10a（32.26%）	4a（12.90%）
	为负	5a（17.24%）	6a（20.69%）	4a（13.79%）	5a（17.24%）	0a（0.00%）	9a（31.03%）
都昌站	为正	2a（6.45%）	4a（12.90%）	6a（19.35%）	5a（16.13%）	10a（32.26%）	4a（12.90%）
	为负	5a（17.24%）	6a（20.69%）	4a（13.79%）	5a（17.24%）	0a（0.00%）	9a（31.03%）
棠荫站	为正		4a（11.11%）	6a（16.67%）	5a（13.89%）	10a（27.78%）	4a（11.11%）

续表

站点	距平	1953～1959 年	1960～1969 年	1970～1979 年	1980～1989 年	1990～1999 年	2000～2012 年
棠荫站	为负		6a（25.00%）	4a（16.67%）	5a（20.83%）	0a（0.00%）	9a（37.50%）
康山站	为正	2a（6.45%）	4a（12.90%）	6a（19.35%）	5a（16.13%）	10a（32.26%）	4a（12.90%）
	为负	5a（17.24%）	6a（20.69%）	4a（13.79%）	5a（17.24%）	0a（0.00%）	9a（31.03%）

根据对鄱阳湖区星子站、都昌站、棠荫站、康山站水位与湖口站水位的相关性分析可知，其相关系数分别为 0.978、0.957、0.938 和 0.903。由于湖口站既是鄱阳湖洪水的出湖控制站，也是长江干流和鄱阳湖区的防洪代表站，因此，以湖口站为代表对鄱阳湖洪水特征进行分析。应用 M-K 趋势及突变检验方法对 1950～2010 年鄱阳湖年最高水位及最高水位出现时间进行分析，结果发现鄱阳湖年最高水位整体呈上升趋势，M-K 统计量为 1.49（表 7-3），但 2000 年以后呈较明显的下降趋势，即最高水位逐年降低（Li et al.，2015）。突变检验发现最高水位在 1965 年左右发生突变，之前呈微弱的下降趋势，而在 1965 年之后则呈明显的上升趋势，尤其是在 20 世纪 90 年代，其上升趋势更是达到了 0.05 的显著性水平（图 7-2）。采用儒略日数表示最高水位出现的时间，发现最高水位出现时间虽有较大的波动，但整体仍呈上升趋势，M-K 统计量为 1.56（表 7-3），表明鄱阳湖最高水位的出现时间有逐渐后延的趋势。但是，在 1965～1977 年以及 1989～2000 年这两个时段，鄱阳湖最高水位出现时间都较早（图 7-3）（Li et al.，2015）。突变检验发现鄱阳湖最高水位出现时间在 2000 年左右出现突变，其前后两个时段变化趋势存在一定的差别。

表 7-3 洪水特征变量 M-K 统计结果

类别	最高水位	峰现时间	历时（>19.0m）
M-K 统计量	1.49	1.56	1.60

高洪水位的持续时间是洪水危害程度的另一个重要指标，在相同水位条件下，其持续时间越长，所造成的危害也越大。基于历史观测数据，分析了鄱阳湖湖口站 19m、20m 以及 21m 以上水位持续的天数（图 7-4），发现 1954 年是鄱阳湖高洪水位持续时间最长的一年。

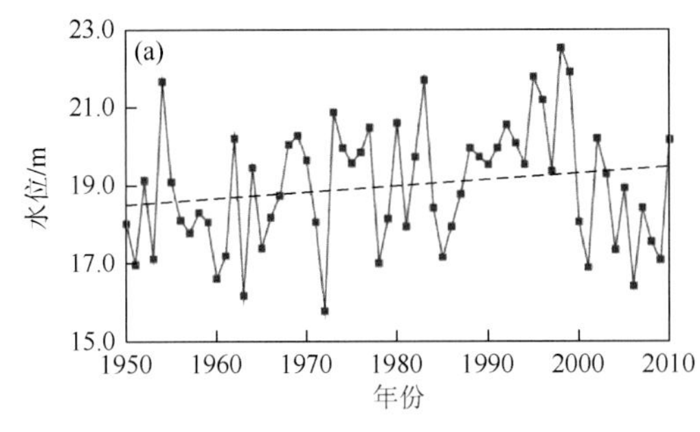

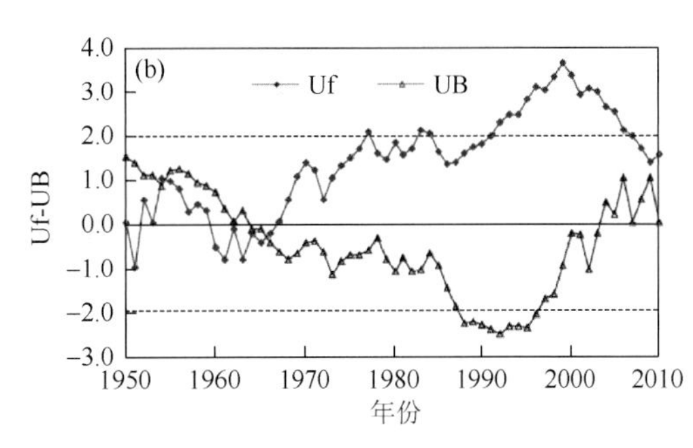

图 7-2 鄱阳湖年最高水位年际变化及 M-K 检验

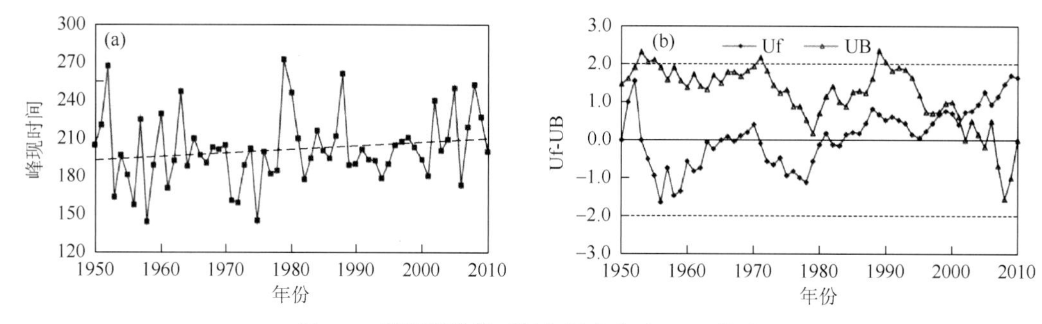

图 7-3　鄱阳湖洪峰时间年际变化及 M-K 检验

之后，不同级别的洪水持续天数则由少逐渐增多，呈上升趋势，M-K 统计量达 1.60（表 7-3），至 20 世纪 90 年代达到最大值，尤其是 21m 以上水位持续的时间主要集中在 90 年代，而 2000 年以后鄱阳湖高洪水位的持续天数则明显减少（Li et al.，2015）。

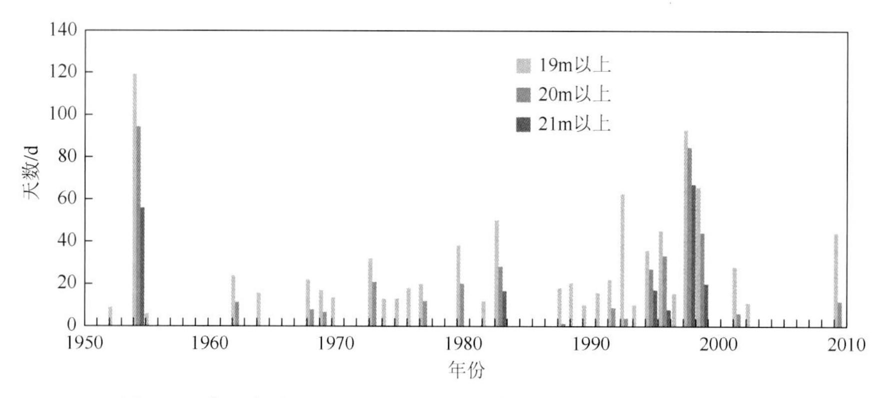

图 7-4　鄱阳湖湖口站 19m、20m 以及 21m 以上水位持续的天数

同时，为客观反映洪水位高低和洪水历时长短的综合效应，引入洪水危险系数这一指标（郭家力等，2011；闵骞，1996），其为最高水位和水位历时的加权和，计算公式为

$$\delta = a\delta_{\mathrm{H}} + b\delta_{\mathrm{N}}$$

$$\delta_{\mathrm{H}} = \frac{H_i - H_{\min}}{H_{\max} - H_{\min}}$$

$$\delta_{\mathrm{N}} = \sum_{i=1}^{3} C_i \delta_{\mathrm{N}_i}$$

$$\delta_{\mathrm{N}i} = \frac{N_i - N_{\min}}{N_{\max} - N_{\min}}$$

式中，δ 为危险系数；δ_{H} 和 δ_{N} 分别为最高水位和最高水位历时的危险度；a 和 b 为权重系数，根据郭家力等（2011）和闵骞（1996）的研究，a 和 b 取值分别为 0.6 和 0.4；H_i 为某年最高水位；$H_{\max}$ 和 $H_{\min}$ 为最高水位的历史最大值和最小值；δ_{N_i} 为 19.0m、20.0m 和 21.0m 水位（i = 1、2、3）所对应的历时危险度；C_i 为权重系数，分别取值为 0.15、0.30 和 0.55（水位越高，其权重越大）；N_i 为水位超过 19.0m、20.0m 和 21.0m（i = 1、2、3）所对应的持续时间，$N_{\max}$ 和 $N_{\min}$ 分别为水位历时的历史最大值和最小值。

分析发现，鄱阳湖洪水危险系数自 20 世纪 50 年代以来，呈明显的波动上升趋势，在 90 年代末达到最大值，其中 1998 年洪水的危险系数甚至超过了 1954 年大洪水时的，达到历史之最（图 7-5）。自 2000 年以后，随着年最高水位的下降以及高洪水位持续时间的缩短，鄱阳湖洪水的危险程度出现明显的下降态势，处于历史较低的水平（Li et al., 2015）。

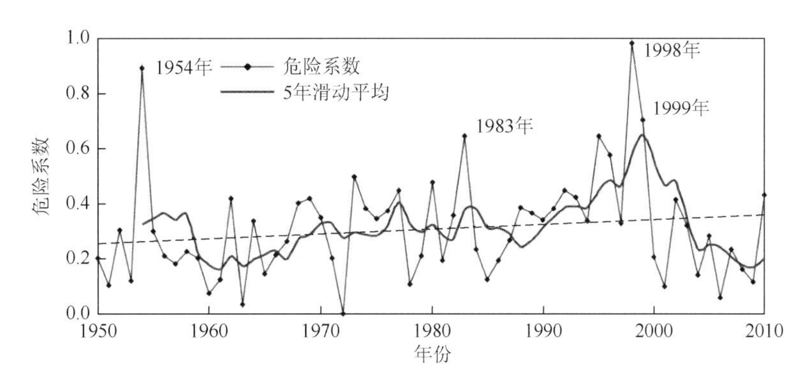

图 7-5　鄱阳湖洪水危险系数变化过程

7.2.3　鄱阳湖洪水特征年代际变化

根据对洪水频率与重现期的定义，将鄱阳湖 2～100 年一遇洪水事件划分为 6 个等级（表 7-4）。根据鄱阳湖湖口水位频率计算及灾害事件等级的划分结果，并参照历年湖口最高水位，可知鄱阳湖洪水主要集中在 3 级 10 年一遇及以下，该等级以上的洪水发生频率则较小。1998 年鄱阳湖特大洪水时，最高洪水位达 22.59m，为 50 年一遇。以此为标准，将鄱阳湖洪水等级划分标准确定为：特大洪水，湖口水位 H＞22.40m；大洪水，湖口水位 H = 20.40～22.40m；一般性洪水，湖口水位 H = 19.00～20.40m（19.00m 为鄱阳湖湖口站警戒水位），基本不会造成大的洪水灾害损失。

表 7-4　鄱阳湖洪水灾害等级

洪水灾害分级	6	5	4	3	2	1
频率 P/%	1	2	5	10	20	50
重现期/年	100	50	20	10	5	2
湖口水位/m	22.87	22.40	21.72	21.12	20.41	19.09

依据以上对鄱阳湖洪水的划分标准，分别统计了鄱阳湖湖区 1950～2010 年较大洪水事件（表 7-5），发现鄱阳湖大洪水的发生具有群发性和阶段性的特点，在某些年代具有相对集中的趋势。如 20 世纪 70 年代初至 80 年代初是大洪水发生比较集中的时期，60 年代至 70 年代初及 80 年代中期至 90 年代初期是大洪水少发期，90 年代中后期是大洪水发生频繁的时期，几乎每两年就有一次（如 1992 年、1995 年、1996 年、1998 年、1999 年），而进入 21 世纪之后，大洪水事件又一次平息。

表 7-5　鄱阳湖湖区 1950～2010 年较大洪水事件

洪水等级	主要年份
特大洪水年 $H>22.40$m	1998
大洪水年 20.40m$\leq H \leq$22.40m	1954、1973、1977、1980、1983、1992、1995、1996、1999
一般性洪水年 19.00m$<H<$20.40m	1952、1955、1962、1964、1968、1969、1970、1974、1975、1976、1982、1988、1989、1990、1991、1993、1994、1997、2002、2003、2010

以 10a 平均水位来看，20 世纪 90 年代水位较其他年代偏高 0.18～0.69m，其中，7 月偏高近 2m，表明 90 年代平均水位居近 60 年来之首。自 60 年代至 90 年代，鄱阳湖平均水位呈稳定抬升态势，而 2000 年以后，由于区域降水减少，“五河”入湖水量大幅减少，再加上长江干流水位偏低，进一步加速了鄱阳湖的出流，使鄱阳湖水位出现较大幅度的下降（图 7-6）。同时，不同年代的水位-持续天数关系曲线表明，在高水位阶段，相同水位所对应的持续时间以 90 年代为最长，50 年代、70 年代和 80 年代基本持平，而 60 年代和 2000s 的高洪水位持续时间最短（图 7-7）（Li et al.，2015）。

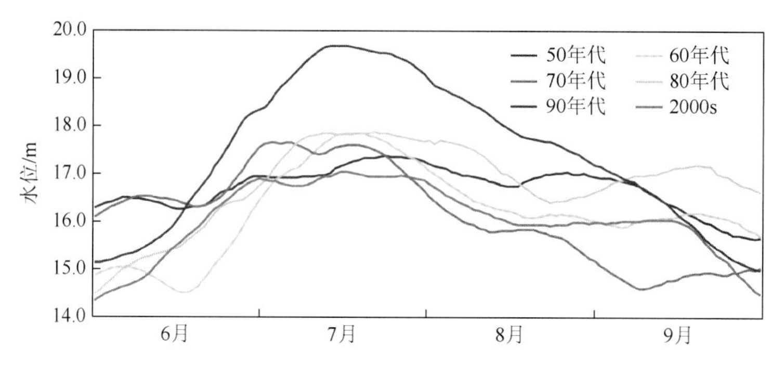

图 7-6　鄱阳湖丰水期不同年代平均水位变化

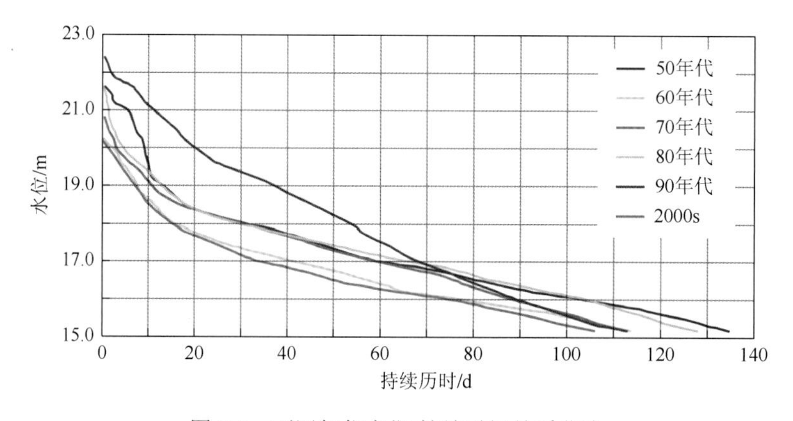

图 7-7　不同年代水位-持续时间关系曲线

从年最高水位来看，20 世纪 90 年代湖口站年最高洪水位分别较 50 年代、60 年代、70 年代、80 年代偏高 2.20m、1.81m、1.31m、1.05m（表 7-6），比 2000 年以后高出 2.04m。

表 7-6　20 世纪 90 年代湖口站洪水位与其他年代比较

不同水位		50 年代	60 年代	70 年代	80 年代	90 年代	2000s
19.0m 以上	出现初日/(月/日)	06/09	06/29	05/20	06/23	06/22	07/01
	平均历时/d	13.4	7.7	10	13.9	37.7	3.9
20.0m 以上	出现初日/(月/日)	06/18	07/07	06/24	07/06	06/25	08/26
	平均历时/d	9.4	2.5	3.1	4.9	20.2	0.6
21.0m 以上	出现初日/(月/日)	06/30			07/09	06/28	
	平均历时/d	5.6			1.7	11.2	

90 年代鄱阳湖洪水位超出近 60 年来的任何时期，说明 90 年代站年最高水位的抬升幅度远较平均水位大得多，是 90 年代大洪水增多，高水位持续时间加长的客观反映。在 20 世纪 90 年代以前，鄱阳湖湖口站年最高水位以 1983 年的 21.69m 为最高，其次是 1954 年的 21.65m。在 20 世纪 90 年代的 10a 中，超过 1983 年水位的有 1995 年、1996 年、1998 年、1999 年。此外，1992 年和 1993 年的水位均在 20m 以上，1991 年和 1994 年的水位都在 19.5m 以上，水位较低的 1990 年和 1997 年，年最高水位也超过了 19.0m 的警戒水位。20 世纪 90 年代鄱阳湖年最高水位连续 10a 超过 19.39m，其中，1992～1993 年连续两年最高水位超过 20.11m，1995～1996 年连续两年最高水位超过 21.20m，而 1998～1999 年连续两年最高水位超过 21.90m，这种“姊妹型”大洪水频频发生，而且一次比一次大的大洪水密集群发现象也是史无前例的，创下平均水位和最高水位均超历史之新纪录，从而产生了鄱阳湖一系列大洪水密集群发的现象（图 7-8）。

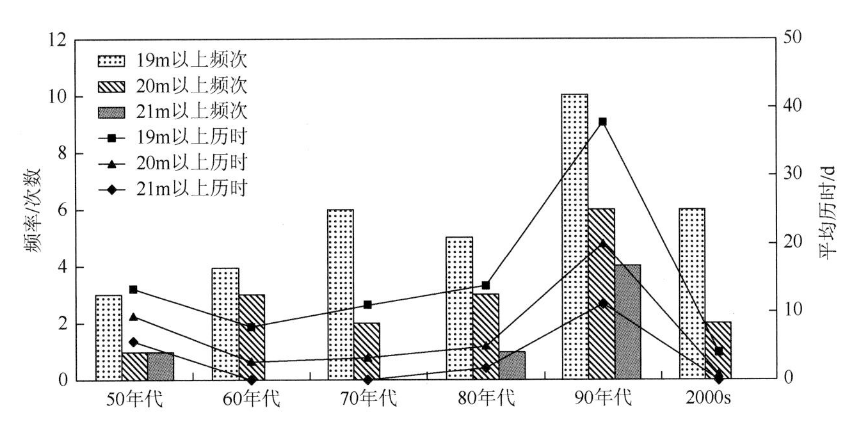

图 7-8　鄱阳湖不同程度洪水发生的频次及历时变化

在最高洪水位出现的时间上，20 世纪 90 年代年最高水位出现在 6 月下旬～8 月上旬，其中，绝大多数年份出现在 7 月，平均出现时间为 7 月 15 日，出现在 6 月下旬和 8 月上旬的均各 1 次较年最高水位出现时间最迟的 80 年代偏早约 14d 左右。另外，在出现洪水位大于 19.0m、20.0m 和 21.0m 的持续时间上，20 世纪 90 年代也远远超出其他年代（图 7-8），表明 20 世纪 90 年代是近 60 年来鄱阳湖水情最恶劣的 10 年。

7.2.4　鄱阳湖洪水的影响因素

鄱阳湖洪水主要与长江中上游及“五河”流域的极端降水、长江中下游段干流的过水能力、鄱阳湖淤积、围垦、采砂等方面的因素有关。

1. 长江上游来水及鄱阳湖流域降水的影响

长江来水的大小与“五河”入湖流量的多少是决定鄱阳湖洪水发生与否以及程度的主要因素。通常情况下，鄱阳湖水位的上涨阶段主要受流域来水量控制，而水位的峰值及退水过程主要受长江洪水制约。长江上中游来水集中期较鄱阳湖流域（“五河”流域与区间）径流集中期偏晚 1～2 个月，“五河”洪水入湖后，引起鄱阳湖洪水上涨。之后，长江上中游出现洪水，流经湖口时对鄱阳湖洪水下泄产生顶托，促使鄱阳湖洪水位进一步抬升。长江上中游来水量的峰值出现在 7 月（以汉口站为依据），此时长江对鄱阳湖湖水的顶托作用也最为强烈，同期鄱阳湖的水位也达到一年中的最高值。在随后的 8～10 月，随着长江洪峰的减退，鄱阳湖水位也随之消退。尤其在 7～9 月，长江中上游洪水来临，流经湖口的长江径流对鄱阳湖出流产生强烈的顶托作用（大多数年份还存在江水倒灌入湖的现象），造成鄱阳湖水位的持续升高直至达到最高水位，进而导致鄱阳湖洪水灾害的频繁发生。

统计发现，长江洪峰与“五河”洪峰之间时间间隔的长短与鄱阳湖洪水位的高低具有较好的对应关系（表 7-7）。在 1960～2012 年的 53 年间，长江洪峰与“五河”洪峰间隔小于 30d 的有 22a，占到 41.5%，洪峰间隔在 30～60d 及 60～90d 的各有 11a，各占 20.7%，而洪峰间隔大于 90d 的仅有 9a，占 17%；在鄱阳湖最高水位大于 19m 的 29a 中，有 16a 其洪峰间隔小于 30d，占到总数的 55.2%，有 6a 洪峰间隔为 30～60d，占到 20.7%；而出现 21m 以上大洪水的 5a 中，有 3a 其洪峰间隔小于 30d，2a 洪峰间隔为 30～60d。长江洪峰与“五河”洪峰的间隔时间越短，鄱阳湖越容易发生较大的洪水（表 7-7）。

表 7-7　长江洪峰与“五河”洪峰间隔频率分布统计

RTPF 分级/d	所有年份		水位＞19m 年份		水位＞20m 年份		水位＞21m 年份	
	次数	百分比/%	次数	百分比/%	次数	百分比/%	次数	百分比/%
RTPF≤30	22	41.51	16	55.17	9	56.25	3	60
30＜RTPF≤60	11	20.75	6	20.69	4	25	2	40
60＜RTPF≤90	11	20.75	3	10.34	1	6.25	0	0
RTPF＞90	9	16.98	4	13.79	2	12.5	0	0
总数	53	—	29	—	16	—	5	—

注：RTPF 为长江洪峰与“五河”洪峰间隔时间。

另外，长江流域汛期降水存在明显的年代际变化。长江流域降水在 20 世纪 50 年代末有显著的减少，在 60 年代末至 70 年代初略有回升，从 70 年代初至 80 年代末，降水量维持在一个较低的水平上，在 90 年代降水量显著增多。伴随降水的变化，长江干流的流量也呈波动增加的趋势，而长江流量的增加明显抬高了湖口的水位，阻挡了鄱阳湖的出流（图 7-9 和图 7-10）。

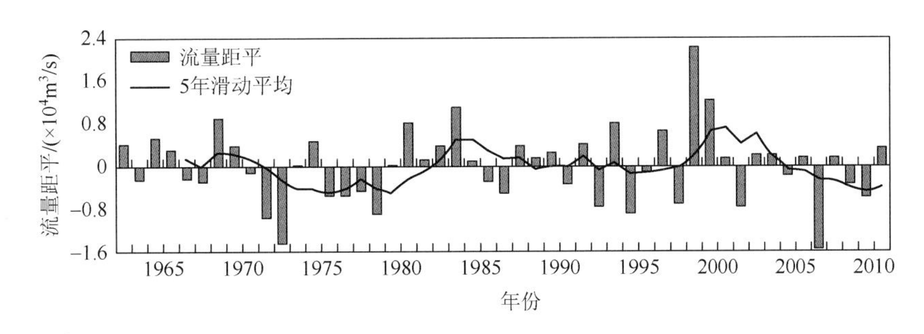

图 7-9　长江汉口站径流量距平年际变化

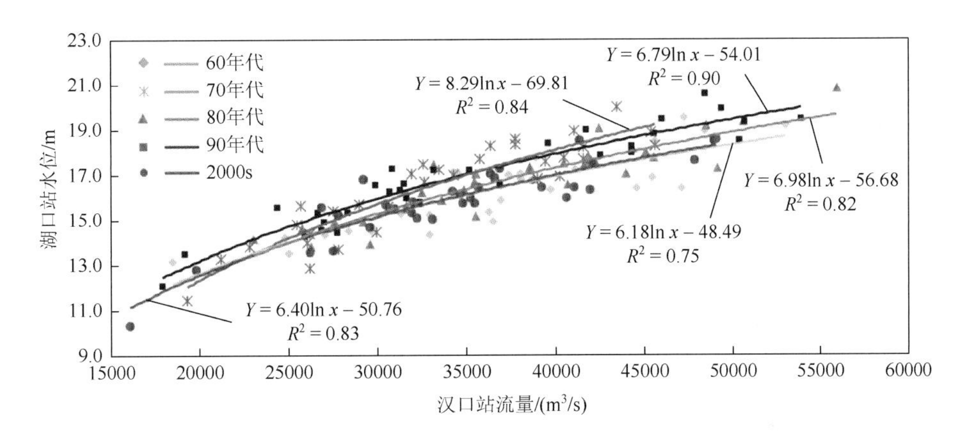

图 7-10　不同年代汉口站流量-湖口站水位关系变化

同时，鄱阳湖流域 1990 年前平均降水量呈现振荡状态，并无明显趋势，但是在 1990 年发生突变后，90 年代呈现明显上升趋势。1991～2003 年平均降水量比 1961～1990 年平均降水量高 167.19mm，夏季降水量和夏季暴雨频率均在 1992 年发生突变式的增加，1991～2003 年的夏季平均暴雨量和平均降水量分别比 1961～1990 年的夏季平均暴雨量和平均降水量高约 107.81mm 和 156.48mm。90 年代平均暴雨日数比 1961～1999 年平均暴雨日数多 1.59d（图 7-11）。

与流域降水对应，过去 60 年里，鄱阳湖流域“五河”水系径流总体呈逐步增加的趋势，其中以 70 年代和 90 年代径流增长最为显著。70 年代，“五河”径流分别在 60 年代基础上增加了 15.2%、29.4%、18.5%、13.9%和 7.2%，平均增加约 18.5%。80 年代径流在 70 年代的基础上有所减小，但仍大于 50～60 年代。90 年代以来，径流增加迅猛，其中以饶河站和信江站增加最多，其在 80 年代的基础上分别增加了 36.4%和 25.3%，最小的抚河站也增加了 7.1%。2000 年以来，各河径流均明显减小，除赣江站和外洲站以外，其余 4 站的径流量均小于 60 年代的水平，表明整个流域进入了一个枯水期（图 7-11，表 7-8）。

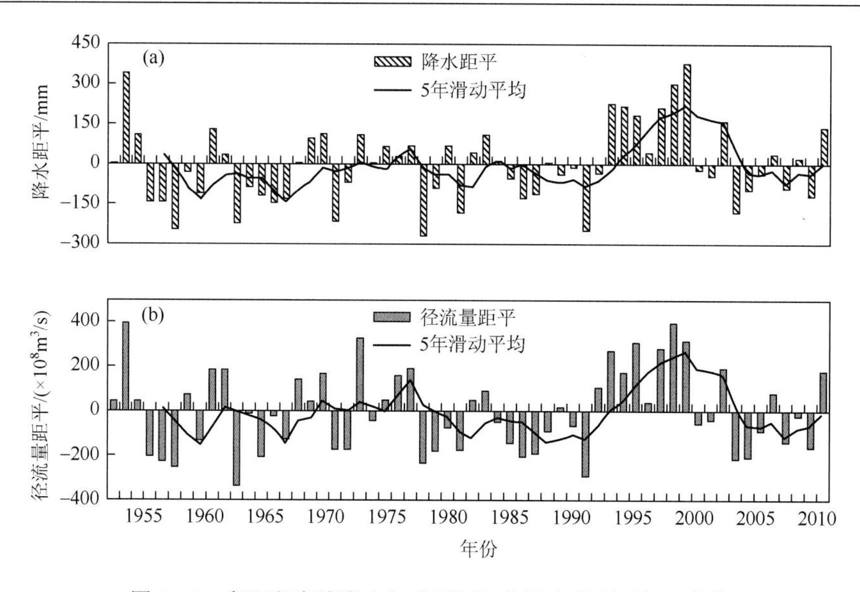

图 7-11　鄱阳湖流域降水和“五河”入湖水量距平年际变化

表 7-8　鄱阳湖流域各水系径流量年代际变化

水文站	1960～1969 年	1970～1979 年	1980～1989 年	1990～1999 年	2000～2007 年
赣江站（外洲）	760.70	876.37	813.04	954.88	823.44
修水站（万家埠）	810.02	1028.10	960.91	1264.51	858.64
饶河站（虎山）	923.98	1195.28	1050.48	1432.41	876.49
信江站（梅港）	1017.34	1158.76	1100.39	1378.05	1046.86
抚河站（李家渡）	749.46	803.46	796.33	852.64	682.33

2. 长江中下游过水能力的变化

自 20 世纪 50～80 年代以来，除大通站冲淤平衡外，螺山站、汉口站的断面均呈淤积减小状态，两站同流量水位在低水期和中水期均有不同程度的抬高，同水位流量相应的有所减少，而高水位流量则变化相对较小。在同水位条件下，大通站 90 年代流量要小于 50 年代，湖口站水位与八里江的流量关系也有明显的左移现象。这种水位流量关系的变化，表明长江中游同水位下的泄流能力呈长期的下降趋势，这必然造成湖口站附近长江段水位壅高，对鄱阳湖出流的顶托作用加强。

通过对鄱阳湖湖口站实测月出流量与水位关系进行相关分析（图 7-12），发现每年 1～6 月，在长江径流较小而流域来水不断增加的情况下，鄱阳湖出流水量与水位之间存在较强的幂函数关系。而在 7～10 月，受长江顶托作用的影响，湖口站水位和出流量的相关性则较差。另外，在每年 11～12 月，鄱阳湖湖口站水位和出流量的相关系数可达 0.6 以上，表明在枯水期，鄱阳湖水位的波动受流域来水的影响仍然较大。

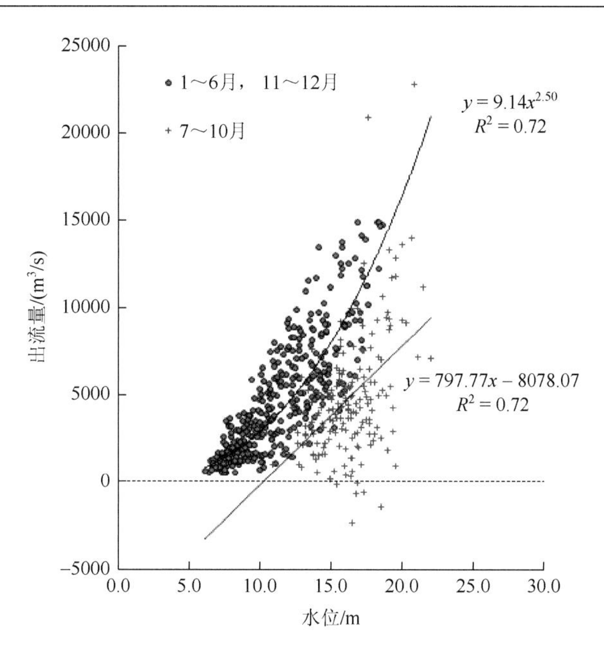

图 7-12　鄱阳湖湖口站实测月出流量与水位关系

3. 人类活动的影响

计算表明，如果将鄱阳湖 300km^2 的洲滩或港汊进行围垦，可将 1954 年型洪水的洪峰水位抬高 0.27～0.34m（窦鸿身和闵骞，1999），说明围垦会明显地抬高鄱阳湖洪水位。20 世纪 90 年代鄱阳湖洪水位偏高，与近 60 年来大量围垦致使湖面积缩小、湖容积减小有着密不可分的关系（闵骞，2000）。近 60 年来鄱阳湖区大规模围垦主要集中在 60～70 年代，80 年代以后的围垦则较少，截至 1998 年，鄱阳湖区因围垦而减小的湖面积达 850km^2 以上，减小的湖容积约为 70 亿 m^3（图 7-13）。湖泊面积和容积的减少直接导致湖泊洪水调蓄功能的下降，在相当程度上引发了江湖洪水位的不断抬升，最高洪水位被不断突破。

1998 年长江流域特大洪水之后，国家在以往防洪减灾经验教训的基础上，及时提出了“平垸行洪、退田还湖”等长江流域洪水治理的 32 字方针，这是贯彻可持续发展指导思想、具有长远战略眼光的科学决策，是营造人与湖泊和谐相处的具体体现，也是综合治理湖区洪涝灾害、提高湖泊各功能的正确指导原则。鄱阳湖随即开始了规模宏大的平垸行洪和退田还湖工程。到 2005 年，鄱阳湖面积基本恢复到 1954 年的水平，湖泊容积也增大到 320 亿 m^3 左右。平退工程的实施，对扩大鄱阳湖地区洪水调蓄能力，无疑将起到一定的作用。另外，20 世纪 60 年代、70 年代流域“五河”入湖泥沙大量增加，并淤积在湖盆，也对鄱阳湖容积的减少起到了重要作用（图 7-14）（Li et al.，2015）。

随着湖泊容积的减小，在同样的流域来水情况下，20 世纪 90 年代的湖泊水位要高于 60 年代，且水位随流域入湖水量的增大而升高。然而，2000 年以后，由于湖泊容积的增大，鄱阳湖水位和流域来水过程关系迅速发生变化，在同样的流域来水情况下，2000 年以后的湖泊水位远低于 20 世纪 90 年代的水平，甚至略低于 20 世纪 60 年代的水平（图 7-15）。

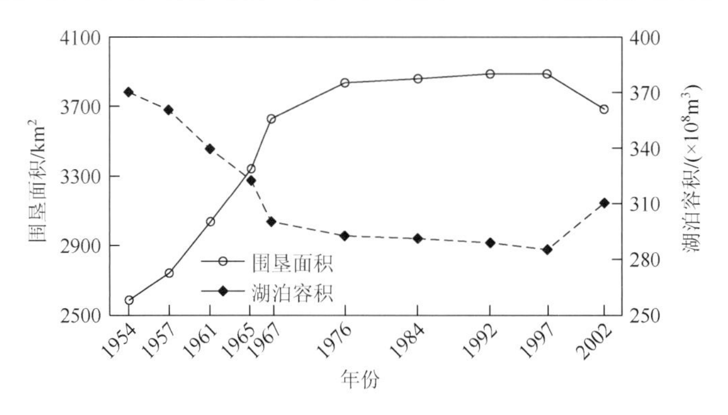

图 7-13 鄱阳湖区围垦面积、库容变化

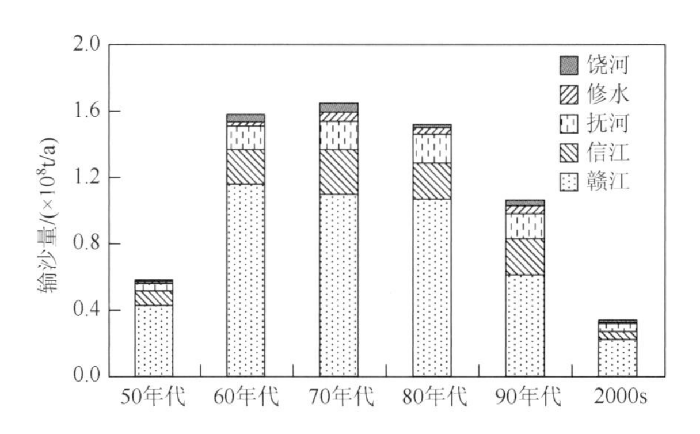

图 7-14 不同年代流域“五河”入湖泥沙量变化

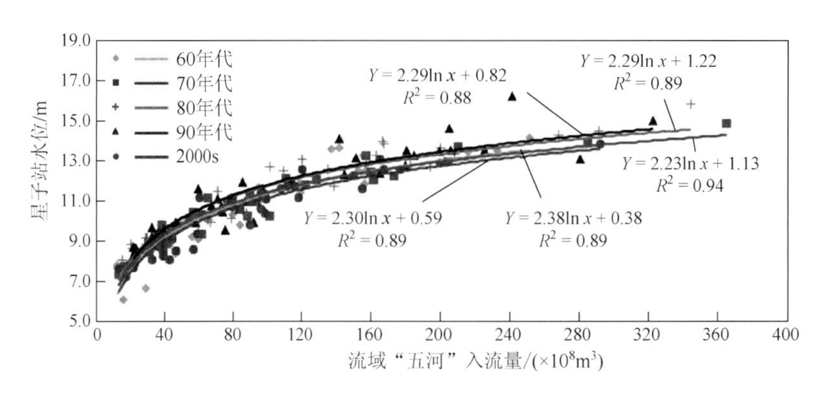

图 7-15 不同时期鄱阳湖水位与流域“五河”来水量关系曲线的变化

总体而言，湖区围垦、圩堤建设、入湖泥沙增加（砍伐森林）等使鄱阳湖容积在 20 世纪 90 年代减小至历史最小；2000 年后，人类活动的影响比历史时期更剧烈；在 2000s，退田还湖、采砂、入湖泥沙减少等使鄱阳湖容积增大，增强了对洪水的调蓄能力。此外，三峡工程对长江干流洪峰过程的削减，对鄱阳湖区域的防洪也起到了重要的作用。

需要指出的是，长江中游洪水峰高量大的特点决定了在今后一个相当长的时期内，鄱阳湖区域洪涝灾害不可能完全消除，人类必须通过洪水管理来增强自身的适应能力和风险承担能力，并规范和调整自身的行为。正如《长江保护与发展报告 2009》指出的那样，对于未来洪水灾害的防治除必要的工程措施外，还将更多地采取非工程措施，如气候、水情预报和预警、洪水风险图的制定和风险管理制度的实施、科学地规划分洪区和行洪道土地利用方式、水库群的联合调度和生态调度以及洪水保险等制度的推进，这样既可以减少水利工程对生态环境的影响，也可以减少工程建设和运行管理费用的投入，以实现真正的人水和谐以及人与自然和谐的目标。

7.3　流域“五河”和长江对鄱阳湖洪水影响的模拟

7.3.1　模拟情景构建

为了定量分析长江与流域“五河”来水变化对鄱阳湖洪水期水位的影响作用，本书基于水动力模型MIKE 21，以1996年为典型年，通过不同情景模拟以定量确定长江与流域“五河”来水对鄱阳湖洪水的影响。Li等（2014）对鄱阳湖水动力模型MIKE 21进行了参数率定与验证，以2000～2005年鄱阳湖湖区4个主要站点（星子站、都昌站、棠荫站、康山站）逐日水位数据和2003～2005年湖口站逐日流量数据进行了模型的率定，以2006～2008年逐日数据进行了模型的验证，模拟精度评估表明，验证期湖区各站点模拟水位的确定性系数（R^2）为0.94～0.98，纳希效率系数（E_{ns}）为0.80～0.93，而湖口站模拟流量的R^2为0.92，E_{ns}为0.97（Li et al.，2014），表明构建的鄱阳湖水动力模型MIKE 21模拟精度较高，可以用于鄱阳湖水位及湖口流量变化过程的模拟研究。

基于水动力模型MIKE 21分别构建了十种模拟情景（表7-9）：S1、S2和S3为“五河”入湖流量分别增加10%、20%、30%，而长江来水采用汉口站实测流量过程，主要模拟分析“五河”入湖流量大小对鄱阳湖各处高洪水位的影响；而长江情景的构建，考虑到1996年长江流量较大，因此，为使构建的情景能够在实际中出现，长江流量采取按比例减小的方式，即S4、S5和S6分别为汉口站流量减小10%、20%、30%，而流域入流为“五河”七站的实测流量；S7和S8为“五河”入湖洪峰分别推迟10d和20d，主要模拟“五河”洪峰入湖时间对鄱阳湖水位的影响；S9和S10为长江洪峰分别提前10d和20d，主要模拟长江洪峰提前对鄱阳湖水位的影响。作为对比，以实测的汉口站流量与“五河”入流过程模拟结果作为基准（S0）（Li et al.，2016）。

表7-9　基于水动力模型MIKE 21构建的模拟情景方案

模拟“五河”的影响	模拟长江的影响
S0：实测“五河”与长江流量过程，检验模型模拟精度，并以此作为基准	
S1：汉口站流量不变、“五河”入流＋10%	S4：汉口站流量−10%、“五河”入流不变
S2：汉口站流量不变、“五河”入流＋20%	S5：汉口站流量−20%、“五河”入流不变
S3：汉口站流量不变、“五河”入流＋30%	S6：汉口站流量−30%、“五河”入流不变
S7：“五河”洪峰推迟10d，流量不变	S9：长江洪峰提前10d，流量不变
S8：“五河”洪峰推迟20d，流量不变	S10：长江洪峰提前20d，流量不变

同时，由于水动力模型 MIKE 21 下边界为湖口水位边界，因此，需将各情景中汉口站流量过程转换为湖口站水位过程。各情景中湖口站水位边界通过 ANN 方法确定，以长江汉口站流量、鄱阳湖“五河”7 站流量作为输入层，湖口站的水位过程作为输出（图 7-16），以 1983～2010 年实测数据进行 ANN 训练，并将湖口站、星子站、都昌站、棠荫站和康山站水位作为目标变量进行模型适用性评估，结果显示各站点水位模拟精度（R^2 和 E_{ns}）可达 0.9 以上（李云良等，2015）。基于训练好的 ANN 模型输出典型洪水年不同情景下的湖口水位变化过程，为水动力模型 MIKE 21 提供下边界条件（Li et al.，2016）。

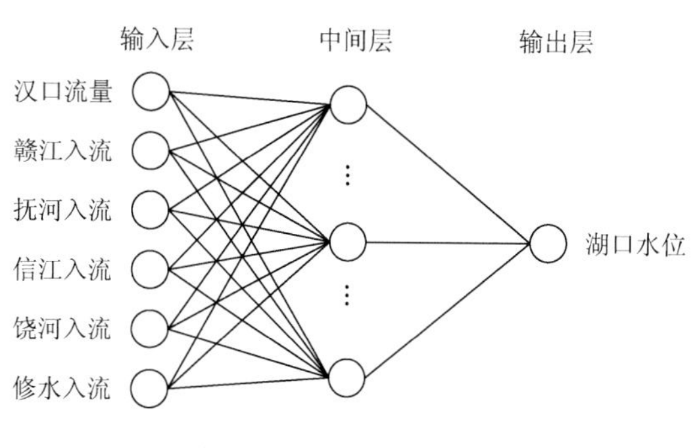

图 7-16　ANN 结构图

7.3.2　对鄱阳湖丰水期不同月份水位的影响

水动力模型 MIKE 21 模拟的不同情境下各站点水位变化过程与基准水位的对比如图 7-17 和图 7-18 所示。由图发现，虽然鄱阳湖水位受长江来水和流域“五河”入流共同影响，但二者的影响力各不相同，各站点水位随“五河”入湖水量的增加而上涨，随长江来水流量的减小而降低。在 S1、S2 和 S3 情境中，鄱阳湖平均水位分别上涨了 0.10m、0.17m 和 0.24m，在 S4、S5 和 S6 情境中，鄱阳湖平均水位变化量分别为–0.50m、–1.07m 和–1.58m（表 7-10）。此外还发现，长江来水和流域“五河”入流对鄱阳湖水位的主要影响时段是不同的，“五河”入流变化主要对鄱阳湖 4～5 月水位的影响最大，平均影响量为 0.15～0.4m，而对 7～8 月水位影响量仅为 0.1～0.2m；而长江来水变化主要对鄱阳湖 7～8 月水位的影响最大，平均影响量为 0.75～2.6m，对 4～5 月水位影响量为 0.1～0.5m。通过对比发现，在 4～5 月，长江来水变化与“五河”入湖水量变化对鄱阳湖平均水位的影响量基本接近，不同情境下二者的影响量都为 0.15～0.4m，但自 6 月以后，长江来水变化的影响（0.6～2.6m）远大于“五河”入湖量变化（0.1～0.25m）的影响程度（Li et al.，2016）。

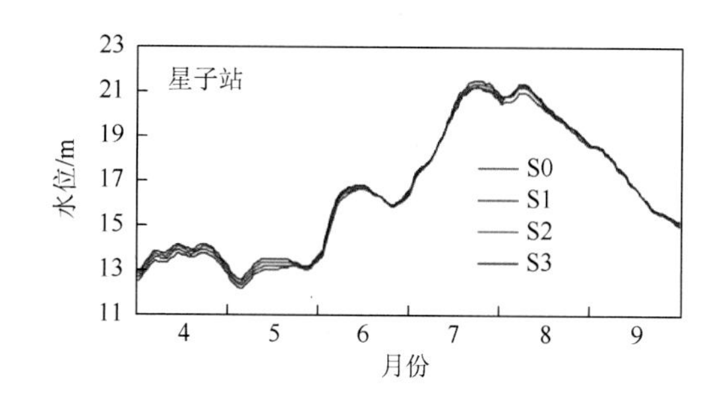

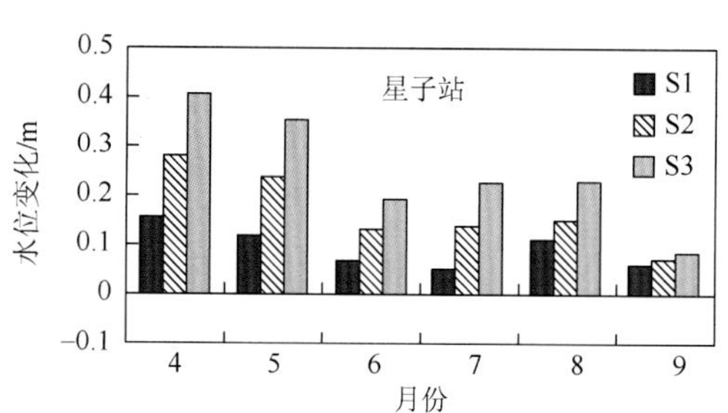

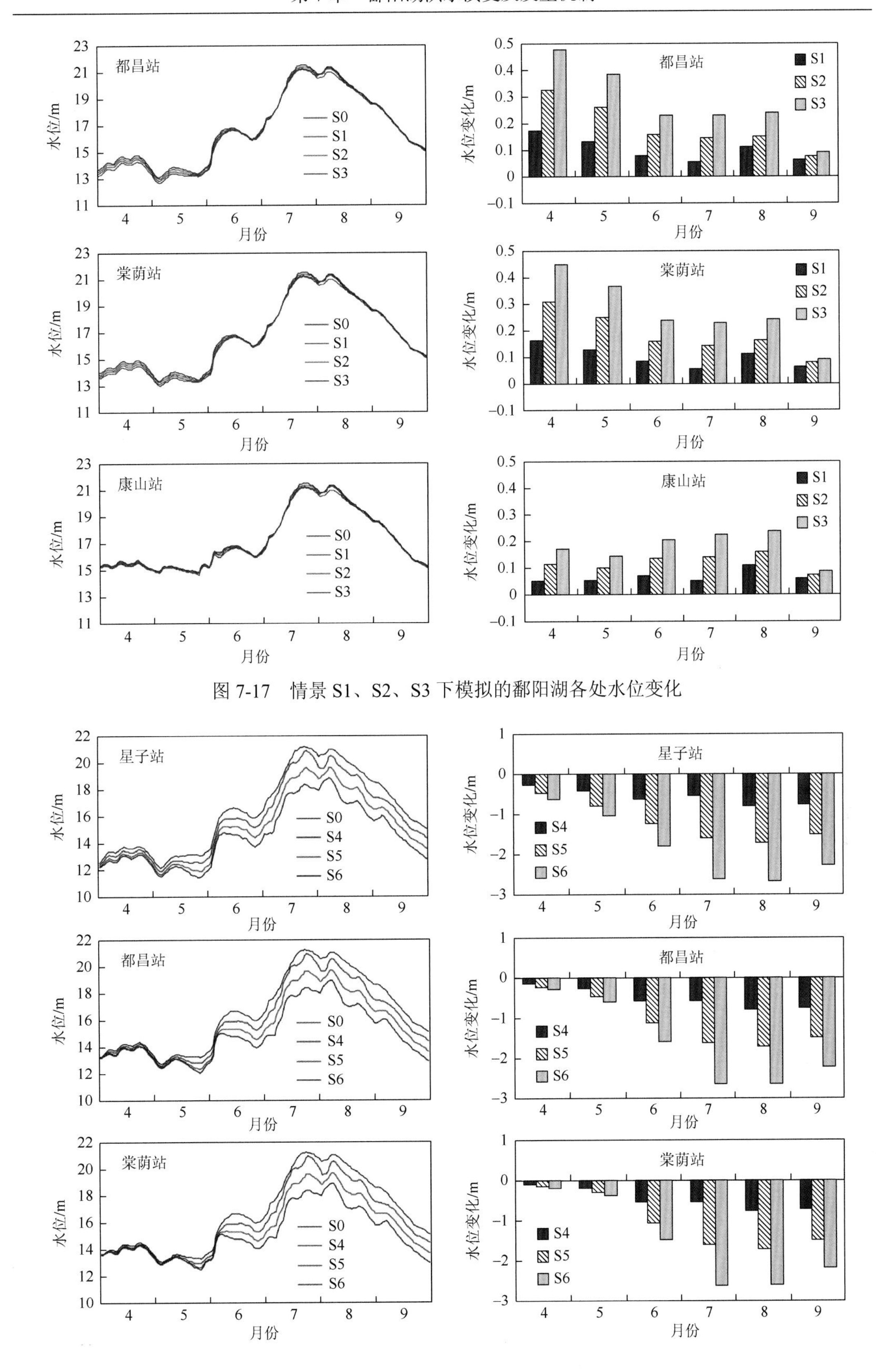

图 7-17　情景 S1、S2、S3 下模拟的鄱阳湖各处水位变化

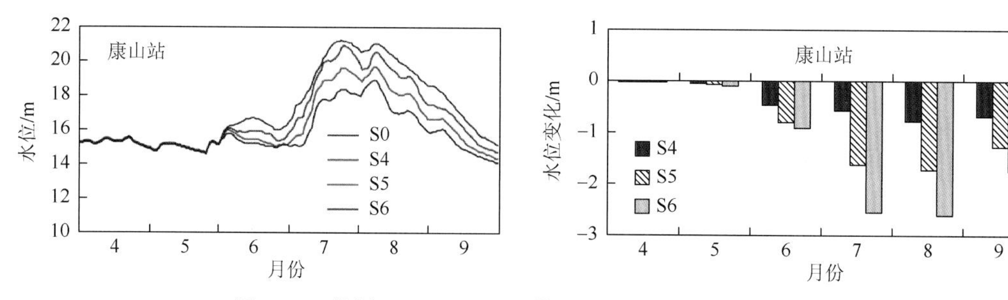

图 7-18　情景 S4、S5、S6 下模拟的鄱阳湖各处水位变化

表 7-10　不同情景下鄱阳湖各站点水位变化　　　　（单位：m）

情景方案	站点	4 月	5 月	6 月	7 月	8 月	9 月
S1	星子站	0.16	0.12	0.07	0.05	0.11	0.06
	都昌站	0.17	0.13	0.08	0.06	0.11	0.06
	棠荫站	0.16	0.12	0.08	0.06	0.11	0.06
	康山站	0.06	0.06	0.07	0.06	0.11	0.06
S2	星子站	0.28	0.24	0.13	0.14	0.15	0.07
	都昌站	0.32	0.26	0.16	0.14	0.16	0.08
	棠荫站	0.30	0.25	0.16	0.14	0.16	0.08
	康山站	0.11	0.10	0.14	0.14	0.16	0.08
S3	星子站	0.41	0.36	0.20	0.23	0.23	0.08
	都昌站	0.47	0.39	0.23	0.23	0.24	0.09
	棠荫站	0.45	0.36	0.24	0.23	0.24	0.09
	康山站	0.17	0.14	0.21	0.23	0.24	0.09
S4	星子站	−0.27	−0.30	−0.62	−0.56	−0.80	−0.75
	都昌站	−0.14	−0.27	−0.58	−0.58	−0.78	−0.74
	棠荫站	−0.10	−0.20	−0.56	−0.58	−0.78	−0.74
	康山站	−0.02	−0.06	−0.47	−0.58	−0.78	−0.68
S5	星子站	−0.49	−0.60	−1.22	−1.60	−1.74	−1.51
	都昌站	−0.24	−0.47	−1.11	−1.61	−1.71	−1.49
	棠荫站	−0.17	−0.33	−1.06	−1.61	−1.70	−1.47
	康山站	−0.03	−0.09	−0.79	−1.61	−1.70	−1.26
S6	星子站	−0.63	−0.75	−1.77	−2.62	−2.66	−2.26
	都昌站	−0.30	−0.59	−1.57	−2.61	−2.61	−2.20
	棠荫站	−0.21	−0.39	−1.48	−2.61	−2.60	−2.18
	康山站	−0.04	−0.10	−0.91	−2.55	−2.58	−1.73

在长江与“五河”洪峰间隔变化的情景模拟中，“五河”入湖洪峰推迟 10～20d 可使鄱阳湖最高水位出现时间延后 4～7d（S7 和 S8），而长江洪峰提前 10～20d，可使鄱阳湖最高水位比基准年早 6～13d（S9 和 S10）（图 7-19）。同时，长江与“五河”洪峰间隔时间缩短会大

大抬高鄱阳湖的洪水位，“五河”洪峰推迟 10d 或长江洪峰提前 10d，都会使鄱阳湖最高水位由基准的 19.45m 增加至 20.14m，当洪峰间隔缩短 20d 时，鄱阳湖最高水位增加至 20.61m。

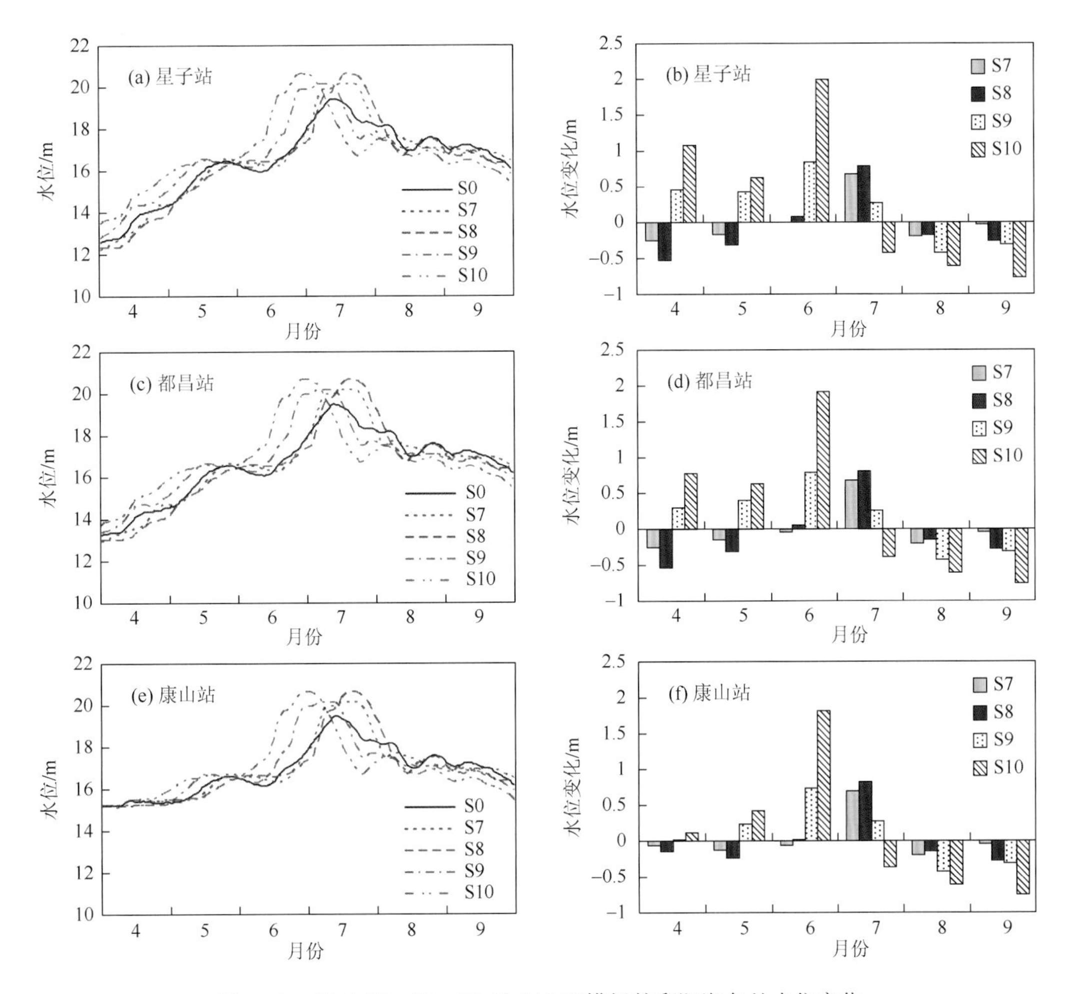

图 7-19　情景 S7、S8、S9 及 S10 下模拟的鄱阳湖各处水位变化

7.3.3　对鄱阳湖丰水期水位空间分布的影响

模拟发现，无论是流域“五河”入流还是长江来水，其对鄱阳湖水位影响的空间分布是不均匀的。由图 7-20 可看出，在 4～6 月，“五河”入湖水量变化对都昌站和棠荫站水位的影响最为显著，但对湖泊下游的星子站和上游的康山站水位的影响量却有所减小。而长江流量变化对下游星子站的水位影响最大，且往湖泊上游呈现逐渐减小的趋势，至康山站水位影响降到最小。在 7～9 月，由于湖区水位基本呈水平状，水位变化为整体抬升或降低的形式，“五河”入流和长江来水对湖内不同站点水位的影响量基本一致（Li et al.，2016）。

此外，水位变化的空间不均匀性也可从模拟的水位变化空间分布看出（图 7-21）。以 S3 和 S6 情景中 4 月的水位变化分布为例，“五河”水量变化引起的鄱阳湖水位增加主

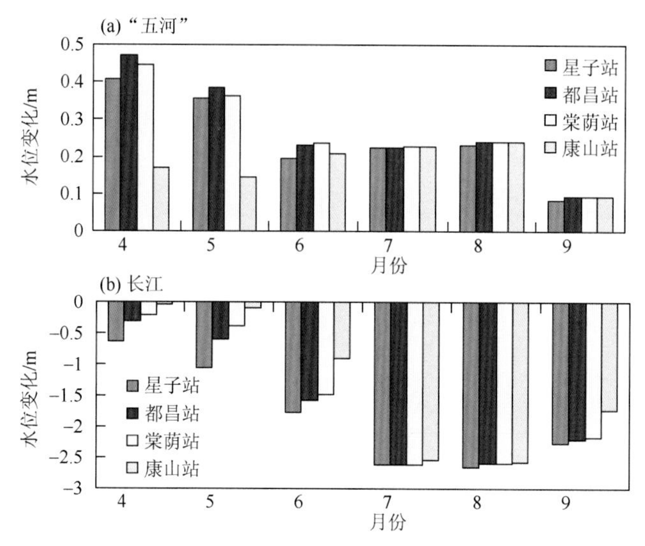

图 7-20　“五河”与长江对鄱阳湖不同站点处水位的影响对比

要以鄱阳湖中部地区为最大，达 0.5～0.6m，往湖泊南部、北部区域都逐渐减小至 0.1m 左右（图 7-21（a）），而长江流量减小造成的鄱阳湖水位下降在鄱阳湖入江通道区的表现最为明显，水位降低超过 1.0m，而往南影响量则逐渐减小，中部为 0.5m 左右，至最上游仅为 0.1m 左右（图 7-21（b））（Li et al.，2016）。在主汛期，二者引起的水位变化在空间分布上差别不大。

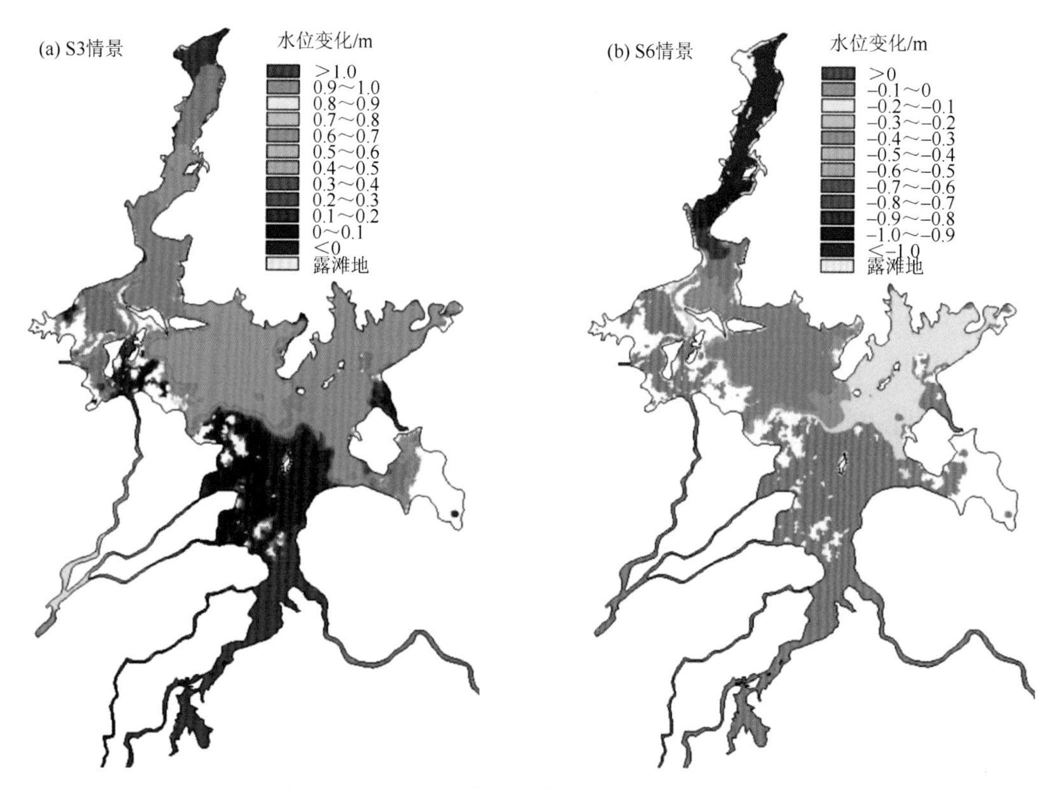

图 7-21　“五河”与长江水量变化对鄱阳湖 4 月水位空间分布的影响

7.3.4　对鄱阳湖高洪水位持续时间的影响

基于 MIKE 21 模拟分析了不同情景下“五河”入湖水量变化与长江流量变化对鄱阳湖 19m、20m 及 21m 以上水位的持续时间以及起始时间和消退时间的影响（表 7-11）。由表 7-11 可看出，随着“五河”入湖流量的增大，高洪水位持续时间都有所延长，但对其起始时间影响不明显，略有提前，主要会造成高洪水位消退时间延后 1～4d；而长江流量减小，鄱阳湖高洪水位持续时间明显缩短，其中，当长江流量减少 30%时，鄱阳湖最高水位已降至 19m 以下。此外，长江流量减小不但使鄱阳湖高洪水位起始时间延后，也会使其消退时间提前 3～16d。另外，与“五河”入湖水量变化造成的影响相比，长江来水流量变化对高洪水位持续时间及其消退时间的影响程度远大于“五河”入湖流量变化的影响（Li et al.，2016）。

表 7-11　“五河”与长江水量变化对鄱阳湖高洪水位持续时间的影响

情景方案	持续时间/d			起始时间/(月/日)			消退时间/(月/日)		
	19m	20m	21m	19m	20m	21m	19m	20m	21m
S0	45	33	5	7/13	7/16	7/22	8/26	8/17	7/26
S1	+1	+1	+3	7/13	7/16	7/22	8/27	8/18	7/29
S2	+2	+1	+5	7/13	7/16	7/21	8/28	8/18	7/30
S3	+2	+2	+7	7/13	7/16	7/20	8/28	8/19	7/31
S4	–3	–11	–5	7/13	7/20	—	8/23	8/11	—
S5	–25	–33	–5	7/22	—	—	8/10	—	—
S6	–45	–33	–5	—	—	—	—	—	—

注：持续时间为 +，表示与基准相比增加；持续时间为–，表示与基准相比减少。

同样，长江与“五河”洪峰间隔时间变化对鄱阳湖高洪水位持续时间的影响如图 7-22 所

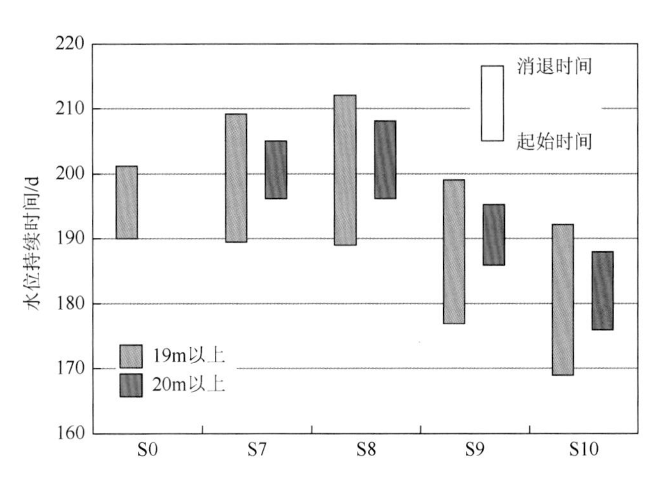

图 7-22　长江与“五河”洪峰间隔时间变化对鄱阳湖高洪水位持续时间的影响

示。由图可看出，随着“五河”洪峰的推迟，鄱阳湖高洪水位持续时间延长，但起始时间变化不大，主要造成高洪水位消退时间延后。而长江洪峰提前，同样也造成鄱阳湖高洪水位持续时间延长，这主要是由高洪水位提前出现造成的。

7.4 小　　结

鄱阳湖在 20 世纪 50～90 年代，平均水位呈稳定抬升态势，而 2000 年后则有所下降。90 年代鄱阳湖平均水位较其他年代偏高 0.18～0.69m，位居近 60 年来之首。20 世纪 50 年代以来，在最高水位超过 20.0m 的较大洪水中，其中有 6 次出现在 90 年代，占 46%，在最高水位超过 21.0m 的 6 次大洪水中，有 4 次出现在 90 年代，占 67%，表明 90 年代是中华人民共和国成立以来鄱阳湖洪水灾害最严重的 10a。另外，从年最高水位来看，90 年代比其他年代平均偏高 1.51～2.23m，年最高水位的抬升幅度远较平均水位大得多，是 90 年代大洪水增多，高水位持续时间加长的客观反映。

鄱阳湖洪水主要与长江中上游及“五河”流域的极端降水、长江中下游干流的过水能力以及鄱阳湖围垦、采砂等人类活动的因素有关。长江流域汛期降水在 20 世纪 90 年代显著增多，伴随降水的变化，长江流量的增加明显抬高了湖口站的水位，阻挡了鄱阳湖的出流。同时，鄱阳湖流域本身在 90 年代降水量比 1961～1990 年平均降水量高 167.19mm，导致这一时期洪灾频发。另外，剧烈的人类活动，如湖区围垦、圩堤建设、入湖泥沙增加（砍伐森林）等使鄱阳湖容积在 90 年代减小至历史最小，同时这也进一步加剧了洪水的严重程度。而 2000 年后，一方面，由于气候变化，使长江中游降水减少；另一方面，剧烈的人类活动影响，尤其是三峡工程对长江干流洪峰过程的削减，是鄱阳湖在近十多年洪水少发的主要原因。

流域“五河”入流对鄱阳湖 4～5 月水位影响最大，平均为 0.15～0.4m，对 7～8 月水位影响仅 0.1～0.2m；而长江来水对鄱阳湖 7～8 月水位影响最大，平均为 0.75～2.6m，对 4～5 月水位影响仅为 0.1～0.5m。在 4～5 月，“五河”入流与长江来水对鄱阳湖平均水位的影响力基本接近，而在 7～8 月，长江来水的影响程度远大于“五河”入流。随着“五河”流量的增大或“五河”洪峰的延迟，鄱阳湖高洪水位持续时间有所延长，其消退时间延后 1～4d；而长江流量减小，鄱阳湖高洪水位持续时间明显缩短，其消退时间提前 3～16d；另外，长江洪峰提前，鄱阳湖高洪水位持续时间显著延长，其起始时间明显提前。与“五河”入湖水量变化造成的影响相比，长江来水变化对高洪水位持续时间及其消退时间的影响程度远大于“五河”入湖水量变化的影响。

参 考 文 献

窦鸿身，闵骞. 1999. 围垦对鄱阳湖洪水位的影响及防治对策.湖泊科学，11（1）：20-27.

郭家力，郭生练，徐高洪，等. 2011. 鄱阳湖流域洪水遭遇规律和危险度初步研究.水文，31（2）：1-5.

李云良，张奇，李淼，等. 2015. 基于 BP 神经网络的鄱阳湖水位模拟. 长江流域资源与环境，24（2）：233-240.

闵骞. 1996. 关于建立洪水等级划分模式的初步构思—以鄱阳湖为例. 水文，2：43-47.

闵骞. 2000. 鄱阳湖围、退垦对洪水位影响的计算与分析. 水文，20（4）：37-40.

Li X H，Yao J，Li Y L，et al. 2016. A modeling study of the influences of Yangtze River and local catchment on the development of floods in Poyang Lake，China. Hydrology Research，47：102-119.

Li X H，Zhang Q，Xu C Y，et al. 2015. The changing patterns of floods in Poyang Lake，China：characteristics and explanations. Natural Hazards，76（1）：651-666.

Li Y，Zhang Q，Yao J，et al. 2014. Hydrodynamic and hydrological modeling of the Poyang Lake catchment system in China. Journal of Hydrologic Engineering，19：607-616.

第 8 章　鄱阳湖湿地植被空间分布与演变

8.1　引　　言

湿地在维系全球生态平衡方面具有不可替代的作用，长期以来为人类提供了丰富的资源，具有重要的自然生态和人文价值。受气候变化及人类活动共同影响，全球天然湿地正日益减少，湿地健康状况日益恶化。植被作为湿地的核心组成要素，在湿地生态功能的发挥中扮演重要角色，同时也是评价湿地健康状况的重要指标。湿地水文不仅左右着湿地的物理、化学和生态作用，也在湿地发育演化和维持景观效益方面起到关键作用。因此认识水文变化对湿地景观，尤其是植被景观的影响对湿地保护具有重要意义（陈宜瑜，1995）。

鄱阳湖湿地作为我国第一大淡水湖泊湿地，具有独特的区位优势和生态功能。从国内来看，鄱阳湖具有涵养水源、调蓄洪水、维系区域生态平衡及支撑地方社会经济可持续发展的重要作用。从国外来看，鄱阳湖是世界珍贵物种的基因库，是复杂的江-湖相互作用的湿地生态系统代表。鄱阳湖水面变化剧烈，进而形成了广阔的草洲湿地。水位的周期性波动形成洲滩上特定的环境梯度，湿地植物群落沿环境梯度呈现有规律的带状分布（朱海虹和张本，1997）。21 世纪以来，上游来水减少以及三峡水库蓄水等导致鄱阳湖丰水期水位下降及枯水期提前等水文变化，给湿地植被带来了一系列影响：如高滩地植被退化，水陆过渡带局部植被发生演替，低滩地新出露的区域水生植被减少等（胡振鹏等，2010）。水位变化是导致水情变化的直接原因，湿地植被空间分布格局与水情之间的关系同时也表现为湿地植被随时间变化对水位波动的响应。鄱阳湖的干旱形势通过水位下降等方式影响湿地植被的时空分布，因此，认识水位与植被之间的关系，能够为鄱阳湖的干旱评价、湿地植被变化的预测等方面提供科学依据。

8.2　主要地物类型

鄱阳湖周期性的水位波动使洲滩湿地在不同的高程范围内形成了特定的环境梯度。在各种环境因子，特别是水文环境的长期作用下，不同的植物类型依据其长期以来形成的生态适应性，以集群的方式沿环境梯度呈现有规律的带状分布特征。因此，高程作为一个综合指标既是影响植被空间分布的重要环境因子，也是划分植被功能分区的可靠参考。

本书通过阈值法，利用归一化植被指数 NDVI 剔除主要的水体像元及部分混合像元，从而降低分类过程的噪声干扰，减小分类误差。在此基础上对覆盖鄱阳湖湿地的 Landsat 8 遥感影像进行计算机自动分类，在非监督分类的基础上凭借野外调查经验及实测数据进行人工解译。然后将人工解译后的非监督分类属性经光谱聚类处理转换成适用于监督分类的分类模板再执行监督分类。在分类后的处理过程中对错分和漏分的类进行重新归并，并基于混淆矩阵对分类结果进行精度评价。

湿地草洲是湖泊生态系统的重要组成部分和初级生产力的主要来源，对湿地生态系统结构和功能的维持具有重要作用。湿地植被生长在特定的高程范围及淹水条件下，确定湖体边界是研究鄱阳湖湖滩草洲的基础。本书基于 2010 年的地形数据将 1998 年 8 月 2 日（星子站水位为 22.5m）的洪水淹没区域作为研究区的参考范围。结合圩堤数据（有圩堤的地方以圩堤为边界，没有圩堤的地方以入湖喇叭形河口垂直流向的两岸连线为边界）提取鄱阳湖主湖体范围，并将栅格格式的数据转换为矢量数据。

归一化植被指数的数值区间为–1～1，负值代表水、云、雪等。为了更多地保留植被信息，本书剔除 NDVI＜0.03 的像元。研究区位于主体堤坝以内，大湖区季节性淹水滩地、河流入湖三角洲、碟形洼地周边漫滩、河道两侧以及堤坝坡面上等。基于遥感图像处理软件 ENVI，通过非监督分类的 ISODATA 算法对研究区遥感图像进行自动分类。分类结果共包括 30 个地物类型，结合此前收集的土地利用类型图及野外调查资料，本书对 30 个地物类型进行目视解译和合并。在非监督分类的基础上，还需要根据野外调查及已有的分类资料制定分类模版，采用监督分类和目视判别的方法对非监督分类的结果进行解译。解译的标准主要通过不同地物类型在颜色、色调、形状、大小及纹理、空间拓扑关系等方面表现出的聚类特征来实现。

基于建立的分类规则对非监督分类的结果进行监督分类和目视判别，并且依据参考资料对错分、漏分的地物进行重新归并（图 8-1）。

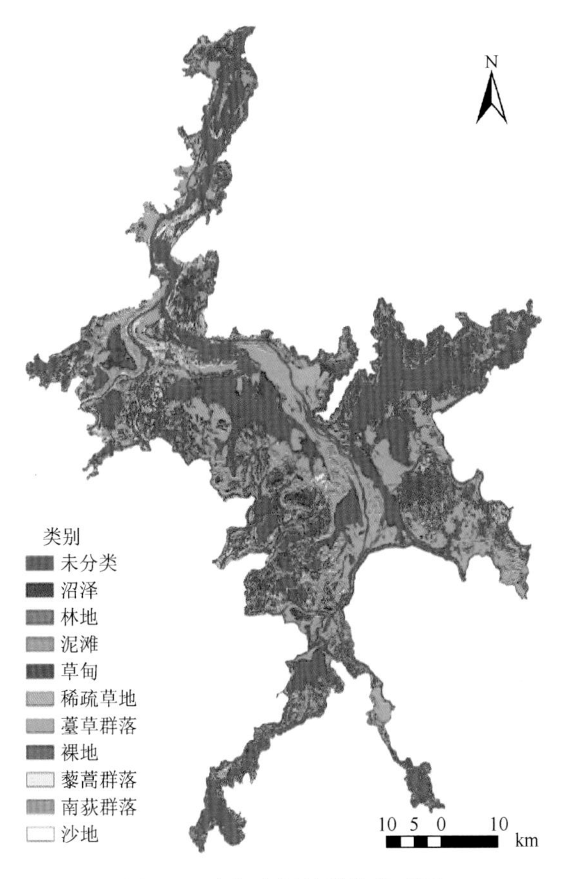

图 8-1　鄱阳湖湿地地物类型图

在湖区边界内，“未分类”指通过 NDVI 阈值剔除的非植被像元。主要植物类型分为藜蒿群落、南荻群落和薹草群落三种。其他地物包括沼泽、林地、泥滩、草甸、裸地和沙地等（表 8-1）。本书的分类结果既包括单一地物类型，如林地、沙地和裸地，也包括所属类别相近或难以区分集群的地物类型，如薹草群落除包括灰化薹草、单性薹草（*Carex unisexualis*）、红穗薹草等还有与其混生的虉草、蒌蒿、半年粮等。南荻群落除主要植物类型芦苇和南荻外还包括其间分布的薹草和艾蒿等。而藜蒿群落既包括茵陈蒿、狗牙根、加拿大蓬（*Conyza canadensis*），也包括狗尾巴草（*Pennisetum alopecuroides*）和看麦娘（*Alopecurus aequalis*）等。草甸以薹草、虉草和蓼草（*Polygonum* spp.）等植物类型成簇分布为主要特征。其他以集群形势划分的地物类型还有稀疏草洲和沼泽，不逐一而论。每种类别所代表的具体对象以及物种组成详见表 8-1。

表 8-1　主要植物分类类别空间特征及包含的地物类型

类别	空间分布	主要地物类型
未分类 unclassified	河流、湖泊等	以水体为主，还包括一些建筑用地、道路等
藜蒿群落 *Artimisia* Community	河道两侧高滩地上，防洪堤下	以藜蒿、狗牙根为主，伴生加拿大蓬、狗尾巴草、看麦娘等
南荻群落 *Triarrhena* Community	碟形湖四周高滩地上，河口三角洲等，也常镶嵌于薹草群落中	以南荻、芦苇为主，常伴生薹草、藜蒿、蓼草、益母草、荸荠等
薹草群落 *Carex* Community	分布最广，河口三角洲，碟形湖周边浅滩，河道两侧等	以薹草、虉草为主，混生植被有藜蒿、半年粮、下江委陵菜等
草甸 meadow	常分布于薹草带以下，或者地形起伏的浅滩土丘上	虉草、薹草、蓼草等
稀疏草洲 sparse grass	分布于草甸与泥滩之间，三角洲的前缘、河漫滩以及碟形湖浅滩等	下江委陵菜、半年粮、水田碎米荠等
沼泽 swamp	浅水区域均有分布，主要位于三角洲及碟形洼地内	苦草、轮叶黑藻占优势，伴生有菰、金鱼藻、马来眼子菜、荇菜、菹草等

三种优势群落类型中，藜蒿群落主要分布在河道两侧滩地、堤坝及土丘上。因为狗牙根和茵陈蒿生境相似，单一类群分布又较为稀疏，所以本书将二者共同划分为藜蒿群落。由于南荻和芦苇生境相近，常常混生，且肉眼都很难识别，所以将其划分为同一群落类型。其主要分布在碟形湖四周高滩地及河口三角洲地区，除芦苇和南荻两种植被外，还伴生薹草、藜蒿和蓼草等。薹草群落在鄱阳湖分布面积最广，也是分布较为普遍的植物类型。薹草群落下共同生长着虉草、蒌蒿、半年粮以及下江委陵菜等。

薹草群落在鄱阳湖湖区湿地植被中比例最高，占研究区的 16.4%，分布面积为 591.46km^2。其次是南荻群落和藜蒿群落分别占全区的 8.6%和 3.4%。分类结果中群落面积共计 1120.12km^2，占研究区的 31%。其余类别中，草甸、稀疏草地和沼泽等也分布着部分湿地植物类型，但相对稀疏难以被遥感识别，且生态及环境效益没有以上三种群落类型显著，所以不作为本书的研究对象（表 8-2）。

表 8-2　植物各分类类别面积及占研究区的比例

类别		面积/km²	比例/%
群落	薹草	591.46	16.4
	南荻	310.69	8.6
	蓠蒿	123.71	3.4
	其他	94.26	2.6
草甸		528.89	14.6
泥滩		307.22	8.5
稀疏草地		218.97	6.1
沼泽		205.13	5.7
裸地		67.61	1.9
林地		38.71	1.1
沙地		23.3	0.7
未分类		1107.72	30.6
研究区域		3617.67	100

官少飞等（1987）依据 20 世纪 80 年代的调查结果统计出鄱阳湖湿地芦苇和南荻两种植物类型的分布面积之和为 302.67km^2，接近本书遥感解译结果中南荻群落的分布面积（310.69km^2）。但是，考虑到调查方式的差异（本书将野外调查样方中芦苇和南荻两种植物类型所占比例之和大于 50%的均划分为南荻群落），鄱阳湖南荻群落的分布面积实际上是减少的。而 80 年代调查的薹草群落分布面积为 428km^2，远远小于本书解译的薹草群落的分布面积（591.46km^2）。近些年，随着气候变化及人为活动的影响，鄱阳湖在 9 月、10 月的干旱形势日益加剧。退水期的提前使鄱阳湖洲滩的出露时间增加，丰水期水位下降导致植被淹水深度的减小及淹没历时的减少改变了其长期生长的适宜生态位，使薹草群落向更加湿润的低洼地区迁移、扩展。虽然部分较高滩地上的薹草群落被南荻群落所演替，但人类对芦苇和南荻等经济价值较高的植物类型的采收、破坏以及干旱导致其自然减少的面积远大于该群落在自然条件下增加的部分（吴建东等，2010）。

8.3　优势植物群落空间分布的高程特征

8.3.1　优势植物群落的主要分布高程

在湿地生态环境中，沿高程梯度，淹水历时、淹水深度、淹水频率、土壤含水量及其理化性状等发生变化。这些因素对湿地植物的生长繁殖，植物区系的组成，群落的分布，甚至整个生态系统的功能都会产生制约性的影响。而研究这些梯度特征时，很难把这些生态因子区分开。受流域来水及长江拉空、顶托、倒灌等作用综合影响，鄱阳湖水位年内及年际变化剧烈。受水位波动的影响，不同高程形成了特定的水分（Toogood and Joyce，2009）及土壤条件（Sanderson et al.，2008）。湿地上的植物多样性、净初级生产力以及群落演替等都会受到这些特定条件影响而表现出一定的空间分布特征（van der Valk，1981；Gerritsen and Greening，1989）。因此开展湿地植被沿高程梯度的分布规律的研究对湿地生物多样性保护，生态恢复及重建具有重要意义。

很多学者尤其是国内学者对鄱阳湖不同湿地植物类型分布的高程都有定论，但从搜集的资料来看，已有结果存在以下三点不确定性。第一，鄱阳湖历史水位经历了复杂的周期波动，特定高程所代表的水文意义不是一成不变的，尤其是植物类型经历迁移、演替之后不再生长在固定的高程区间。所以所有基于高程的植物类型空间分布研究都有一定的时效性。第二，鄱阳湖湖面，尤其是在枯水期呈现由南向北倾斜的形态特征。同一高程洲滩在南部湖区和北部湖区所对应的水文情势也有差异，因而分布的植物类型也不尽相同。因而很难用同一高程区间对某种植物类型在整个湖区的分布特征一概而论。第三，受水位波动影响，调查时间不同，洲滩出露面积就不同。出露植物类型是处于全露、半露还是全淹状态同样影响评价结果。此外，受调查区域、调查手段和调查技术的影响，不同学者得出的特定植物类型分布的绝对高程区间往往也不具有可比性。

为了分析三种优势植物群落分布的高程差异，统计每种群落类型在特定高程梯度内（采样步长为 0.5m）的分布面积并用来描述该群落的相对多度，采用高斯回归分析各群落类型相对多度沿高程梯度的生态响应特征。

高斯拟合的确定性系数分别为：藜蒿群落（adj. $R^2=0.81$）＞南荻群落（adj. $R^2=0.93$）＞薹草群落（adj. $R^2=0.98$）。结果显示，藜蒿群落在海拔 14.3m 处达到最大分布面积（图 8-2）。

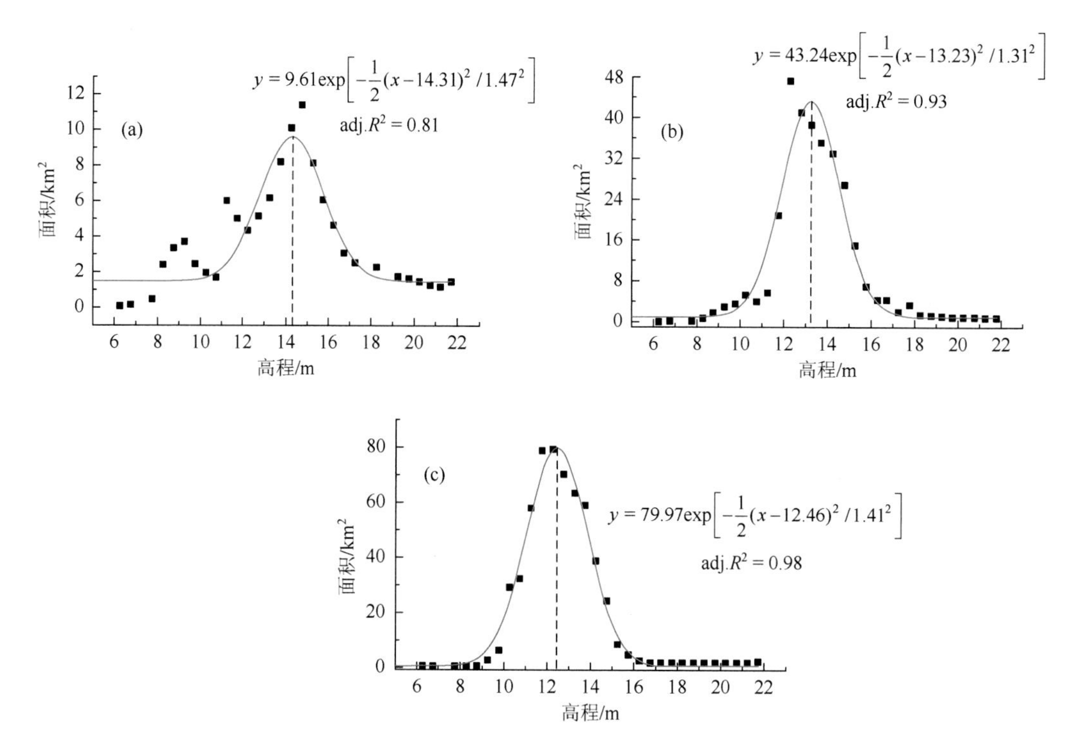

图 8-2　鄱阳湖湿地优势植物群落分布面积沿高程梯度的变化

（a）藜蒿群落；（b）南荻群落；（c）薹草群落

藜蒿群落生长的最适高程范围为 12.6～16.1m。南荻群落总体分布高程低于藜蒿群落，最适高程为 13.2m，在海拔 11.4～14.8m 处达到最大分布面积。薹草群落分布面积在达到最适高程 12.5m 之前逐渐增加，最适高程以上分布面积逐渐减少。薹草群落在 10.8～14.1m 分布面积最广，适宜高程低于其他两种群落类型。从峰型来看，南荻群落和薹草群落分布特征相似，藜蒿群落幅宽相对较大，对生境的适应范围较广，与野外调查结果相同。

8.3.2　优势植物群落分布高程的空间差异

鄱阳湖的湖面在枯水期由南向北倾斜，表现为在枯水期，5 个水文站点的水位通常是康山站最高，湖口站最低，这就导致同一高程的湿地在南部湖区和北部湖区受不同的环境梯度的影响。而环境梯度的差异又会导致物种组成及群落分布的差异。为了更好地认识鄱阳湖湿地优势植物群落分布高程的空间差异性，选择了位于北部湖区的鄱阳湖国家级自然保护区（为了易于区分，本章简称吴城保护区）和位于南部湖区的南矶湿地国家级自然保护区（本章简称南矶保护区）作为典型区进行比较分析（图 8-3）。

与已有结论相同，同一保护区内，三种植物群落的分布高程仍然是藜蒿群落＞南荻群落＞薹草群落。不同的是，同一植物群落在南矶保护区的分布高程高于在吴城保护区的分布高程。如藜蒿群落在南矶保护区分布的最适高程为 14.4m，而在吴城保护区分布的最适高程为 13.4m，相差 1.0m。南荻群落在南部典型区分布的最适高程为 13.6m，在北部典型

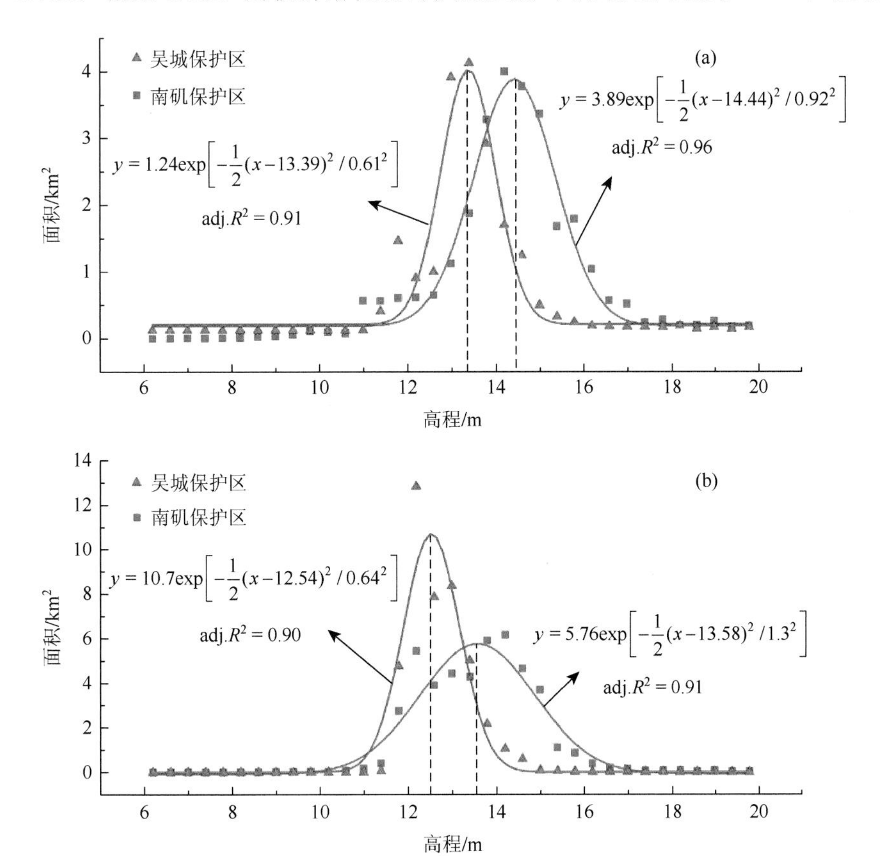

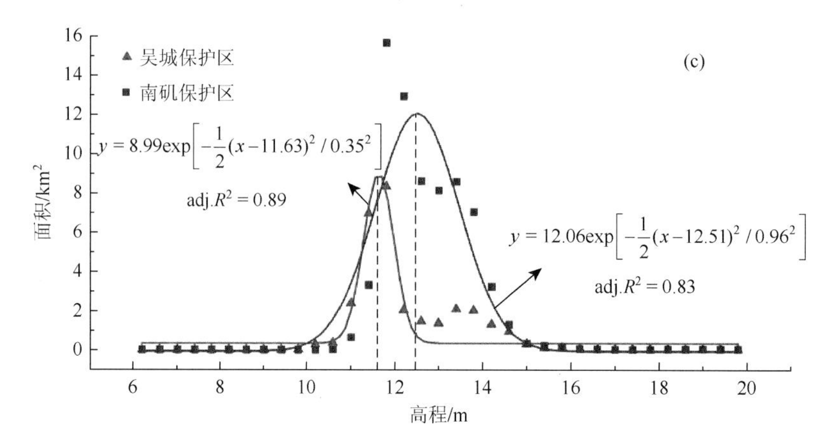

图 8-3　吴城保护区和南矶保护区优势植物群落分布面积沿高程梯度的变化

（a）藜蒿群落；（b）南荻群落；（c）薹草群落

区分布的最适高程为 12.5m。薹草群落在南部典型区分布的最适高程比在北部典型区分布的最适高程高 0.9m。

虽然湿地植物群落沿高程梯度的分布特征是在多种环境因子综合作用下形成的，但是水情要素通常被认为是起关键作用的主导因子。水位波动通过刺激和抑制发芽，控制土壤中氧气的可利用性和养分、有毒物质等的积累以及改变不同水深下的光气候条件等进而影响植物种子库的建立（Mitchell and Rogers，1985）。例如，不同植物群落对厌氧环境的适应能力影响其空间分布，这是因为氧气的可利用性降低会抑制植物呼吸作用，减少不定根的生长，甚至引起根系分生组织的死亡（Laan et al.，1991；van den Brink et al.，1995）。在长期渍水的环境下，有些微生物会利用电子受体代替氧气来完成呼吸作用，从而导致潜在的具有植物性毒素的金属离子如 Fe^{2+}（Laan et al.，1989）、Mn^{2+}（Waldren et al.，1987）等的积累。有害气体如乙烯等的积累同样会抑制植被生长，甚至对植物组织造成伤害（Visser et al.，1997）。另外，根据中度干扰假说，过高的淹水频率会影响种子库的稳定性，而过低的淹水频率则会影响物种的多样性（Bornette et al.，1994；Connell，1978）。

从 2000～2012 年都昌站和康山站水位变化比较可以看出（图 8-4），康山站（代表南

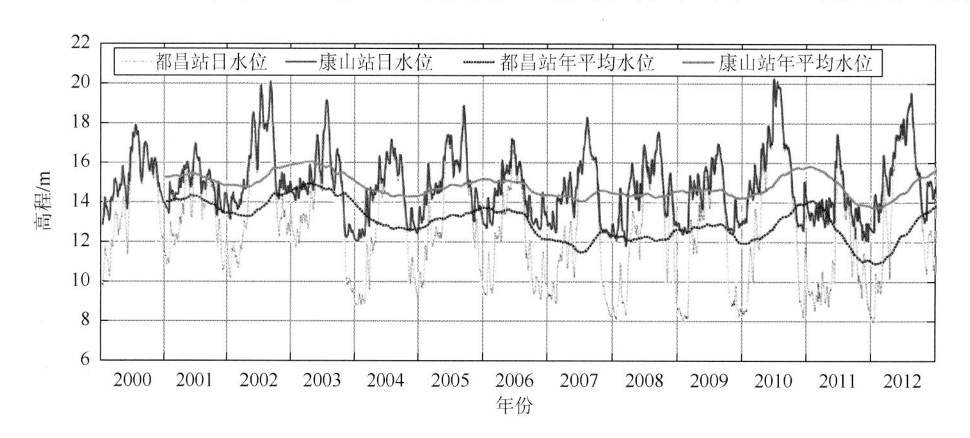

图 8-4　2000～2012 年都昌站和康山站水位变化比较

部湖区水位）的枯水期水位高于都昌站（离吴城保护区最近）。二者的年滑动平均水位落差为 1.0～1.5m，与三种优势植物群落在吴城保护区和南矶保护区分布的高程差相近。这在一定程度上支持了水位波动引起水情变化，进而影响植被分布的理论假设。

8.4　优势植物群落空间分布的水位特征

植被演替对环境变化的响应具有一定的滞后期(Ross et al.,2003;Givnish et al.,2008)。单景影像所反映的植被格局往往是在一段历史时期特定环境梯度长期作用下形成的。假如鄱阳湖在历史时期经历过显著的水文情势突变，那么当前的湿地植被格局很大程度上是在突变后的水文条件影响下形成的。21 世纪后，鄱阳湖在气候变化及人类活动加剧的形势下很可能经历了水文情势的转变，从而导致湿地植被在新的环境梯度下形成新的格局。为了剔除更早水文时期环境变量对评价结果的干扰，本书对鄱阳湖的历史水文数据进行了趋势和突变检验。考虑到都昌站在南北方向上位于鄱阳湖的中间位置，能够体现鄱阳湖整体的水文变化。因此本书采用 BFAST（breaks for additive seasonal and trend）法对都昌站的水位数据进行检验（图 8-5）。

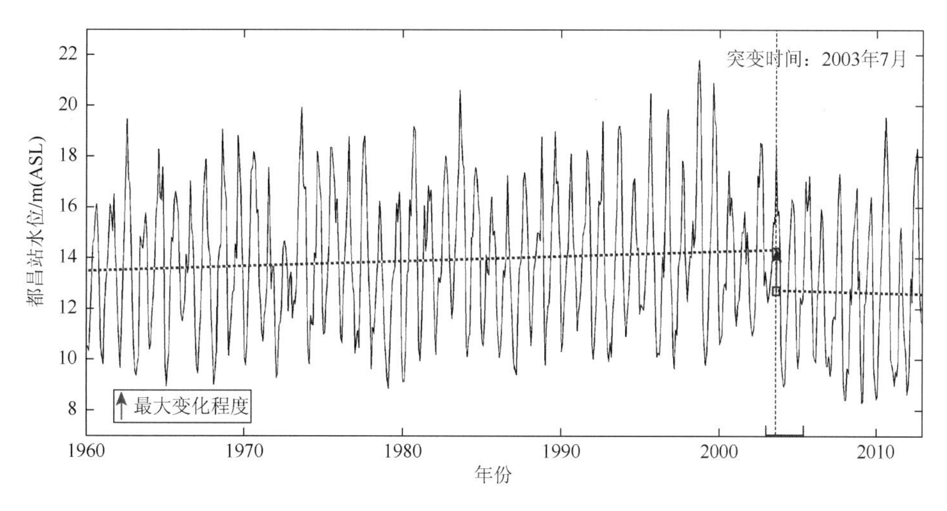

图 8-5　1960～2012 年都昌站水位变化趋势及突变检验

蓝色虚线表示同期水位的线性变化趋势，红线表示突变发生的置信区间

从都昌站水位的变化趋势及突变检验结果来看，鄱阳湖的水文情势在 2003 年 7 月前后发生突变。突变前，水位呈现显著的上升趋势，突变后鄱阳湖水位虽然有下降的趋势，但变化较为平缓。突变检验的置信区间显示，从 2002 年 12 月到 2005 年 5 月均有可能是突变的发生期。2003 年 6 月三峡工程开始运行，对区域水文条件、环境、生态系统等产生了深厚影响。因此本书选择 2006～2012 年相对稳定的水文变化期作为研究期，并在研究期内探讨鄱阳湖平均状态下的水文条件对湿地植被空间分布的影响。

借助于二维平面水流数学模型 MIKE 21 模拟湖区湿地的淹水历时、淹没深度及淹水频率三个被认为是影响湿地植被空间格局最重要的水情因子（Yao et al.，2016；Li et al.，2017）。为了得到以上水情指标的量化数据，在模型中设定2006～2012年鄱阳湖湿地逐单元的日水深数据作为输出对象，在ArcGIS中进行数据同化，在MATLAB里统计每个栅格的年淹水天数作为每年的淹水历时。淹水频率被用来反映鄱阳湖年内的涨、退水过程，即每个栅格每年经历涨水＋退水的次数。然后将研究期的统计值平均，用于反映鄱阳湖湿地多年平均水情特征（图8-6）。

从鄱阳湖湿地多年平均水情特征可以看出，淹水历时与鄱阳湖湖区的地形格局具有高度的相关性，即从岸边向深水区域，随着海拔高度的降低，淹水历时逐渐增加。深水河道、东部湖湾及南部的军山湖等区域常年淹水。淹水深度的梯度变化与淹水历时相似，随着湖盆地形海拔的降低，淹水深度逐渐增加。湖中河道的深蓝区域淹水深度最大（图8-6）。与淹水历时和淹水深度不同，淹水频率的空间分布没有表现出与海拔高度的显著关联。深水区域由于常年淹水，因此不曾经历涨、退水的过程，淹水频率为0。南矶湿地南部及康山保护区西部由于河汊较多，地形复杂，加上人为控制对局部区域涨、退水过程的干扰，造成这些区域的淹水频率略高于其他区域。从全湖来看，多年平均淹水频率最多不超过9次/a。

为了进一步分析优势植物群落沿水情梯度的分布规律，分别设定淹水历时、淹没深度和淹水频率的梯度步长为18d、0.2m和1次/a。每个水情梯度内各群落类型的分布面积被分别统计用来表示每个群落的相对多度，并应用高斯回归模型将其与各水情梯度进行拟合（图8-7）。

变化曲线显示，鄱阳湖优势植物群落相对多度沿关键水情梯度呈单峰型的正态分布特征，即每种群落类型都有各自适宜的水情梯度范围。在达到最适宜水情之前，植物群落的相对多度随水情梯度的增加而增加。超过最适的水情梯度，植物群落的相对多度随水情梯度的增加而减小。

从拟合结果可以看出，鄱阳湖的藜蒿群落相对多度（分布面积）与淹水历时的拟合精度为 adj. $R^2 = 0.85$，低于其他两种群落类型与该水情梯度的拟合精度（南荻群落：adj. $R^2 = 0.95$，薹草群落：adj. $R^2 = 0.97$）。总体上三种群落相对多度达到最大值时所对应的淹水历时，即最适淹水历时为藜蒿群落（129d）＜南荻群落（148d）＜薹草群落（162d）。三种群落适应的淹水历时范围，即生态幅宽为薹草群落（127～197d）＞南荻群落（115～180d）＞藜蒿群落（97～161d）。三种优势植物群落空间分布与淹水历时的关系符合野外的观测情况及其他学者的研究结果（Zhang et al.，2012a）。

从鄱阳湖湿地优势植物群落空间分布与淹没深度的关系来看，藜蒿群落相对多度与该水情梯度的拟合精度（adj. $R^2 = 0.91$）仍然低于其他两种群落类型（南荻群落：adj. $R^2 = 0.93$，苔草群落：adj. $R^2 = 0.96$）。三种群落分布的最适淹没深度仍然是藜蒿群落（0.7m）＜南荻群落（1.1m）＜苔草群落（1.4m）。从淹没深度来看，三者的生态幅宽同样是薹草群落最大（0.7～2.2m），南荻群落次之（0.5～1.7m），藜蒿群落最小（0.2～1.2m）。

虽然三种优势群落类型淹水频率梯度的变化特征同样符合高斯分布，且其各自相对多度与该水情梯度的拟合精度较其他两种水情梯度的拟合精度高，但三种群落分布范围所对应的淹水频率并无明显区别，生态幅宽也仅限于 0～1。这可能是鄱阳湖固有的水情特征

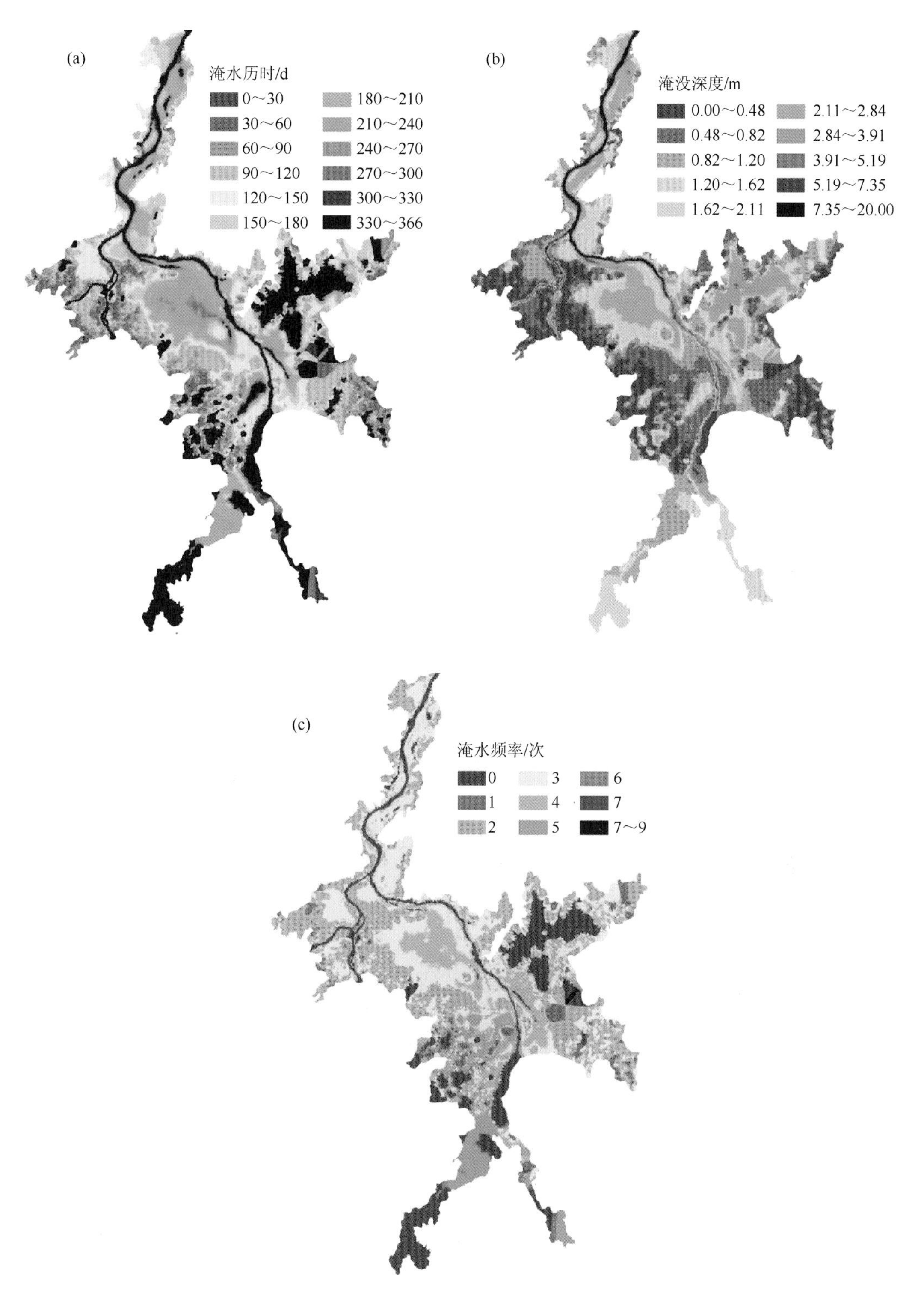

图 8-6　鄱阳湖湿地多年平均水情特征

（a）淹水历时；（b）淹没深度；（c）淹水频率

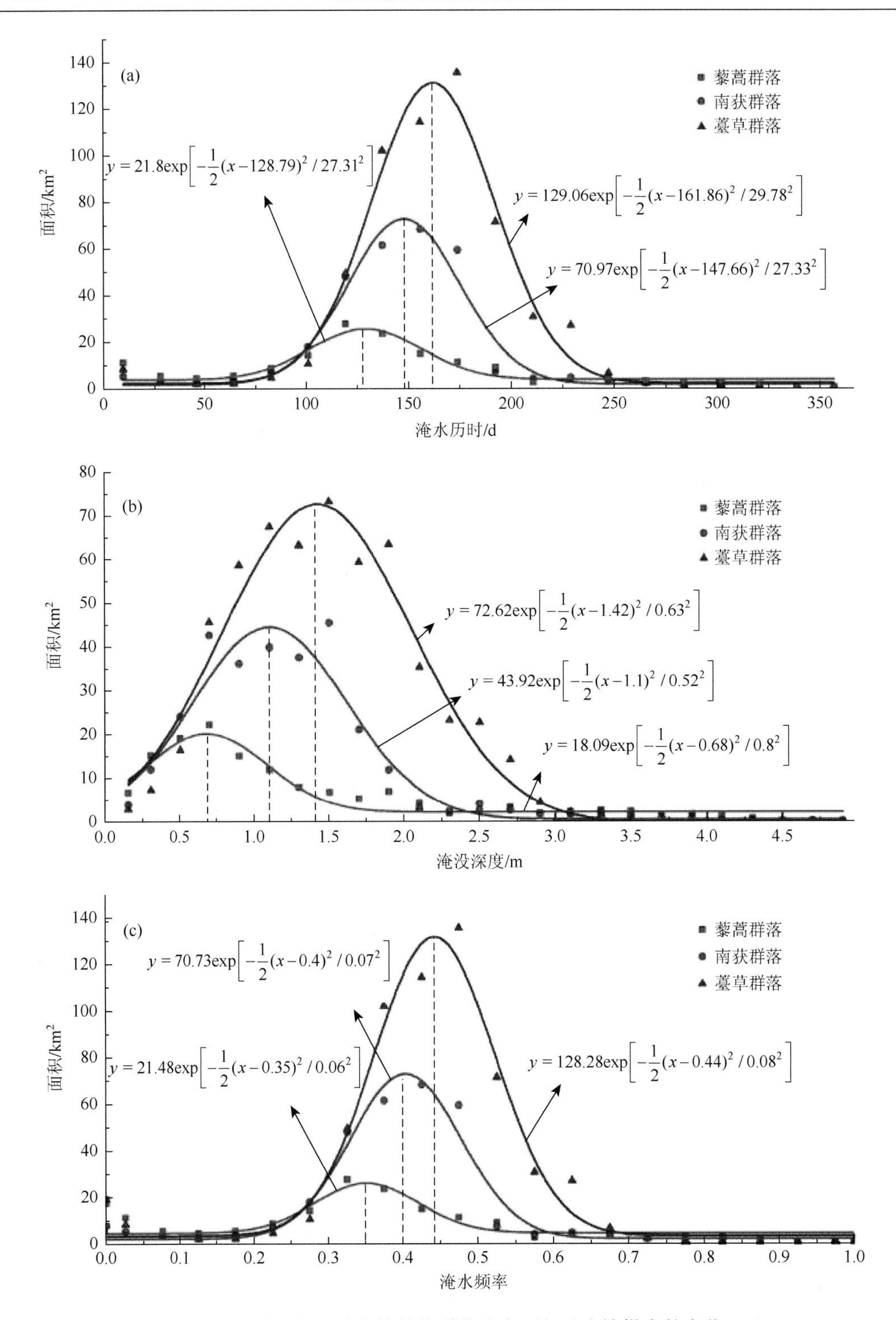

图 8-7　鄱阳湖湿地优势植物群落分布面积沿水情梯度的变化

（a）淹水历时；（b）淹没深度；（c）淹水频率

所导致的。上游流域来水及下游长江洪峰的到达时间相差不久，使鄱阳湖的水位变化在年内多呈现单峰型，即只有一次涨、退水过程，导致有植被分布的大部分湿地洲滩淹水频率较低，甚至为 0。这恰恰说明过高的冲刷频率不利于种子库的建立，而鄱阳湖湿地相对稳定的水位动态变化促使植物群落当前分布格局的形成。

8.5　湿地植被演变特征及其对水位波动的响应

8.5.1　湿地植被演变特征

1. 变化趋势

不同群落类型在应对水情变化时具有不一样的生存、竞争和繁殖策略，因而当水情因素发生转变时，不同群落常常表现出有差异的变化特征（Denton and Ganf，1994；Newbold and Nature，1997）。例如，湖区干旱会导致更多的低洼湿地裸露，适宜的水情梯度会使薹草、虉草等喜湿耐涝植物面积的增加。与此同时，干旱形势的加剧，也可能导致生长在高滩地上的藜蒿、狗牙根及少数芦苇、南荻等植物提前枯死或者生长周期缩短。

近年，随着鄱阳湖干旱带来越来越多的生态及社会影响，湖区湿地草洲的变化逐渐得到研究者的关注。很多学者发现，在干旱情势加剧的背景下，湖区植被面积呈现增加的态势（Dronova et al.，2011；余莉等，2010）。然而，是整个湖区的植物类型都呈现逐渐增加的趋势，还是只有部分区域的部分植物类型增加，部分植物类型逐渐减少？如果存在差异，哪些区域植被在增加，哪些在减少？为了探究鄱阳湖湿地植被的时序变化在全湖的异质性，本章节分析了湖区植被近 13 年的变化趋势及其变化量。考虑到 MODIS EVI 数据在时间分辨率、空间分辨及光谱校正等方面的优势，本书选择 2000～2012 年的 EVI 数据作为植被研究的数据源。

通过采用 MK 和 Sen's Slope 相结合的方法对 EVI 变化趋势进行了检验，发现在 0.05 显著水平上，2000～2012 年鄱阳湖湿地 EVI 在空间上呈现不同的变化趋势（图 8-8），总体上表现出在鄱阳湖国家级自然保护区及南矶湿地国家级自然保护区等主要湿地分布区高滩地上的 EVI 显著下降。下降区域主要分布在海拔 12.5～15.3m 处，占研究区总面积的 11.0%。相反，河口冲积三角洲及碟形湖的低滩地、北部河道两侧的河漫滩等区域的 EVI 呈显著增长的趋势。EVI 发生增长的区域主要集中在海拔 9.9～12.9m 处，面积为 1135.80km^2，占研究区总面积的 34.6%。而高滩地和低滩地之间过渡地带的 EVI 则没有明显的变化趋势。这也为本书前文得到的结论提供了有力的证据，即与历史时期的鄱阳湖湿地植被空间分布特征相比，近年来，低滩地上的湿地植被面积明显增加了。

此外，趋势检验结果与本书前面讨论的植被格局变化成因的理论依据基本相符，即生长在高滩地上的藜蒿群落和部分南荻群落随着干旱形势的加剧而逐渐萎缩，生物量、密度、绿度或净初级生产力等指标下降，最终表现为 EVI 的显著下降。相反，低滩地上，淹水历时的减少及淹水深度的降低使原来不适合薹草生长的泥滩、沼泽以及新出露的洲滩等逐渐被薹草群落等喜湿、耐涝的湿生群落类型所演替，而薹草群落等的向下迁移并替代原来的非植被像元则直接导致了 EVI 的显著增加。

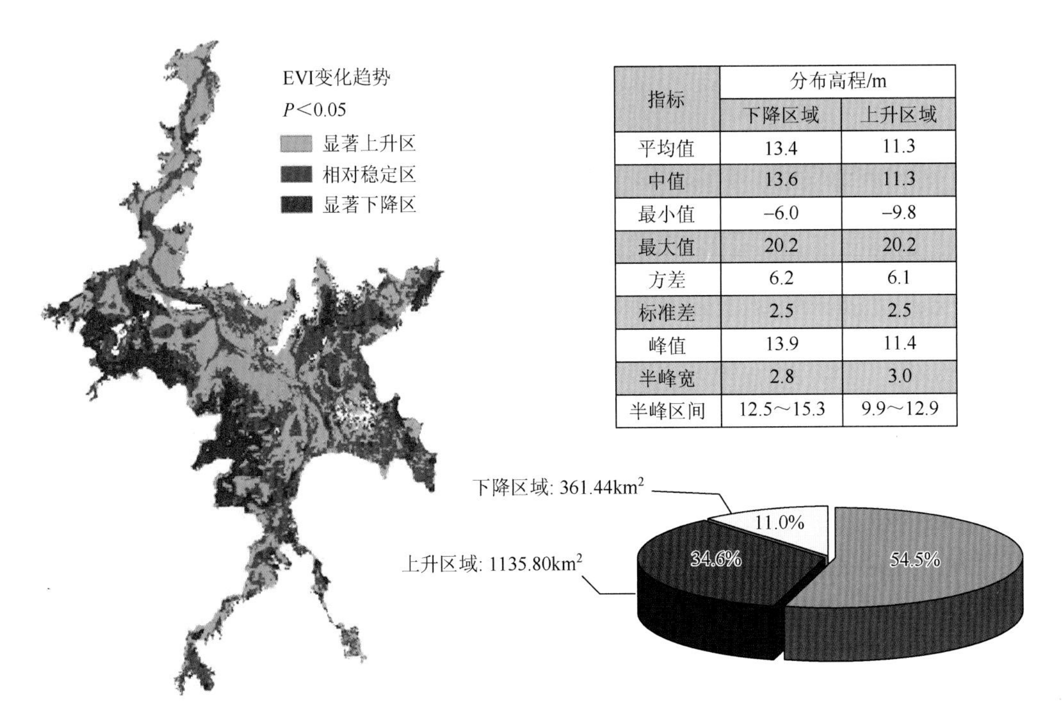

指标	分布高程/m	
	下降区域	上升区域
平均值	13.4	11.3
中值	13.6	11.3
最小值	−6.0	−9.8
最大值	20.2	20.2
方差	6.2	6.1
标准差	2.5	2.5
峰值	13.9	11.4
半峰宽	2.8	3.0
半峰区间	12.5～15.3	9.9～12.9

图 8-8　2000～2012 年鄱阳湖湿地 EVI 变化趋势及空间特征

2. 变化率

根据前文研究可知，淹水历时是影响植被空间分布最关键的水情指标，这与其他研究者得到的结论一致。因此，鄱阳湖湿地植被的这种格局变化与淹水历时的时空变化有着必然的联系。为了进一步探讨淹水历时近些年的变化程度，以及在其变化梯度下，鄱阳湖湿地植被可能面临的格局，本书分别分析了植被显著增加区域和显著减小区域的 EVI 及淹水历时的变化率。基于逐栅格统计，EVI 和淹水历时变化率的计算主要在 MATLAB 中完成，统计时段为 2000～2012 年（图 8-9 和表 8-3）。

从鄱阳湖湿地 EVI 和淹水历时的变化率及空间分布可以看出，近 13 年来，鄱阳湖湖区高滩地上植被指数显著减小的区域，EVI 以平均每 10 年 0.0745 的速率在下降。下降最快区域的 EVI 的减少更是达到了每 10a 0.234 的速率。而淹水历时以平均 1～2d/a 的速率减少给湿地植被带来的干旱胁迫很可能是导致高滩地上植被指数下降的直接原因。低滩地上植被指数显著增加的区域，淹水历时则以平均 2～3d/a 的速率在减少，变化最快的区域甚至达到 8～9d/a 的减少速率，从而为生长在低洼湿地的植被提供了更为广阔的生长、繁殖区域。因此，薹草、虉草等植物类型下延、扩展并覆盖了原来的泥滩、水体等非植被像元或绿度值相对较低的植被像元，使低滩地的 EVI 指数以平均每 10a 0.0661 的速率逐年增加。变化最快的区域 EVI 指数达到每 10a 0.2716 的增长率。此外，本书还发现，在 EVI 指数显著增加的区域，位于海拔较高的滩地上的植被增长率低于海拔较低的滩地上的植被变化率。

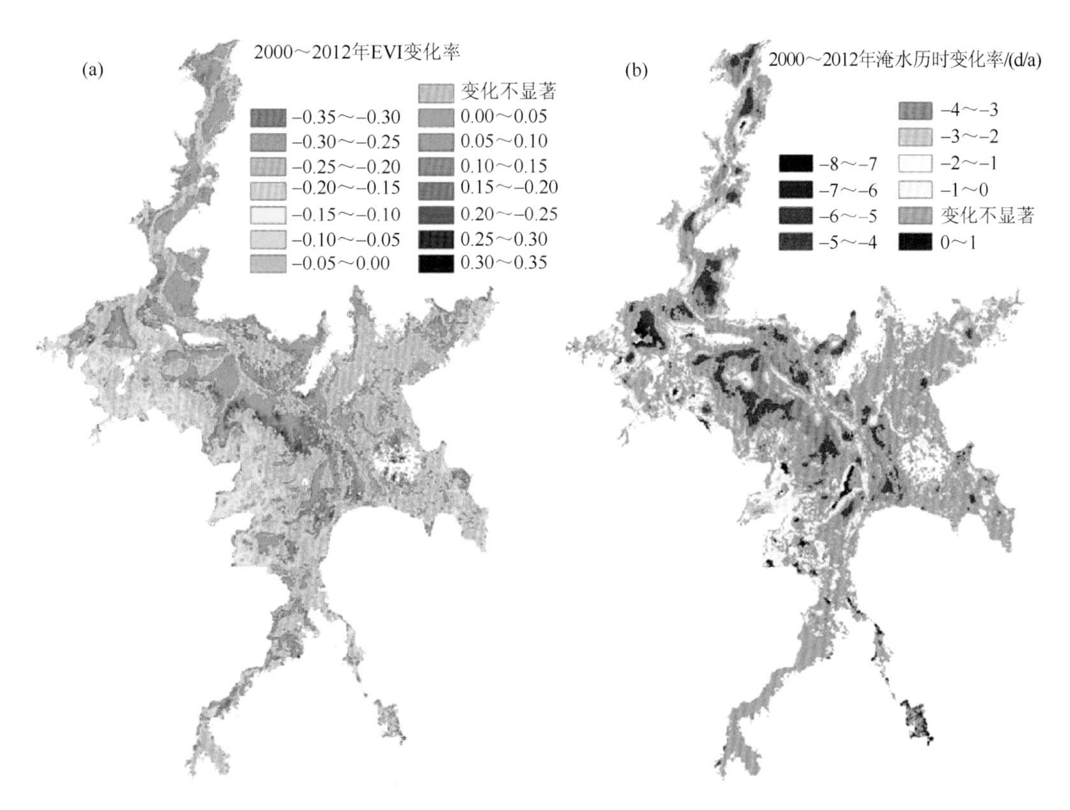

图 8-9　2000～2012 年鄱阳湖湿地 EVI（a）及淹水历时（b）变化率空间分布

表 8-3　2000～2012 年鄱阳湖湿地 EVI 及淹水历时变化率

指标	EVI 变化率/10a		淹水历时变化率/(d/a)	
	下降区域	上升区域	下降区域	上升区域
平均值	−0.0745	0.0661	−1.5	−2.6
中值	−0.0681	0.0583	−1.3	−2.8
最小值	−0.234	−0.0248	−7.0	−8.6
最大值	0.0037	0.2716	1.0	0.7
方差	0.0002	0.0001	1.3	2.3
标准差	0.0407	0.035	1.1	1.5

当整个鄱阳湖湿地面临的水文情势发生改变及植被适宜的环境梯度随水情变化向下迁移时，势必会导致大部分植物群落不同程度地向地势低的洲滩演替。高滩地上，无论是藜蒿群落的减少，还是向南荻群落入侵，甚至演替，都会导致 EVI 的减小。而当南荻群落演替薹草群落时却会因为植被属性差异，使 EVI 表现出增加的变化趋势。这是由不同群落内部的物种组成、丰度、密度、绿度和生物量等属性所决定的。笔者推断，如果鄱阳湖的水文环境以当前的变化趋势继续干旱下去，很可能导致湖区高滩地草洲植被的萎缩及低滩地上植被面积的增加。如果干旱加剧，在不久的将来鄱阳湖大部分区域都会被陆生植物所覆盖。

8.5.2　植被面积变化对水位波动的响应

本书以都昌站为代表，分析了植被面积与水位变化的关系。考虑到植被数据来自于逐旬的 EVI 影像产品，平均每年有 23 景，本书取每两景影像之间水位（共计 16d）的平均值与后面一景影像的植被数据相对应进行拟合（图 8-10）。

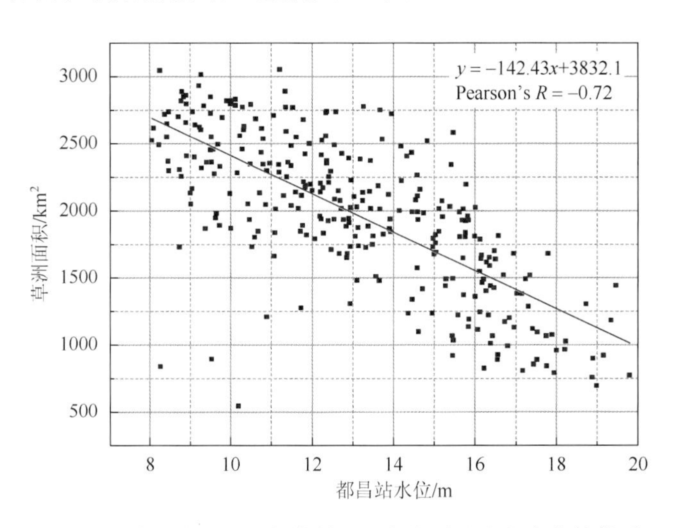

图 8-10　鄱阳湖湿地逐旬植被面积与都昌站水位变化的关系

总体来看，植被面积的变化与水位的变化呈负相关关系，即水位越高植被面积越小，反之亦然。鄱阳湖植被面积与水位的拟合关系与张方方（2011）的结论一致。但是，由于研究时段、植被数据的来源及序列长度等不同，尤其是后者反映的是植被面积与星子站水位的关系，所以具体拟合结果与本书有所差异。同样的道理，本书中的鄱阳湖植被面积-水位拟合关系也并不适用于反映鄱阳湖植被面积与湖区所有水文站点水位变化的关系，以及反映植被面积-水位关系在不同水文阶段的差异。

枯水期，鄱阳湖维持相对稳定的低水位特征，并且大多数时间水位低于 14m。胡春华等（1997）发现，蚌湖在水位低于 13.83m 时，被天然堤隔断，与主湖分离并形成相对独立的封闭洼地。胡振鹏等（2010）和张丽丽等（2012）等也指出当星子站水位下降至大约 14m 时，碟形洼地的水位与主湖区水位失去联系，成为孤立的静水内湖。如大汉湖（85km²）、蚌湖（73km²）、大湖池（30km²）等湿地内部植被面积占研究区面积的比例很大。当水位低于大约 14m 时，这部分湿地的植被面积变化不再受主湖区的水位控制，所以枯水期鄱阳湖植被面积变化对水位变化的响应不强烈。图 8-11 显示了当星子站水位低于 14m 和高于 14m 时，鄱阳湖植被面积与水位的多项式拟合关系。从拟合精度来看，14m 以上的水位变化对湿地草洲的影响更为明显。

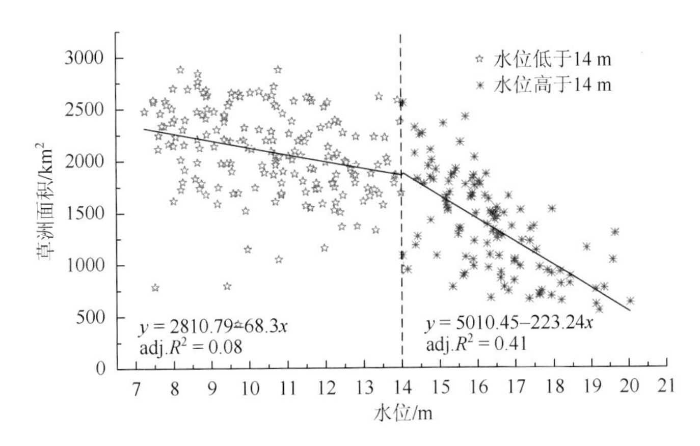

图 8-11 鄱阳湖湿地植被面积与星子站水位变化（以 14m 为界）的关系

在自然因素和人为因素的共同影响下，鄱阳湖的干旱形势愈演愈烈。丰水期水位降低及退水期的提前势必影响植被面积及湿地植被的空间分布。如果鄱阳湖目前出现的低枯水位不是阶段性的而是趋势性的，由水情改变导致的植被变化在全湖范围内将进一步加剧。有关水位变化对鄱阳湖湿地生态系统的影响还需要更加深入的研究。首先掌握水位变化对草洲的影响规律，进而认识水位变化带来的生态系统变化及对湖泊功能的影响，在此基础上，对水位变化的利弊进行客观评判，才能为湿地保护制订科学的对策。

8.6 小　　结

本书结合遥感技术和二维平面水流数学模型分析了鄱阳湖优势植物群落的空间分布特征，植被空间分布与关键水情变化之间的关系以及水位波动对植被变化的影响等。主要得出以下几点结论。

（1）通过遥感解译，本书将鄱阳湖湿地划分为 11 个地物类别，薹草群落分布面积最广，其次是南荻群落，最后是藜蒿群落。与历史面积相比，南荻群落的分布面积有所减小，而薹草群落的分布面积有所增加。三种优势植物群落分布的最适高程依次为藜蒿群落＞南荻群落＞薹草群落。与历史分布相比，三种群落类型的分布高程均有不同程度下降的特征。同一群落在南矶湿地国家级自然保护区分布的最适高程与在鄱阳湖国家级自然保护区分布的最适高程相差约 1m。

（2）鄱阳湖湿地三种优势植物群落空间分布最适的淹水历时为藜蒿群落＜南荻群落＜薹草群落；最适淹没深度同样为藜蒿群落＜南荻群＜薹草群落；最适淹水频率无明

显区别。淹水历时是影响鄱阳湖植物群落空间分布最重要的水情因子，其次是高程和淹没深度。湿地生态系统中各种环境因子互相联系，共同作用，最终形成了鄱阳湖湿地现在的植被空间分布格局。

（3）进入21世纪后，鄱阳湖湿地生长在海拔较高的滩地上的植被有显著减少的趋势（$P<0.05$），而生长在低滩地的植被有显著增加的趋势（$P<0.05$）。发生增长的区域面积大于发生下降的区域面积。高滩地上的草洲植被EVI正以平均每10a 0.0745的速率在减少，而低滩地的植被EVI正以平均每10a 0.0661的速率在增加。

（4）相比于三峡工程运行前，三峡工程运行后，鄱阳湖多年平均植被面积显著增加。植被面积的变化与都昌站水位变化之间存在着显著的联系。当星子站水位低于14m时，鄱阳湖植被面积的变化几乎不受主湖区水位的影响。

参考文献

陈宜瑜. 1995. 中国湿地研究. 长春：吉林科学技术出版社.

官少飞，郎青，张本. 1987. 鄱阳湖水生植被. 水生生物学报，(1)：9-21.

胡春华，姜加虎，朱海虹. 1997. 蚌湖与鄱阳湖水位关系及滩地淹露分析. 海洋与湖沼，28（6）：617-623.

胡振鹏，葛刚，刘成林，等. 2010. 鄱阳湖湿地植物生态系统结构及湖水位对其影响研究. 长江流域资源与环境，19(6)：597-605.

黄群，姜加虎，赖锡军，等. 2013. 洞庭湖湿地景观格局变化以及三峡工程蓄水对其影响. 长江流域资源与环境，22(7)：922-927.

李梦凡，张奇，李云良，等. 2016. 长江对鄱阳湖退水期洲滩出露特征的影响. 热带地理，36（4）：700-709.

刘影，范娜，于秀波，等. 2010. 基于RS和GIS的鄱阳湖天然湿地边界确定及季节变化分析. 资源科学，32（11）：2239-2245.

谭志强，许秀丽，李云良，等. 2017. 长江中游大型通江湖泊湿地格局演变特征. 长江流域资源与环境，26（10）：1619-1629.

谭志强，张奇，李云良，等. 2016. 鄱阳湖湿地典型植物群落沿高程分布特征. 湿地科学，4（14）：506-515.

吴建东，刘观华，金杰峰，等. 2010. 鄱阳湖秋季洲滩植物种类结构分析. 江西科学，28：549-554.

余莉，何隆华，张奇，等. 2010. 基于Landsat-TM影像的鄱阳湖典型湿地动态变化研究. 遥感信息，(6)：48-54.

张方方. 2011. 鄱阳湖水位动态对湿地植物生长影响的遥感研究. 南昌：江西师范大学.

张丽丽，殷峻暹，蒋云钟，等. 2012. 鄱阳湖自然保护区湿地植被群落与水文情势关系. 水科学进展，23（6）：768-775.

朱海虹，张本. 1997. 鄱阳湖. 合肥：中国科学技术大学出版社.

Bornette G，Henry C，Barrat M H，et al. 1994. Theoretical habitat templets，species traits，and species richness：aquatic macrophytes in the Upper Rhône River and its floodplain. Freshwater Biology，31（3）：487-505.

Connell J H. 1978. Diversity in tropical rain forests and coral reefs. Science，199（4335）：1302-1310.

Denton M，Ganf G G. 1994. Response of juvenile Melaleuca halmaturorum to flooding：management implications for a seasonal wetland，Bool Lagoon，South Australia. Marine and Freshwater Research，45：1395-1408.

Dronova I，Gong P，Wang L. 2011. Object-based analysis and change detection of major wetland cover types and their classification uncertainty during the low water period at Poyang Lake，China. Remote Sensing of Environment，115（12）：3220-3236.

Feng L，Hu C，Chen X，et al. 2011. MODIS observations of the bottom topography and its inter-annual variability of Poyang Lake. Remote Sensing of Environment，115（10）：2729-2741.

Gerritsen J，Greening H S. 1989. Marsh seed banks of the Okefenokee swamp：effects of hydrologic regime and nutrients. Ecology，70（3）：750-763.

Givnish T J，Volin J C，Owen V D. et al. 2008. Vegetation differentiation in the patterned landscape of the central Everglades：importance of local and landscape drivers. Global Ecology and Biogeography，17：384-402.

Guo H，Hu Q，Zhang Q，et al. 2012. Effects of the three gorges dam on Yangtze river flow and river interaction with Poyang Lake，China：2003-2008. Journal of Hydrology，416：19-27.

Laan P，Clement J，Blom C. 1991. Growth and development of Rumex roots as affected by hypoxic and anoxic conditions. Plant and

Soil，136：145-151.

Laan P，Smolders A，Blom C. et al. 1989. The relative role of internal aeration，radial oxygen losses，iron exclusion and nutrient balances in flood-tolerance of Rumex species. Acta Botanica Neerlandica，38：131-145.

Lai X，Shankman D，Huber C，et al. 2014. Sand mining and increasing Poyang Lake's discharge ability：a reassessment of causes for lake decline in China. Journal of hydrology，519：1698-1706.

Li Y，Zhang Q，Werner A D，et al. 2017. The influence of river-to-lake backflow on the hydrodynamics of a large floodplain lake system（Poyang Lake，China）. Hydrological Processes，31（1）：117-132.

Mitchell D S，Rogers K H. 1985. Seasonality/aseasonality of aquatic macrophytes in Southern Hemisphere inland waters. Hydrobiologia，125（1）：137-150.

Newbold C，Nature E. 1997. Water Level Requirements of Wetland Plants and Animals. English Nature.

Ross M S，Reed D L，Sah J P. et al. 2003. Vegetation：environment relationships and water management in Shark Slough，Everglades National Park[J]. Wetlands Ecology and Management，11：291-303.

Sanderson J S，Kotliar N B，Steingraeber D A. 2008. Opposing environmental gradients govern vegetation zonation in an intermountain playa. Wetlands，28：1060-1070. DOI：Doi 10.1672/07-111.1.

Shankman D，Liang Q. 2003. Landscape changes and increasing flood frequency in China's Poyang Lake region. Prof Geogr. The Professional Geographer，55（4）：434-445.

Tan Z Q，Jiang J H. 2016. Spatial-temporal dynamics of wetland vegetation related to water level fluctuations in Poyang Lake，China. Water，8（9）：397.

Tan Z Q，Tao H，Jiang J H，et al. 2015. Influences of climate extremes on NDVI（Normalized Difference Vegetation Index）in Poyang Lake Basin，China. Wetlands，35（6）：1033-1042.

Tan Z Q，Zhang Q，Li M F，et al. 2016. A study of the relationship between wetland vegetation communities and water regimes using a combined remote sensing and hydraulic modeling approach. Hydrology Research，47（S1）：278-292.

Toogood S E，Joyce C B. 2009. Effects of raised water levels on wet grassland plant communities. Applied Vegetation Science，12（3）：283-294.

Van den Brink F，Van der Velde G，Bosman W，et al. 1995. Effects of substrate parameters on growth responses of eight helophyte species in relation to flooding. Aquatic Botany，50：79-97.

Van der Valk A G. 1981. Succession in wetlands：a gleasonian appraoch. Ecology，62（3）：688-696.

Verbesselt J，Hyndman R，Zeileis A，et al. 2010. Phenological change detection while accounting for abrupt and gradual trends in satellite image time series. Remote Sensing of Environment，114（12）：2970-2980.

Visser E，Nabben R，Blom C. et al. 1997. Elongation by primary lateral roots and adventitious roots during conditions of hypoxia and high ethylene concentrations. Plant，Clee & Environment，20：647-653.

Waldren S，Davies M，Etherington J. 1987. The effect of manganese on root extension of Geum rivale L.，G. urbanum L. and their hybrids[J]. New Phytologist，106：679-688.

Xu X，Zhang Q，Li Y，et al. 2016. Evaluating the influence of water table depth on transpiration of two vegetation communities in a lake floodplain wetland. Hydrology Research，47（S1）：293-312.

Yao J，Zhang Q，Li Y，et al. 2016. Hydrological evidence and causes of seasonal low water levels in a large river-lake system：Poyang Lake，China. Hydrology Research，47（S1）：24-39.

Zhang L，Yin J，Jiang Y，et al. 2012a. Relationship between the hydrological conditions and the distribution of vegetation communities within the Poyang Lake National Nature Reserve，China. Ecological Informatics，11：65-75.

Zhang Q，Li L，Wang Y G，et al. 2012b. Has the Three-Gorges Dam made the Poyang Lake wetlands wetter and drier？. Geophysical Research Letters，39（20）：L20402.1-L20402.7.

Zhang Q，Ye X，Werner A D，et al. 2014. An investigation of enhanced recessions in Poyang Lake：comparison of Yangtze River and local catchment impacts. Journal of Hydrology，517：425-434.

第 9 章　鄱阳湖湿地典型植被群落界面水分传输过程

9.1　引　　言

湿地是处于陆地生态系统和水生生态系统之间的过渡带，具有独特的水文特征，因此，湿地既不同于排水良好的陆地生态系统，也不同于开放式的水生生态系统，湿地在调蓄洪水、涵养水源、净化水质、调节区域气候、降解污染物以及维护生态系统平衡等多方面均有着不可替代的重要作用（吕宪国，2008；章光新等，2008）。湖泊湿地属于湖泊的一部分，是我国南方湿润区广泛分布的湿地类型，具有季节性或常年积水、生长或栖息喜湿动植物等基本特征，是自然界最富生物多样性的生态景观和人类最重要的生存环境之一。

湿地水分在地下水-土壤-植物-大气（GSPA）界面的运移和转换是维持能量和营养物平衡的重要环节，水分运移是湿地生态水文过程研究的关键（周德民等，2007；章光新等，2008）。数值模型模拟已成为研究水分运移的重要手段，然而限于复杂的湿地自然条件及有限的监测手段，部分界面水分通量连续动态变化数据的获取及定量化工作较为困难。本章将利用 HYDRUS-1D 模型（Šimůnek et al.，2008），建立鄱阳湖 3 种典型湿地植被群落的饱和-非饱和带垂向一维水分运移模型，定量模拟水分在湿地地下水-土壤-植被-大气系统不同界面的传输过程，以辨析湿地补给水分来源以及季节变化，探求不同水文情景、降水情景和气温情景对湿地植物群落水分补给和蒸腾用水的影响。

9.2　地下水-土壤-植被-大气系统水分传输过程

9.2.1　数学模型的构建

1. 模型原理与数学描述

研究区包气带土壤主要为砂土和粉砂土，水分运动以垂向交换为主，地下水水力坡度小于 0.002，侧向径流微弱基本可忽略不计，所以可以用垂向一维数学模型来模拟土壤水分的运移规律（Xu et al.，2016）。土壤水分运移过程基于一维 Richards 方程描述（Šimůnek et al.，2008），将植被的根系吸水作为源、汇项参与到方程求解，表达式如下：

$$\frac{\partial \theta}{\partial t}=\frac{\partial}{\partial z}\left[K(\theta)\left(\frac{\partial h}{\partial z}+1\right)\right]-S(z,t) \tag{9-1}$$

式中，θ 为土壤体积含水量，cm^3/cm^3；$K(\theta)$ 为非饱和渗透系数，cm/d；t 为时间，d；h 为负压，cm；z 为垂直方向的土壤深度，cm；$S(z,t)$ 为单位体积土壤中根系吸水速率，$cm^3/(cm^3 \cdot d)$。

土壤水分特征曲线采用 van Genuchten 模型（van Genuchten，1980）进行描述，表达式为

$$\theta(h)=\begin{cases}\theta_r+\dfrac{\theta_s-\theta_r}{[1+|\alpha h|^n]^m} & h<0\\ \theta_s & h\geqslant 0\end{cases} \tag{9-2}$$

$$K(\theta)=K_s S_e^l[1-(1-S_e^{1/m})^m]^2 \tag{9-3}$$

式中，θ_r 为土壤残余含水量，cm^3/cm^3；θ_s 为土壤饱和含水量，cm^3/cm^3；K_s 为饱和渗透系数，cm/d；α、n、l 为经验参数；S_e 为土壤有效水含量，无量纲。

根系吸水采用以水势差为基础的 Feddes 模型（Skaggs et al.，2006a，2006b），方程如下：

$$S(z,t)=\alpha(h)r(z)T_p \tag{9-4}$$

式中，T_p 为潜在蒸腾速率，cm/d；$r(z)$ 为根系吸水分布函数，cm^{-1}；$\alpha(h)$ 为水分胁迫函数，反映了由于土壤水分亏缺而导致的植被根系吸水速率的减少。采用 S-Shaped 模型（van Genuchten，1987）描述：

$$\alpha(h)=\frac{1}{1+(h/h_{50})^p} \tag{9-5}$$

式中，h_{50} 为潜在蒸腾速率下降一半时土壤的负压，cm；p 为常数。

潜在蒸散发量（ET_p）根据 FAO-Penman-Monteith 公式计算（Allen et al.，1998），潜在蒸发量（E_p）和植被潜在蒸腾量（T_p）进一步根据 Beer 定律（Ritchie，1972）进行分配：

$$\begin{cases}T_p=ET_p(1-e^{-k.LAI})\\ E_p=ET_p e^{-k.LAI}\end{cases} \tag{9-6}$$

式中，k 为消光系数，根据以往经验值采用 0.39；LAI 为叶面积指数。

实际蒸腾量与潜在蒸腾量的比值（T_a/T_p）被定义为水分胁迫指数（Jarvis，1989），无量纲，变化范围为 0～1，其值越小说明植被生长受到的水分胁迫越大，缺水越严重。

2. 边界条件与初始条件

上边界条件：根据茵陈蒿群落、芦苇群落和灰化薹草群落的分布状况，HYDRUS-1D 模型上边界均选在各植物群落的地表。洲滩出露时期，上边界条件给定为大气边界，接受降水入渗和蒸散发消耗；淹水时期，上边界条件给定为第一类压力水头边界，即地面实际淹水深度。确切而言，模型上边界条件的给定视水情变化而定，茵陈蒿群落因其全年呈出露状态，整个模拟期均给定为大气边界，而季节性淹水的芦苇群落和灰化薹草群落给定为变边界条件（边界条件转换），即洲滩出露时期为大气边界，淹水时期为压力水头边界。

下边界条件：为合理有效地考虑 GSPA 系统界面的水分交换，本书开展饱和-非饱和带土壤水分的整体模拟，模型下边界选自各植物群落枯水期浅层地下水位以下，以此模拟地下水位季节波动条件下的丰、枯水期土壤水分的动态响应变化。根据地下水观测资料，将茵陈蒿群落、芦苇群落和灰化薹草群落地面以下的 10m、8m 和 6m 处分别作为模型的下边界，边界类型为变压力水头边界。

初始条件：模型初始条件需给定土壤含水率的垂向分布，根据初始地下水埋深，将地下水位以下的饱和土壤层赋予饱和土壤含水量，然后利用不同深度实测含水量与饱和含水量进行线性插值，完成所有离散节点初始含水率的赋值。

3. 土壤质地与层次划分

依据野外调查所获的土壤质地测试结果，土壤属性存在明显的垂向异质性，这种固有的异质性及水分运动参数的差异将会对水分运移产生影响，因此本书模拟时将各群落土壤剖面划分为不同的土壤属性层。茵陈蒿群落划分为 4 层，芦苇群落划分为 3 层，灰化薹草群落划分为 2 层（表 9-1）。茵陈蒿群落、芦苇群落和灰化薹草群落模拟介质的饱和-非饱和带的垂向厚度分别为 10m、8m 和 6m，模型垂向网格剖分单元的空间步长为 10cm。

表 9-1　不同植物群落土壤机械组成和容重

群落类型	土壤分层	土壤深度/cm	砂/%	粉砂/%	黏土/%	干容重/(g/cm^3)	土壤质地
茵陈蒿群落	1	0～20	92.8	6.2	1.0	1.33	砂土
	2	20～80	91.2	7.8	1.0	1.26	
	3	80～120	84.2	9.6	6.2	1.35	
	4	120～1000	54.2	36.4	10.4	1.37	粉砂土
芦苇群落	5	0～20	13.6	76.0	11.4	1.35	粉砂土
	6	20～80	23.1	64.3	12.5	1.24	
	7	80～800	17.7	68.4	13.9	1.40	
灰化薹草群落	8	0～40	32.1	53.4	14.5	1.32	粉砂土
	9	40～600	40.2	44.1	15.7	1.26	

4. 模型输入与驱动数据

上边界主要输入的数据有日降水量、风速、太阳辐射、最高气温、最低气温、平均湿度和日照时数等（图 9-1），通过建立的微气象站监测获取。植被输入数据包括反照率（默认值 0.23）、植物 LAI、平均株高以及根系层深度和根系吸水密度函数，其中植物 LAI 和平均株高采用野外测量值（图 9-2）。

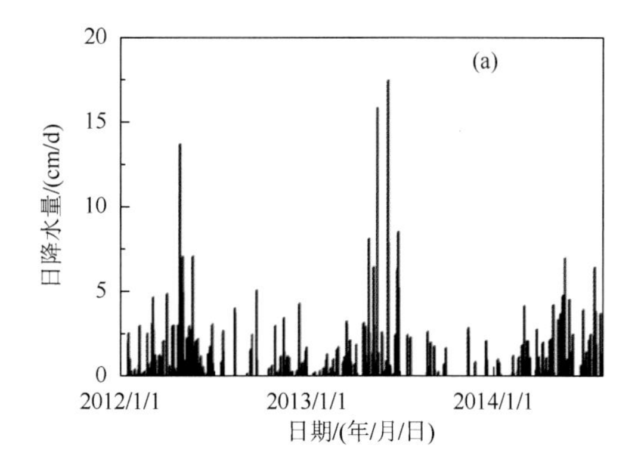

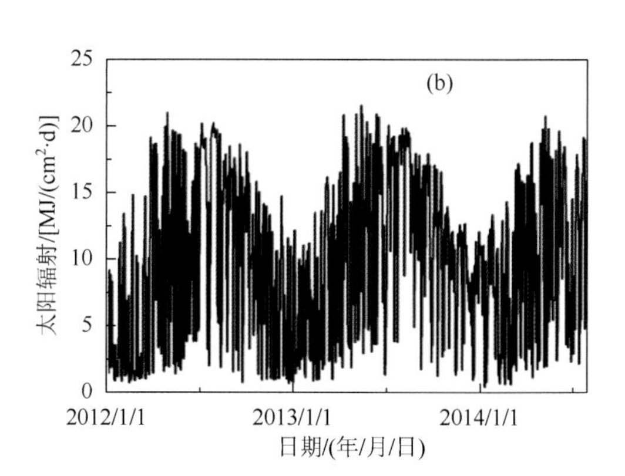

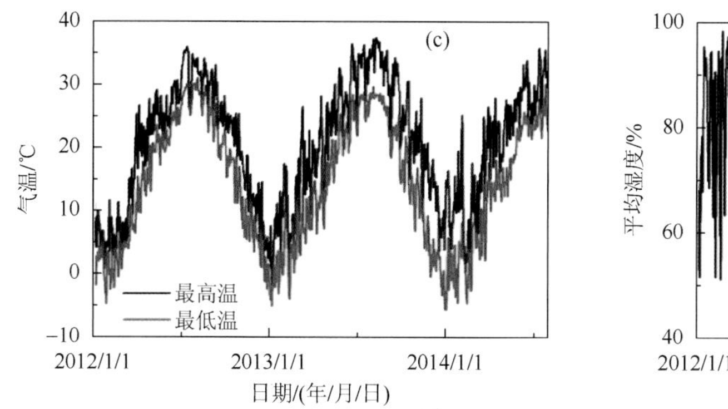

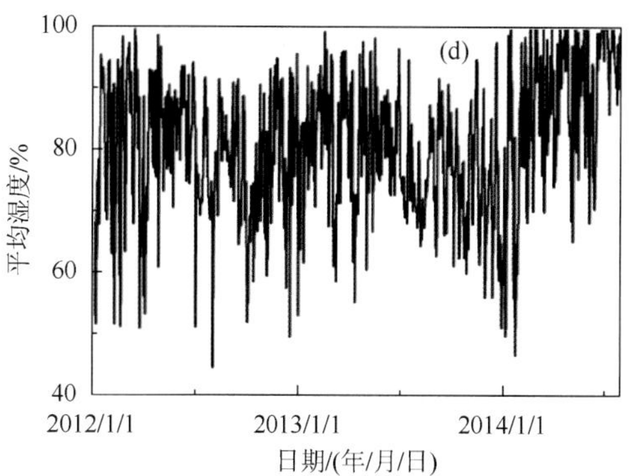

图 9-1　研究区日降水量、太阳辐射、气温和平均湿度等气象要素输入数据

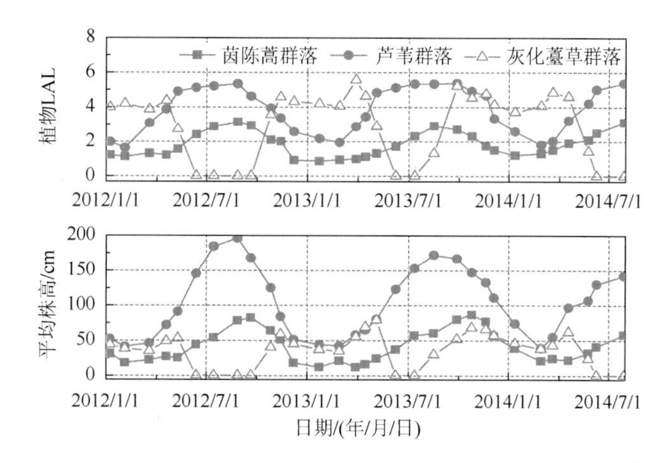

图 9-2　不同植物群落的植物 LAI 和平均株高变化

根系吸水密度函数采用分段函数描述，野外调查茵陈蒿群落、芦苇群落、灰化薹草群落根系层深度分别为 100cm、80cm、60cm，室内测量不同深度土壤层内总根系长度及其比例，不同群落正态化的根系密度分布函数 $r(z)$表达式分别为

$$r(z)|_{\text{茵陈蒿群落}}=\begin{cases}82.2/L_{\mathrm{R}} & 0\leqslant z\leqslant 20\mathrm{cm}\\ 26.6/L_{\mathrm{R}} & 20<z\leqslant 60\mathrm{cm}\\ 12.9/L_{\mathrm{R}} & 60<z\leqslant 100\mathrm{cm}\end{cases} \tag{9-7}$$

$$r(z)|_{\text{芦苇群落}}=\begin{cases}317/L_{\mathrm{R}} & 0\leqslant z\leqslant 10\mathrm{cm}\\ 85/L_{\mathrm{R}} & 10<z\leqslant 40\mathrm{cm}\\ 12.4/L_{\mathrm{R}} & 40<z\leqslant 80\mathrm{cm}\end{cases} \tag{9-8}$$

$$r(z)|_{\text{灰化薹草群落}}=\begin{cases}632/L_{\mathrm{R}} & 0\leqslant z\leqslant 10\mathrm{cm}\\ 247/L_{\mathrm{R}} & 10<z\leqslant 20\mathrm{cm}\\ 54/L_{\mathrm{R}} & 20<z\leqslant 40\mathrm{cm}\end{cases} \tag{9-9}$$

式中，z 为根系深度，cm，其中 $z=0$cm 时为地表；L_{R} 为总根长，cm。

5. 模型参数化

初始土壤参数通过土壤脱湿实验中获取的土壤负压和含水率的观测数据，利用非线性最小二乘法拟合 van Genuchten 模型获取（图 9-3）。茵陈蒿群落土壤水分的疏干过程线较陡，水分胁迫方程参数 h_{50} 和 p 主要依据已有文献赋予较大的取值分别为–950cm 和 3，以此代表迅速的土壤脱湿过程（Skaggs et al.，2006a；Zhu et al.，2009）。芦苇群落的土壤质地主要为粉砂土，参考 Xie 等（2011）在黄河三角洲细砂土芦苇湿地的研究结果，h_{50} 和 p 分别被赋予–2456cm 和 3。

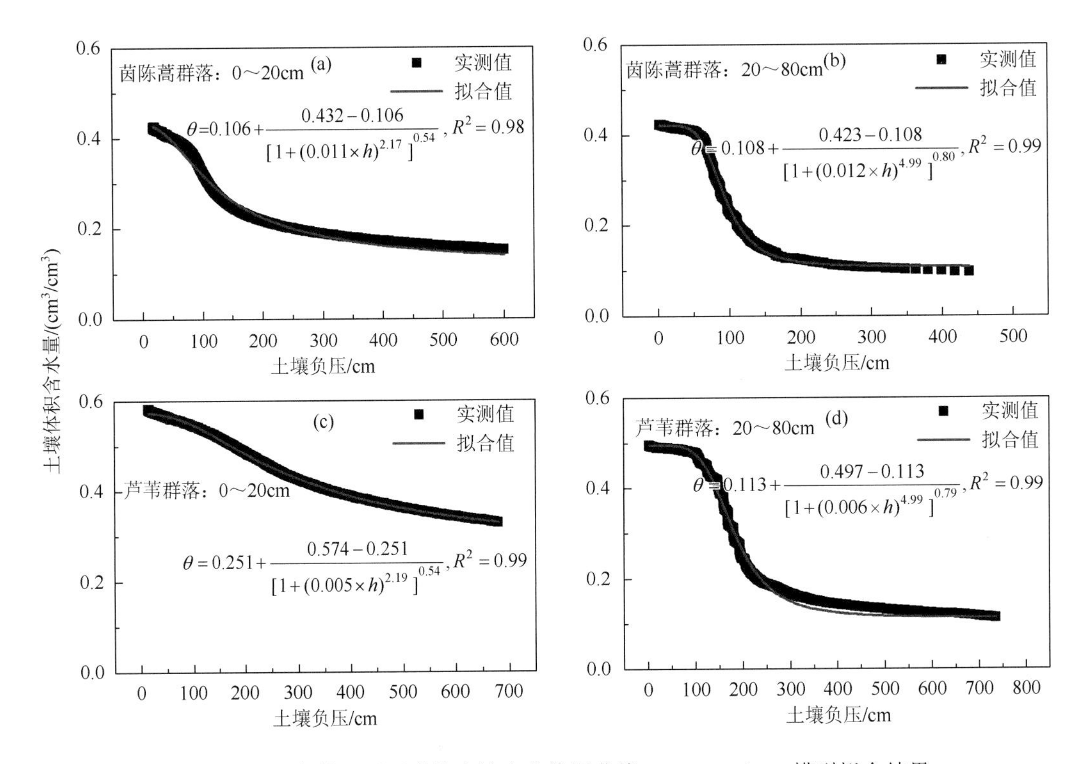

图 9-3　脱湿条件下不同群落土壤水分特征曲线 van Genuchten 模型拟合结果

9.2.2　模型的率定和验证

各植被群落土壤水分模拟值与实测值的变化过程分别如图 9-4 所示，不同深度土壤含水量模拟值与实测值变化趋势一致，统计指标显示模型的模拟精度良好（表 9-2）。茵陈蒿群落模拟的土壤含水量既能体现对小降水事件的响应，也能捕捉到地下水位上升和强降水引起的土壤急剧饱和过程，且能再现土壤含水量的迅速下降过程（图 9-4（a））。芦苇群落和灰化薹草群落模拟的土壤含水量能再现秋季退水后土壤的缓慢疏干过程(图 9-4(b))。总体来说，模型对湿地土壤含水量变化有良好的模拟效果，能够反映水位生消变化所致的洲滩湿地土壤干、湿交替过程。

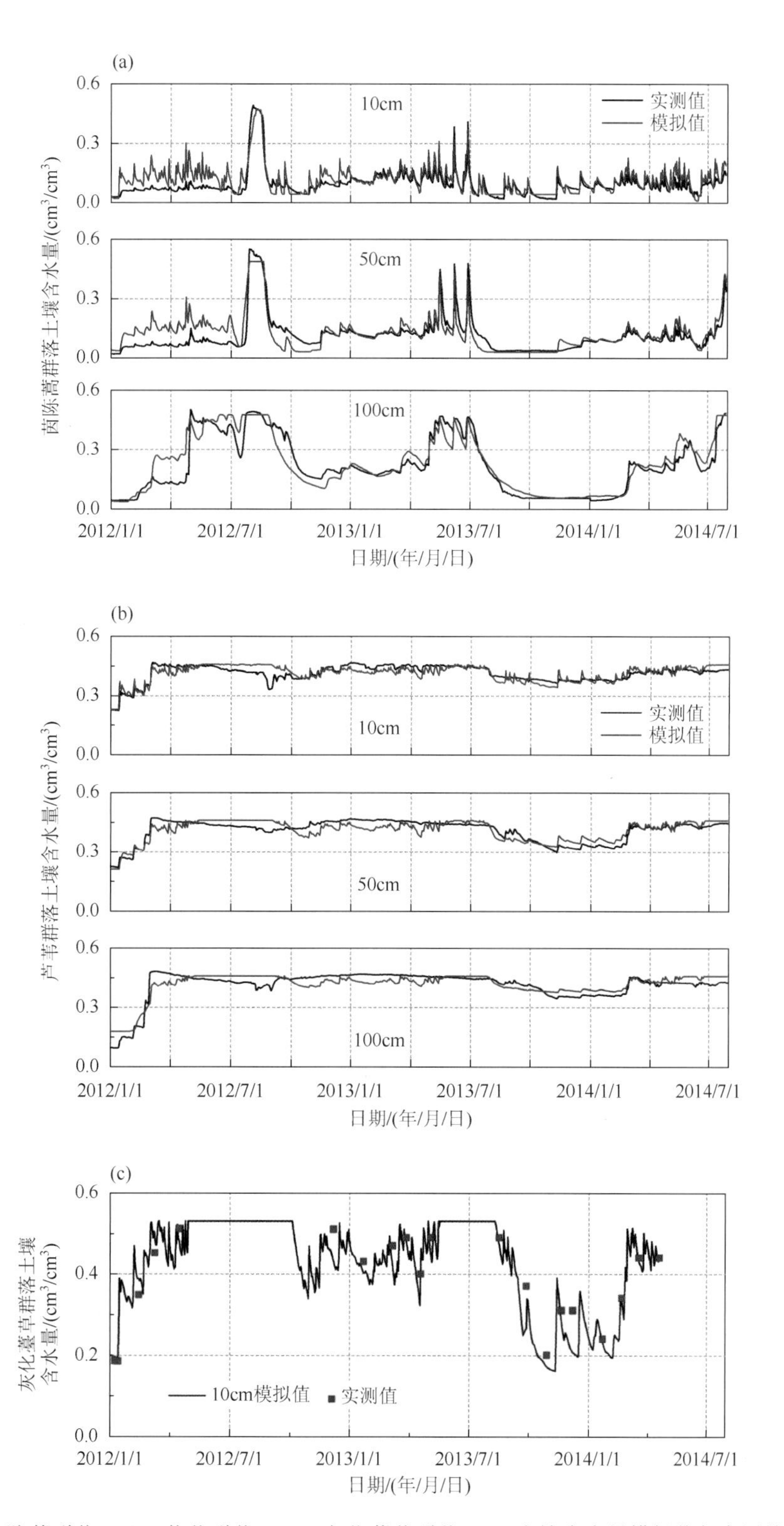

图 9-4　茵陈蒿群落（a）、芦苇群落（b）、灰化薹草群落（c）土壤含水量模拟值与实测值对比图

表 9-2 不同群落土壤含水量和蒸散发量模拟值与实测值拟合效果统计值

植被类型	验证目标	土壤深度/cm	率定期			验证期		
			RMSE	R_e	R	RMSE	R_e	R
茵陈蒿群落	SWC	10	0.04	0.10	0.91	0.03	0.16	0.85
		50	0.05	0.00	0.88	0.03	−0.00	0.88
		100	0.07	0.02	0.87	0.04	0.08	0.96
	ET_a	—	0.50	−0.10	0.89	1.01	−0.08	0.73
芦苇群落	SWC	10	0.03	−0.00	0.82	0.02	0.00	0.90
		50	0.03	−0.02	0.84	0.02	0.03	0.91
		100	0.04	−0.02	0.92	0.02	0.03	0.81
灰化薹草群落	SWC	10	0.06	0.04	0.81	—	—	—

注：SWC 验证变量中 RMSE 的单位为 cm^3/cm^3，ET_a 验证变量中 RMSE 的单位为 mm/d。

茵陈蒿群落模拟蒸散发量与波文比能量平衡法（BREB）计算蒸散发量比较如图 9-5 所示，两者的变化趋势整体较为一致，量值相近，而且能很好地体现出 2013 年 8 月下旬至 9 月初由于土壤表面缺水而引起的蒸散量急剧下降的过程，说明模型在干旱期蒸散发上的模拟结果也较理想（图 9-5）。从统计指标来看，茵陈蒿群落的蒸散发整体模拟效果较好。

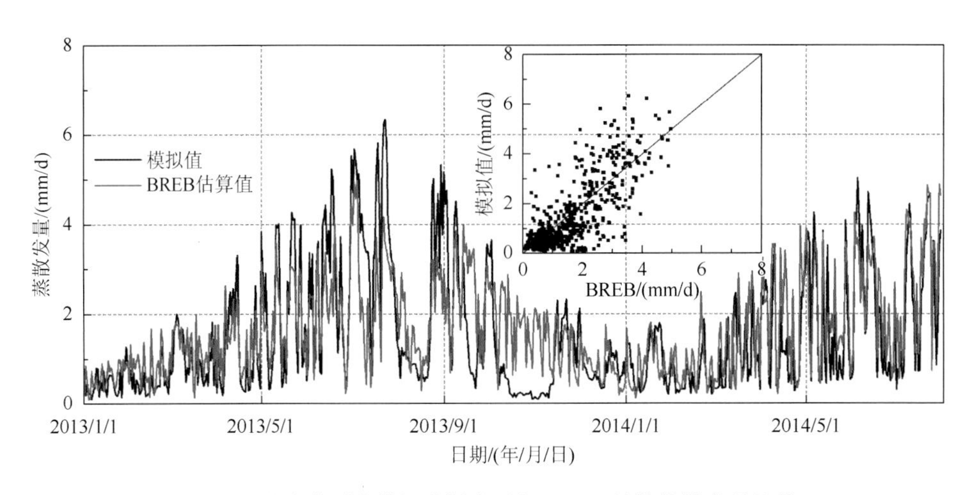

图 9-5 茵陈蒿群落模拟蒸散发量与 BREB 计算蒸散发量比较

9.2.3 GSPA 系统界面水分运移

1. 植被/地面-大气界面水分通量

不同植物群落的日、月蒸散发量模拟值变化过程如图 9-6 所示，植被蒸腾量变化与各群落物种生长过程保持一致。茵陈蒿群落和芦苇群落蒸腾量年内变化呈单峰型，峰值出现在 7～8 月，平均蒸腾量分别为 3.7mm/d 和 8.7mm/d，最大蒸腾量分别为 7mm/d 和 16mm/d，这可能与湿地系统存在较大的向下显热传输或水平平流交换有关（Allen et al.，1992；Herbst and Kappen，1999；Pauliukonis and Schneider，2001）。灰化薹草群落蒸腾量年内有 2 个峰值，分别出现在 4 月和 10 月，平均蒸腾量为 2.4mm/d，最大蒸腾量为 5.4mm/d。土壤蒸发量年内变化基本在 2mm/d 以内。

湿地蒸散以植被蒸腾为主。茵陈蒿群落 11 月～次年 3 月植被蒸腾量与土壤蒸发量相差不大，而在植被生长旺季 7～10 月的月蒸腾量为 40～110mm/月，是蒸发量的 3～5 倍。芦苇群落因植被覆盖度常年很高，仅冬季植被蒸腾量与蒸发量相差较小，为 10～20mm/月，萌发初期 3～4 月的蒸腾量是蒸发量的 2～5 倍，5～9 月的月蒸腾量为 110～260mm/月，是蒸发量的 7～11 倍。灰化薹草群落通常呈密集倒伏型分布，春、秋季生长期内，月蒸腾量为 40～70mm/月，是地面蒸发量的 6～8 倍。

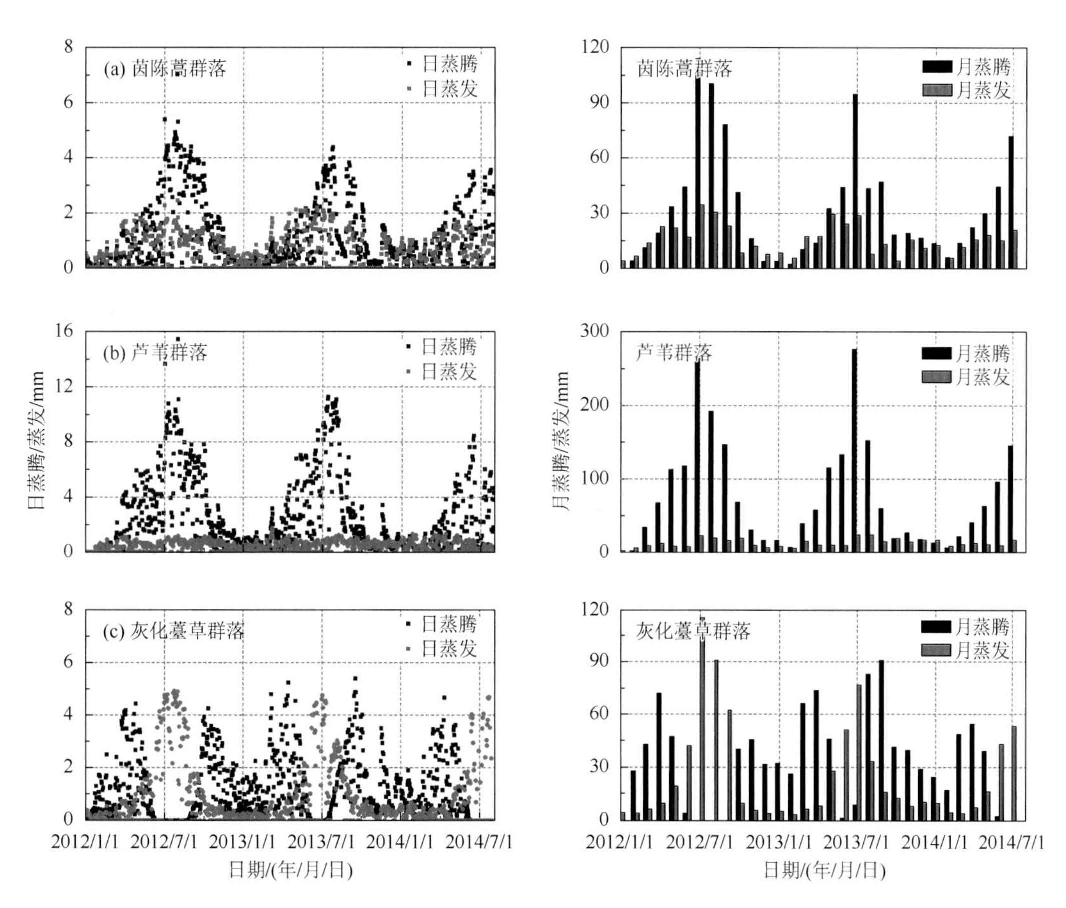

图 9-6　不同植物群落的日、月蒸散发量模拟值变化过程

2. 土壤-根系界面水分通量

土壤-根系界面的水分通量主要为植被根系吸水速率，是植被蒸腾水量在根系区的垂向分配。茵陈蒿群落根系吸水速率随土层深度的增加而减小（图 9-7），主要吸水深度集中在 80cm 内，而 40cm 内是其主要吸水区。茵陈蒿群落根系吸水量有明显的季节性变化，4 月之

前吸水速率较小，5～6 月吸水速率开始增大，7～8 月达到最大，平均值为 0.012cm^3/(cm^3·d)，最大可达 0.02～0.032cm^3/(cm^3·d)，10 月之后吸水速率随着植株的枯萎而减小。

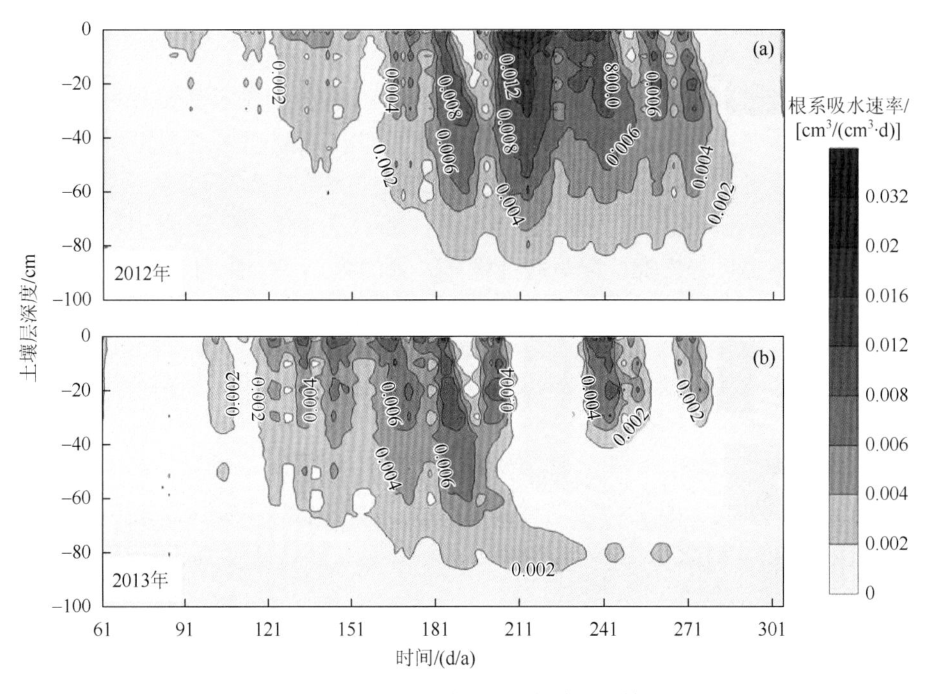

图 9-7　茵陈蒿群落根系吸水速率模拟值等值线图

根据芦苇群落根系吸水速率模拟值等值线图（图 9-8），发现吸水量随土层深度的增

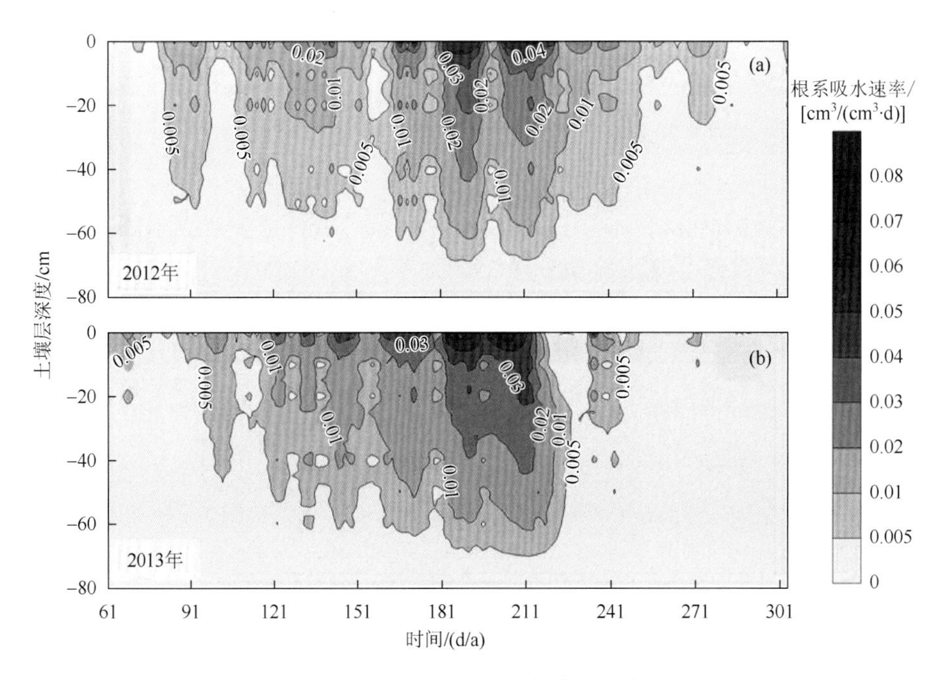

图 9-8　芦苇群落根系吸水速率模拟值等值线图

加而减小，吸水深度主要集中在 60cm 内，而 20cm 内是其强吸水区。吸水量随时间先增加后减小，3～4 月吸水速率为 0～0.005cm^3/(cm^3·d)，5～6 月吸水速率增加到 0.01～0.03cm^3/(cm^3·d)，最大吸水速率出现在 7～8 月，平均值为 0.025～0.03cm^3/(cm^3·d)，9 月之后吸水量明显减少，吸水速率不足 0.005cm^3/(cm^3·d)。

灰化薹草群落的根系吸水深度主要在 40cm 内，15cm 内是强吸水区（图 9-9）。根系吸水主要在春季生长期和秋季退水之后，但秋季吸水速率小于春季吸水速率。春季表层 10cm 内的吸水速率为 0.01～0.014cm^3/(cm^3·d)，最大可达 0.02cm^3/(cm^3·d)，20～60cm 深处的吸水速率为 0.001～0.005cm^3/(cm^3·d)。秋季表层 10cm 内的吸水速率为 0.005～0.01cm^3/(cm^3·d)，30cm 以下的吸水速率为 0.001～0.003cm^3/(cm^3·d)。

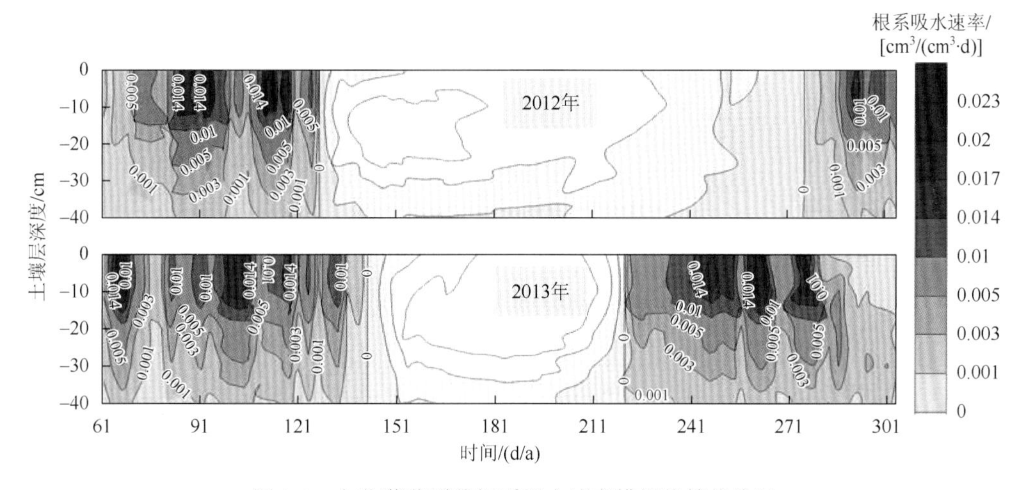

图 9-9　灰化薹草群落根系吸水速率模拟值等值线图

3. 地下水-根区土壤底边界水分通量

植物群落地下水-根区土壤底边界水分通量体现了根区土壤和深层土壤之间的水分交换。整体来看，鄱阳湖湿地植物群落的水分向上运移主要发生在蒸散发作用强烈和地下水位埋深较浅的时段，如高水位且是植被生长旺季的 7～10 月，而土壤水分的深层渗漏则主要发生在强降水期间，如鄱阳湖雨季的 3～6 月，而其他时段根区土壤水分交换的通量则很小（图 9-10）。

茵陈蒿群落根区土壤水分在降水量大于 50mm/d 时会产生明显的向下渗漏，雨季 4～6 月的累积渗漏总量为 557～877mm，占降水入渗总量的 74%～79%。芦苇群落土壤含水量常年较高，降水大于 20mm/d 就会引起根区明显的水分渗漏，4～6 月的累积渗漏总量为 457～762mm，占降水入渗量的 81%～90%。灰化薹草群落 3～5 月土壤水分也以深层渗漏为主，此阶段总渗漏量为 488～530mm，占降水入渗量的 74%～80%。总之，春季集中降水期，鄱阳湖洲滩湿地土壤水分以向下渗漏为主，渗漏量占同期降水总量的 70%以上。

茵陈蒿群落地下水埋深最深，根区底边界土壤仅在汛期地下水位升高时（2012 年 7～8 月）存在明显的向上补给通量。2012 年生长旺季茵陈蒿群落地下水平均埋深为 2.6m，地下水累积向上补给通量为 439mm；2013 年生长旺季茵陈蒿群落地下水平均埋深为 5.3m，向上补给通量基本为零。芦苇群落地下水埋深较浅，蒸散旺季 7～10 月和雨季降水过后都有明显的向上通量。2012 年 9～10 月地下水埋深的变化范围为 0～4.9m，向上累积补给总量为 161mm；2013 年生长旺季芦苇群落地下水平均埋深为 3.0m，向上累积补给总量为 401mm。

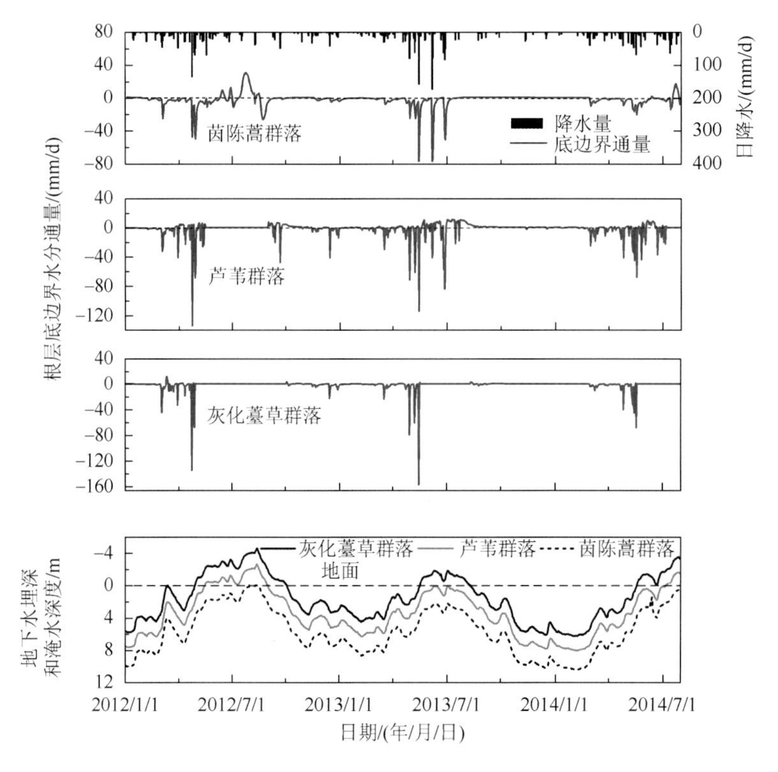

图 9-10　不同植物群落根区土壤底边界水分通量变化

4. 不同植物群落水量平衡分析

茵陈蒿群落和芦苇群落的生长初期以及灰化薹草群落的春草阶段，降水入渗量分别为 752～1110mm、510～937mm、659～656mm，植被蒸腾量分别为 90～96mm、298～307mm、156～182mm，降水量远大于植被蒸腾量，表明在此阶段植被生长不受水分限制，降水可以满足植被生长的水分需求。该阶段各植物群落植被根区土壤水量平衡为盈余状态，茵陈蒿群落、芦苇群落和灰化薹草群落根区土壤水储量增量分别为 66～107mm、15～16mm 和 21～38mm。植被生长旺季和秋草阶段，降水入渗量普遍都小于植被蒸腾量，表明此阶段植被必须依赖于其他水分，如湖水、地下水和前期土壤水储量。该阶段各植物群落植被根系层土壤水量平衡为亏损状态，茵陈蒿群落、芦苇群落和灰化薹草群落根区土壤水储量消耗量分别为 154～161mm、50～95mm 和 28～71mm。

不同水位年 2012 年和 2013 年，湿地植物群落生长旺季的蒸腾用水存在显著差异。高水位 2012 年，茵陈蒿群落地下水对根区土壤的累积补给通量可达 439mm，而低水位 2013 年，地下水对根区土壤的向上补给通量仅能提供 6%的植被用水（表 9-3）。从水分来

表 9-3　模拟计算不同植物群落各生长阶段根区水均衡各项比较分析

群落类型	水文年	生长阶段	T_p	T_a	E_a	R_{in}	L_{in}	G	D	ΔW	AE	T_a/T_p	G/T_a
茵陈蒿群落	2012	初期	96	96	61	752	0	74	557	107	−5	1.00	—
		旺季	349	334	96	209	0	439	375	−161	−4	0.96	1.31
	2013	初期	90	90	73	1110	0	0	877	66	−4	0.98	—
		旺季	367	203	54	143	0	13	51	−154	−2	0.55	0.06
芦苇群落	2012	初期	298	298	30	510	193	97	457	16	1	1.00	—
		旺季	735	677	82	136	491	164	87	−50	5	0.92	0.95
	2013	初期	307	307	31	937	0	182	762	15	−4	0.99	—
		旺季	943	510	89	137	0.0	401	39	−95	5	0.54	0.79
灰化薹草群落	2012	春草	156	156	36	659	61	38	530	38	2	1.00	—
		秋草	77	77	28	142	0	7	75	−28	3	1.00	—
	2013	春草	183	182	42	656	64	9	488	21	4	0.99	—
		秋草	267	169	36	101	0	29	2	−71	6	0.63	—

注："根区"分别指茵陈蒿群落、芦苇群落、灰化薹草群落 100cm、80cm、40cm 深土层；T_p 为潜在蒸散量；T_a 为实际蒸散量；E_a 为实际土壤蒸发量；R_{in} 为降水入渗量；L_{in} 为湖水入渗量；G 为地下水对根区土壤向上补给量；D 为根区水分渗漏量；ΔW 为根区土壤储水量变化量；AE 为水量平衡绝对误差；通量单位为 mm。

源的贡献比例看，2012 年茵陈蒿群落以地下水为主要补给水源，地下水补给量占到总补给量的 55%，而 2013 年地下水的补给比例则下降到 4%，以降水和土壤水储量消耗为主（图 9-11（a））。显然，靠降水和水储量仅能满足一半左右（55%）的植被用水，也就是说地下水对充分保证茵陈蒿群落旺季蒸腾用水有着至关重要的作用。

不同水文年生长旺季芦苇群落蒸散状况存在着明显差异，2012 年生长旺季芦苇群落湖水入渗总量为 491mm，地下水对根区土壤的总补给量为 164mm，湖水和地下水共可提供芦苇群落 97%的水分消耗。而低水位 2013 年生长旺季芦苇群落地下水对根区土壤的总补给量为 401mm，最大能提供植被蒸腾用水总量的 79%（表 9-3）。从各水分来源贡献看，2012 年芦苇群落以湖水为主要补给水源，占总补给水量的 58%，其次为地下水，占总补给量的 20%；而 2013 年以地下水补给为主，占总补给量的 61%（图 9-11（b））。由此表明，芦苇群落的植被蒸腾用水绝大部分都来自湖水和地下水，它们对根区土壤的补给通量直接决定了植被生长的可用水量，而且单靠地下水无法满足芦苇群落旺季的全部蒸腾需水。

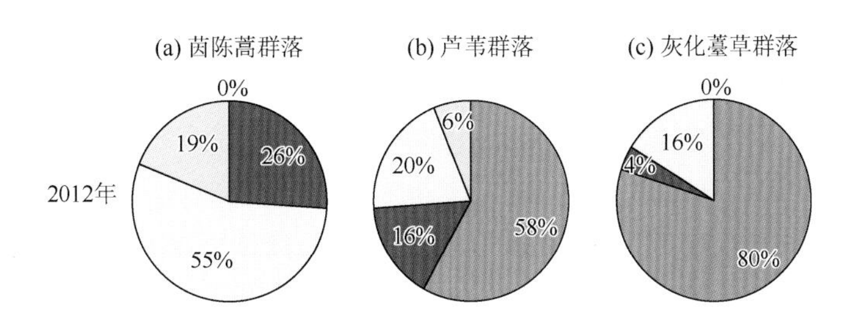

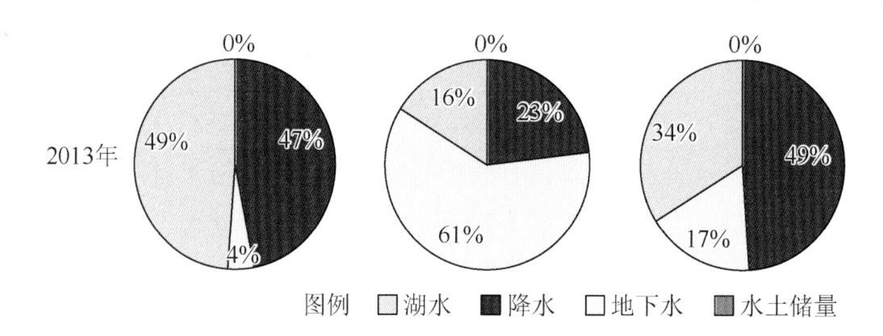

图 9-11　2012 年、2013 年生长旺季茵陈蒿群落、芦苇群落、灰化薹草群落水分来源贡献比例

对比 2012 年和 2013 年灰化薹草群落秋季生长期内的补给水分来源，我们发现，2012 年秋季生长期降水累积入渗量（142mm）远大于灰化薹草群落蒸腾量，即因生长期缩短，植被生长所需水分单依靠降水即可充分满足（图 9-11（a））。而 2013 年降水累积入渗量明显小于蒸腾量，最大只能提供植被用水的 60%，即在此阶段灰化薹草群落除降水外还必须依赖于其他水分来源（图 9-11（b），表 9-3）。从各补给水分来源的贡献比例来看，2012 年以降水补给为主导，占总补给水量的 80%，土壤水储量为辅，占总补给量的 16%；2013 年也以降水和土壤水储量消耗为主要水分来源，分别占总补给量的 49%和 34%，地下水补给为辅，占总补给量的 17%（图 9-11（c））。上述结果表明，对于秋季灰化薹草群落，降水补给对蒸腾用水有重要的作用，当洲滩出露时期延长，灰化薹草群落蒸腾用水增加，会极大地消耗土壤水储量。

9.3　植物群落生态需水的情景模拟

本章围绕鄱阳湖现阶段的水情变化特征，依托已经构建的饱和-非饱和水分运移模型开展定量模拟，通过设置不同的情景方案，重点阐释地下水位、湖泊水位、湖区降水、气温对典型洲滩湿地地下水-土壤-植被-大气系统水分运移规律的影响，探求不同水文气象情景对洲滩湿地主要水分补给来源和植被蒸腾的影响。

9.3.1　地下水位变化

基于不同群落生长旺季水分运移规律的分析可知，湿地地下水位下降会减少其对根区土壤的补给水量，从而限制植被群落的蒸腾量。因此，针对植被生长旺季的 7～10 月，设置以 0.5m 为间隔的 0.5～3.0m 的 6 组地下水埋深情景，通过 1955～2013 年的多年平均日气象数据驱动模型，探求在多年平均气象条件下，不同地下水埋深对茵陈蒿群落和芦苇群落根区土壤的向上补给通量和蒸腾用水的影响。

情景模拟结果显示，湿地植被的蒸腾量随生长旺季地下水埋深的增大而减小（表 9-4），地下水平均埋深在 1m 以内时的植被蒸腾量最大，为潜在蒸腾。水分胁迫指数（T_a/T_p）随着地下水埋深的增大而减小（图 9-12），表明地下水埋深越深，植被所受到的水分胁迫越严重。胁迫指数（y）随地下水埋深（x）的下降过程可以用如下方程进行描述（Shah et al.，2007）。

表 9-4　不同地下水埋深下生长旺季植被蒸腾量和地下水补给量变化

地下水埋深/m	茵陈蒿群落				芦苇群落			
	T_a/mm	G/mm	G/T_a	T_a/T_p	T_a/mm	G/mm	G/T_a	T_a/T_p
0.5	376	213	0.57	1.00	926	715	0.77	1.00
1.0	376	209	0.56	1.00	925	711	0.77	1.00
1.5	328	135	0.44	0.87	782	554	0.71	0.84
2.0	280	69	0.25	0.74	515	266	0.52	0.56
2.5	261	34	0.13	0.69	407	150	0.37	0.44
3.0	254	17	0.07	0.68	364	102	0.28	0.39

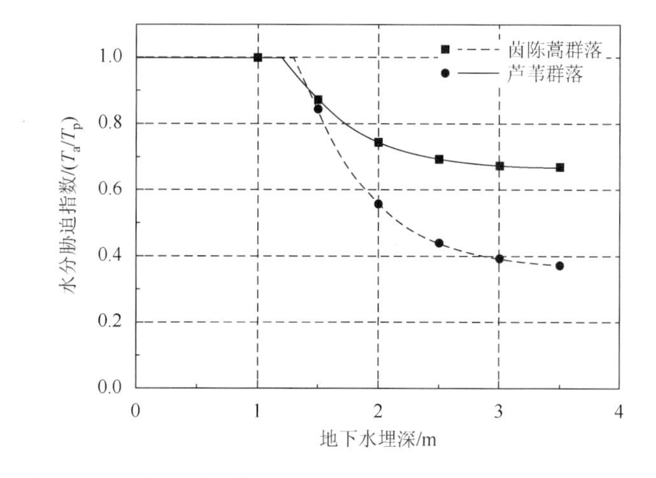

图 9-12　水分胁迫指数（T_a/T_p）随地下水埋深的变化及拟合曲线

$$y=\begin{cases}1, & x\leqslant 1.24\\ 0.66+\mathrm{e}^{-1.91(x-0.68)}, & x>1.24\end{cases},\quad R^2=0.999,\quad 茵陈蒿群落 \tag{9-10}$$

$$y=\begin{cases}1, x\leqslant 1.35\\ 0.36+\mathrm{e}^{-1.80(x-1.10)}, & x>1.35\end{cases},\quad R^2=0.999,\quad 芦苇群落 \tag{9-11}$$

根据拟合方程可知，当茵陈蒿群落和芦苇群落的地下水埋深分别在 1.2m 和 1.4m 以内时，植被不受水分胁迫影响，蒸腾以潜在速率进行。当地下水埋深大于 1.2m 和 1.4m 时，随着地下水埋深的增大，植被蒸腾受到的水分胁迫逐渐加重。根据导数 $\mathrm{d}y/\mathrm{d}x=-2\%$时的地下水埋深（Luo and Sophocleous，2010）计算可知，茵陈蒿群落和芦苇群落地下水的极限影响深度分别是 3.1m 和 3.6m。

随着地下水埋深的增大，地下水对植被群落根区土壤向上补给通量逐渐减小，补给量对植被蒸腾用水量的贡献率（G/T_a）随着地下水埋深的增大而减小（表 9-4），这与以往研究结果一致（Luo and Sophocleous，2010；Xie et al.，2011）。地下水补给量对植被蒸腾用水的贡献率（G/T_a）随地下水埋深（WTD）的变化可采用线性方程进行描述，公式如式（9-12）和式（9-13）所示。根据拟合方程的斜率可知，地下水位每下降 1m，地下水补给对洲滩湿地植被蒸腾用水的贡献率将降低 25%。

$$G/T_a = 0.79 - 0.25\text{WTD},\quad R^2 = 0.98,\quad P < 0.001 \quad \text{茵陈蒿群落} \tag{9-12}$$

$$G/T_a = 1.05 - 0.26\text{WTD},\quad R^2 = 0.98,\quad P < 0.001 \quad \text{芦苇群落} \tag{9-13}$$

9.3.2 降水量变化

基于都昌站1955～2013年历史降雨数据，设计降水量变化模拟情景（表9-5），设置6种模拟情景（情景1为小雨，情景2为中雨，情景3～5为大雨，情景6为暴雨），以体现小降水量、低降雨强度到大降水量、高降雨强度的渐变过程，探求降水量变化对典型洲滩湿地SPAC界面水分运移过程的影响。模型上边界的日降水量数据依据模拟情景设计输入，气象数据采用鄱阳湖流域多年平均气象数据（都昌站1955～2013年数据），下边界输入多年平均地下水埋深数据。

表9-5　降水量变化模拟情景设计方案

情景设计	情景1	情景2	情景3	情景4	情景5	情景6
相邻降雨事件时间间隔/d				9		
单次降雨事件强度/(mm/d)	10	20	30	40	50	60
7～9月降水总量/mm	100	200	300	400	500	600

图9-13为不同降水量条件下典型洲滩湿地SPAC界面水分运移过程的模拟结果，发现大气-土壤界面水分交换中，7～9月的土面蒸发量可忽略不计，而降雨入渗量则随降水量的增加而显著增加，从94mm增加至594mm。在根系层底部界面水分交换中，深层土壤水补给有所减少。当7～9月的降水总量为100mm时，深层土壤水补给为266mm；当降水总量增加至400～600mm时，深层土壤水补给减少至223mm，基本不变。根系层水分渗漏量却显著增加，由2mm大幅增加至366mm。大气-植物界面的植物蒸腾量增加，由386mm增加至544mm，实际蒸腾量接近潜在蒸腾量546mm。

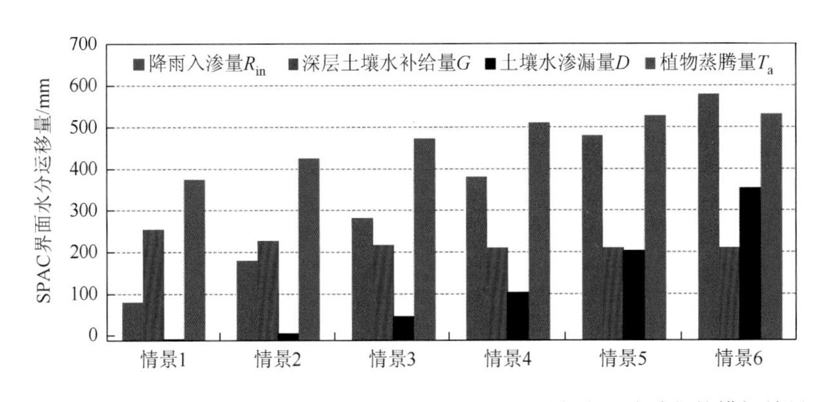

图9-13　不同降水量条件下典型洲滩湿地SPAC界面水分运移过程的模拟结果

湿地水分在各界面的水分交换关系变化，会导致根系层水分补排关系也发生变化。图9-14

为不同降水量条件下典型洲滩湿地 SPAC 界面水分补排关系。随着降水量的增加，降水入渗量增加，根系层以下深层土壤水向上补给量减少，导致降水入渗补给比重逐渐增加，由 26%增加至 73%；根系层以下深层土壤水向上补给比重相应减少，由 74%减少至 27%。根系层水分渗漏量的增幅大于植物蒸腾量，因此根系层水分渗漏排泄比重增加，由 1%增加至 38%；植物蒸腾量比重逐渐减少，由 87%减少至 57%。

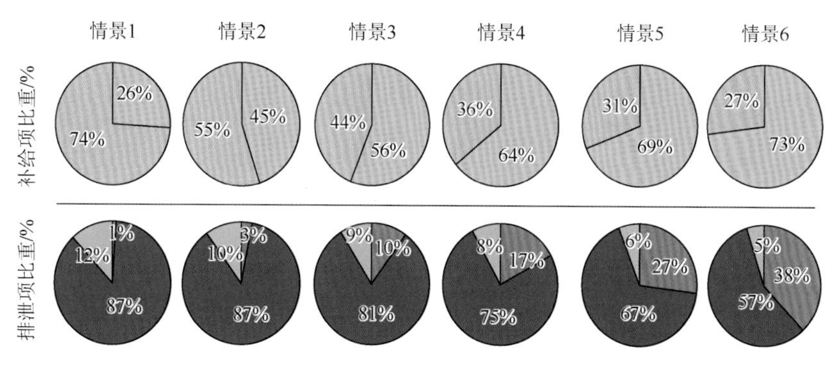

图 9-14　不同降水量条件下典型洲滩湿地 SPAC 界面水分补排关系

9.3.3　气温变化

已有文献研究发现，鄱阳湖流域及周边地区 1965～2005 年 7～9 月多年平均日最高气温 T_{max} 和日最低气温 T_{min} 均呈上升趋势。其中，日最高温度 T_{max} 的年均值增加量为 0.56～0.8℃，日最低温度 T_{min} 的年均值增加量为 1.35～2.5℃（魏金连和潘晓华，2009；丁明军等，2010）。基于此，本章设计不同气温模拟情景，将都昌站 1955～2013 年多年平均日最高气温 T_{max} 和日最低气温 T_{min} 设置为基准条件情景 1，其余模拟情景基于历史气温 T_{max} 分别增加了 0.5℃、1.0℃，T_{min} 分别增加了 1.0℃、1.5℃、2.0℃、2.5℃，这 7 种模拟情景体现了日最高气温和日最低气温逐渐升高的渐变过程，以探求不同气温对界面水分运移过程的影响（表 9-6）。

表 9-6　气温变化模拟情景设计方案

情景设计	情景 1	情景 2	情景 3	情景 4	情景 5	情景 6	情景 7
日最高气温 T_{max}/℃	T_{max}	+ 0.5	+ 1.0	/	/	/	/
日最低气温 T_{min}/℃	T_{min}	/	/	+ 1.0	+ 1.5	+ 2.0	+ 2.5

注：情景 2～情景 7 中，“/”表示与情景 1 中的 T_{max} 或 T_{min} 相同；“ + 0.5”表示在情景 1 中 T_{max} 或 T_{min} 基础上加 0.5℃。

图 9-15 为不同气温条件下典型洲滩湿地 SPAC 界面水分运移过程的模拟结果显示，大气-土壤界面水分交换中的降水入渗量不受气温变化影响，始终保持在 267mm。气温变化对根系层底部界面水分交换中深层土壤水补给量和大气-植物界面的植物蒸腾量的影响均极小，分别为 155～170mm 和 497～511mm。随着日最高气温 T_{max} 的增加，深层土壤水

补给量和植物蒸腾量均增加；但随着日最低温度 T_{min} 的增加，深层土壤水补给量和植物蒸腾量均减少。气温变化引起的湿地水分在各界面水分交换关系中的变化并不大，因此根系层水分补排关系也基本不变，降水入渗补给比重为 60%左右，深层土壤水补给比重为 40%左右，排泄途径以植物蒸腾为主，几乎占 100%。

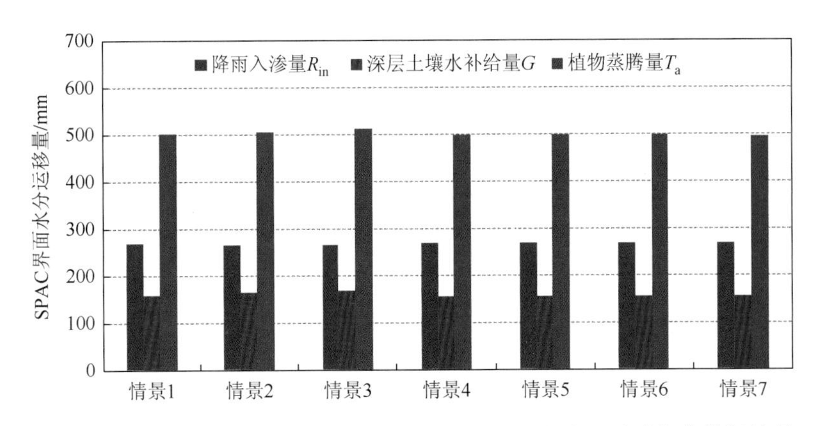

图 9-15　不同气温条件下典型洲滩湿地 SPAC 界面水分运移过程的模拟结果

9.4　小　　结

本章基于典型断面监测，构建了 3 个优势植物群落内 HYDRUS-1D 水分运移模型，探求了不同群落内地下水-土壤-植被-大气界面水分运移过程，并揭示了地下水位、湖水位、降水、气温等关键环境因子对优势植物群落生态需水的影响。主要得出以下几点结论。

（1）茵陈蒿群落和芦苇群落的年蒸散量分别为 554～671mm 和 1110～1210mm，且均在 7 月达到峰值。灰化薹草群落年蒸散量为 715～783mm，峰值分别出现在 4 月和 10 月。春季生长期（3～6 月），降水能满足洲滩湿地植被的全部蒸腾用水，根区土壤水分以渗漏为主，根区土壤水量平衡为盈余状态。茵陈蒿群落和芦苇群落的生长旺季（7～10 月）和灰化薹草群落的秋草阶段（9～11 月），降水入渗不能满足植被生长所需的全部水分，根区土壤水量平衡为亏损状态。

（2）各植物群落在高水位 2012 年实际蒸腾量占潜在蒸腾量的 90%以上，而在低水位 2013 年仅占潜在蒸腾量的 55%～64%。湖水和地下水的补给量直接决定了茵陈蒿群落和芦苇群落的蒸腾量。2012 年生长旺季，地下水最大可提供茵陈蒿群落蒸腾的全部水分，湖水和地下水对芦苇群落蒸腾的贡献率达 97%，而 2013 年地下水对茵陈蒿群落蒸腾用水的贡献率仅为 6%，对芦苇群落的贡献率为 79%。

（3）植被蒸腾量随着湿地地下水埋深的增加而减小。地下水对蒸腾用水的贡献率与地下水埋深呈负线性关系，地下水位每下降 1m，地下水补给量对植被蒸腾用水的贡献率就降低 25%。地下水对茵陈蒿群落和芦苇群落根区土壤水分的补给极限深度分别是 3.1m 和 3.6m。随着降水量增加，根系层水分渗漏量和植物蒸腾量均有所增加，但深层土壤水补给量减少。随着日最高气温 T_{max} 的增加，深层土壤水补给量和植物蒸腾量均增加，但日最低温度 T_{min} 的增加则导致深层土壤水补给量和植物蒸腾量的减少。

参考文献

丁明军，郑林，杨续超. 2010. 1961-2007年鄱阳湖周边地区气温变化趋势分析. 中国农业气象，31（4）：517-521.

林欢，许秀丽，张奇. 2017. 鄱阳湖典型洲滩湿地水分补排关系研究. 湖泊科学，29（1）：160-175.

吕宪国. 2008. 中国湿地与湿地研究. 石家庄：河北科学技术出版社.

魏金连，潘晓华. 2009. 鄱阳湖区近40年来双季稻生长期间的气温变化趋势. 安徽农业科学，37（27）：12995-12997.

章光新，尹雄锐，冯夏清. 2008. 湿地水文研究的若干热点问题. 湿地科学，6（2）：105-115.

周德民，宫辉力，胡金明，等. 2007. 湿地水文生态学模型的理论与方法. 生态学杂志，26（1）：108-114.

Allen R G，Prueger J H，Hill R W. 1992. Evapotranspiration from isolated stands of hydrophytes-Cattail and Bulrush. Transactions of the Asae，35（4）：1191-1198.

Allen R，Pereira L S，Raes D，et al. 1998. Crop evapotranspiration：guidelines for computing crop water requirements，FAO Irrigation and Drainage Paper 56. Rome：Food and Agriculture Organization of the United Nations.

Herbst M，Kappen L. 1999. The ratio of transpiration versus evaporation in a reed belt as influenced by weather conditions. Aquatic Botany，63（2）：113-125.

Jarvis N J. 1989. Simple empirical model of root water uptake. Journal of Hydrology，107（1-4）：57-72.

Luo Y，Sophocleous M. 2010. Seasonal groundwater contribution to crop-water use assessed with lysimeter observations and model simulations. Journal of Hydrology，389（3-4）：325-335.

Pauliukonis N，Schneider R. 2001. Temporal patterns in evapotranspiration from lysimeters with three common wetland plant species in the eastern United States. Aquatic Botany，71（1）：35-46.

Ritchie J T. 1972. Model for predicting evaporation from a row crop with incomplete cover. Water Resource Research，8（5）：1204-1213.

Shah N，Nachabe M，Ross M. 2007. Extinction depth and evapotranspiration from ground water under selected land covers. Ground Water，45（3）：329-338.

Šimůnek J，van Genuchten M T H，Šejna M. 2008. The HYDRUS-1D software package for simulating the movement of water，heat，and multiple solutes in variably saturated media，Version 4.0. California，USA：Department of Environmental Sciences，University of California Riverside.

Skaggs T H，Shouse P J，Poss J A. 2006a. Irrigating forage crops with saline waters：2. modeling root uptake and drainage. Vadose Zone Journal，5（3）：824-837.

Skaggs T H，van Genuchten M T，Shouse P J，et al. 2006b. Macroscopic approaches to root water uptake as a function of water and salinity stress. Agricultural Water Management，86（1-2）：140-149.

van Genuchten M T h. 1980. A closed-form equation for predicting the hydraulic conductivity of unsaturated soils. Soil Science Society of America Journal，44（5）：892-898.

van Genuchten M T h. 1987. A numerical model for water and solute movement in and below the root zone. USDA，ARS，Riverside，California：Unpublished Research Report，U.S. Salinity laboratory.

Xie T，Liu X H，Sun T. 2011. The effects of groundwater table and flood irrigation strategies on soil water and salt dynamics and reed water use in the Yellow River Delta，China. Ecological Modeling，222（2）：241-252.

Xu X L，Zhang Q，Li Y L，et al. 2016. Evaluating the influence of water table depth on transpiration of two vegetation communities in a lake floodplain wetland. Hydrology Research，47（s1）：293-312.

Zhu Y H，Ren L L，Skaggs T H，et al. 2009. Simulation of *Populus euphratica* root uptake of groundwater in an arid woodland of the Ejina Basin，China. Hydrology Process，23（17）：2460-2469.

第10章　鄱阳湖水文情势未来变化趋势预估

10.1　引　　言

气候变化驱动降水、蒸发等要素的时空变化，导致流域水文循环过程的改变，增加了水文极端事件发生的概率，加剧了流域洪涝灾害的发生，改变了区域的水量平衡，严重影响了流域水资源的时空分布。气候变化下的水资源研究主要包括三个步骤：①采用气候模式模拟气候变化；②采用降尺度方法来耦合气候模式与水文模型，将气候变化方案作为水文模型的输入条件；③采用水文模型来揭示水文效应对气候变化的响应。近些年来，分布式水文模型由于其物理机制明确且能有效地将模型参数同流域地表属性联系起来，已成为国内外评估气候变化下水文效应的主要研究手段，基于模型的研究方法不但克服了以往统计模型外延精度较差的弊端，也能检验与拓展模型的适用范围，提高模型在应用方面的灵活性与适应性。

鄱阳湖流域是气候变化影响下的敏感区域，也是长江中游水旱灾害最为频发的地区之一。20世纪的后40年内，尤其是90年代，流域经历了温度的快速升高和降水量的大幅度增加，以及由此引起的流域频繁的洪水事件。进入21世纪，在温度持续升高、降水不断减少的新形势下，该地区不同程度的枯水与干旱问题又受到了高度关注。就鄱阳湖湖泊流域的水系统特点而言，在未来气候变化条件下，流域降水-径流过程的改变势必将会导致径流量时空的重新分配，进而影响湖泊的水量平衡。在全球气候变化背景下，鄱阳湖入湖径流以及湖泊水情未来变化趋势的预估是该区域研究的一个重要内容，对进一步揭示湖泊系统对流域水文过程的响应具有重要意义。本章以气候变化、径流模拟以及水位预测为重点内容，预估未来20年鄱阳湖水文情势的变化趋势。

10.2　气候-水文模式与校验

10.2.1　气候变化研究方案

应用区域气候模式COSMO-CLM（Steppeler et al.，2003）预测鄱阳湖流域未来的气候变化。COSMO-CLM是由德国气象局的局地模型发展而来的区域气候模式，近年来被广泛应用于中国不同地区的气候变化研究，能够很好地模拟日降水的时空分布特征和变化趋势（Fischer et al.，2013；Wang et al.，2013），具有较强的适用性。采用先前构建的大尺度流域分布式水文模型WATLAC计算鄱阳湖流域地表“五河”径流入湖过程，模拟近20年（1986～2005年）鄱阳湖流域“五河”入湖径流变化，并通过河道径流观测资料对模型开展进一步验证。以此作为基准期，依据区域气候模式COSMO-CLM获取鄱阳湖流域 14 个国家气象站点的未来降水和温度时间序列资料，采用降尺度和偏差校正方法弥补气候排放情景的预测误差（Schoetter et al.，2012；Teutschbein and Seibert，2012），进而驱动分布式水文模型 WATLAC，预测未来 20 年（2016～2035 年）流域“五河”入湖的径流变化，采用 BP 神经网络模型预测未来 20 年（2016～2035 年）鄱阳湖的水位变化趋势（图 10-1）。

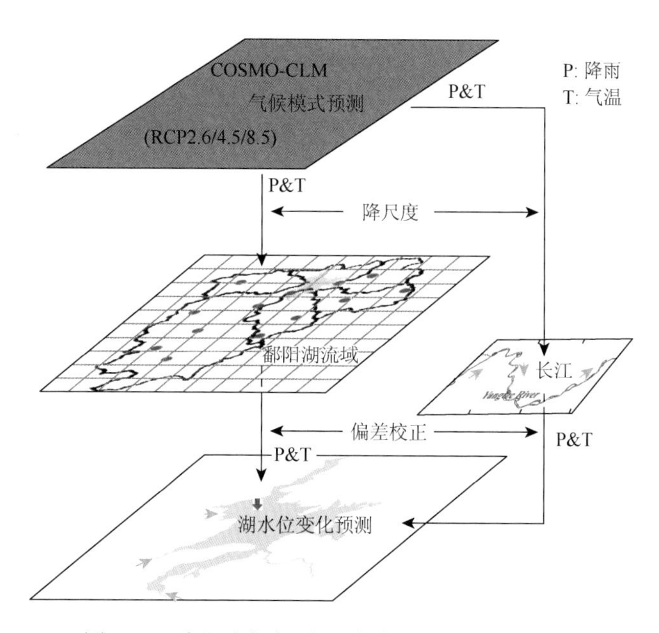

图 10-1 鄱阳湖气候-水文未来变化研究总体思路

10.2.2 气候数据偏差校正

鄱阳湖流域的降水和气温数据均采用基于 CDF 方法的 EDCDF（equidistant cumulative distribution functions）偏差校正方法（Li et al.，2010）进行分析。该方法假设相同累积分布概率所对应的观测与模拟数据的差值在未来时段保持不变，同时还考虑了预估值与基准期模拟值之间 CDFs 的差别。该方法对降水采用 2 参数的 Γ 分布进行拟合，鉴于零降水月数的影响，采用 $G(x) = (1-P)H(x) + PF(x)$作为降水的累计分布函数（陶辉等，2013；Huang et al.，2015）。式中，P 为降水月份占总月份的比例；$H(x)$为阶梯函数，无降水月取值为 0，有降水月为 1；$F(x)$为降水的分布拟合函数。对气温的拟合，该方法则采用 4 参数的 Beta 分布。该方法的具体原理在此不做过多陈述，读者可参考上述相关文献进行研究。

图 10-2 为偏差校正前后鄱阳湖流域气候观测值和模式输出结果的概率密度分布图。偏差校正前，COSMO-CLM 模拟降水的概率密度分布结果表明，低降水量和高降水量的发生概率较小，而中等降水量的发生概率则相对较大。对于气温来说，COSMO-CLM 模拟结果与观测资料均呈现出两个峰值，分别对应于气温较低的寒季和气温较高的暖季。进一步证实，气候模拟值与观测值之间存在着实质性的差异，而 EDCDF 偏差较正方法能够有效地对降水和气温进行纠偏，即偏差校正后的降水和气温能够很好地拟合研究区气候观

测数据的序列分布（图 10-2）。偏差校正后，降水和气温的纳希效率系数 E_{ns} 可达到 0.97，Pearson 相关系数高达 0.99，且通过 99%的置信度检验，相对误差 R_e 小于 2.2%（表 10-1）。总的来说，虽然气候模拟值与实际观测值之间存在一定的偏差，但偏差校正后的气候数据能够反映观测数据的总体变化情况，可用于鄱阳湖流域未来气候变化下的预估研究。

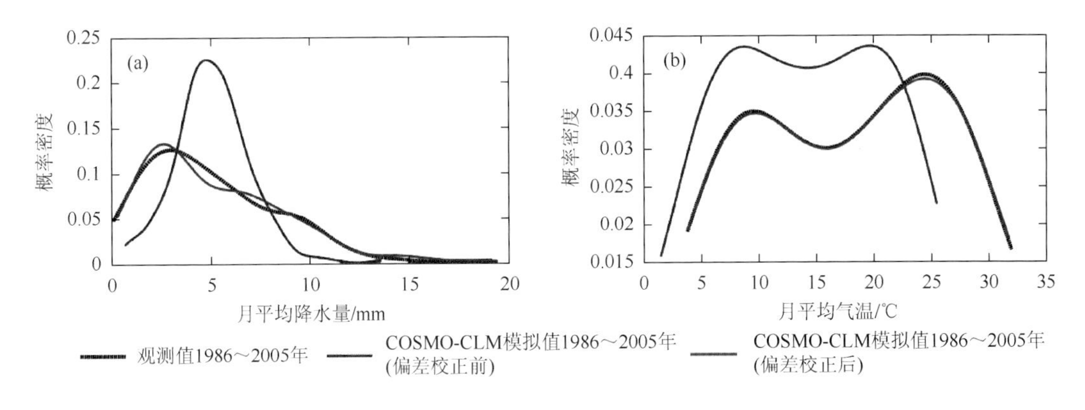

图 10-2　偏差校正前后鄱阳湖流域气候观测值和模式输出结果的概率密度分布图
（14 个国家气象站点数据的平均值）

表 10-1　降水和气温数据偏差校正效果的定量评价

气候变量	偏差校正前			偏差校正后		
	E_{ns}	R	R_e/%	E_{ns}	R	R_e/%
降水量/mm	0.46	0.71*	21.2	0.97	0.97**	2.2
气温/℃	0.62	0.88*	−11.3	0.97	0.99**	0.1

注：**表示 99%置信水平；*表示 95%置信水平。

10.2.3　水文模型验证

应用参数优化技术 PEST 来自动校准分布式水文模型 WATLAC，这里率定的主要参数有坡面汇流系数（α）、土壤水入渗率系数（β_1）、地下水补给率系数（β_2）、马斯京根时间蓄量常数（k）和浅层地下水给水度（S_y）（表 10-2）。模型率定期选择为 1986～1995 年，验证期为 1996～2005 年。散点图表明，WATLAC 水文模型能够很好地再现鄱阳湖流域五个主要水文站点的日径流动态变化，模拟值与观测值拟合程度较好（图 10-3）。定量评价结果显示，模拟值与观测值拟合的确定性系数 R^2 为 0.70～0.81，纳希效率系数 E_{ns} 为 0.70～0.83，相对误差 R_e 基本在±10%左右（表 10-3）。由此表明，分布式水文模型 WATLAC 在鄱阳湖流域径流模拟方面具有很强的适用性，可用来进一步预测未来气候变化对入湖径流过程的影响。

表 10-2　分布式水文模型 WATLAC 率定的主要参数与优化结果

参数	初值	下限	上限	优化值
α	0.997	0.01	2.0	0.913
β_1	0.162	0.01	2.0	0.233
β_2	0.035	0.01	2.0	0.044
k/d	4.80	0.01	5.0	4.90
S_y	0.054	0.001	0.3	0.138

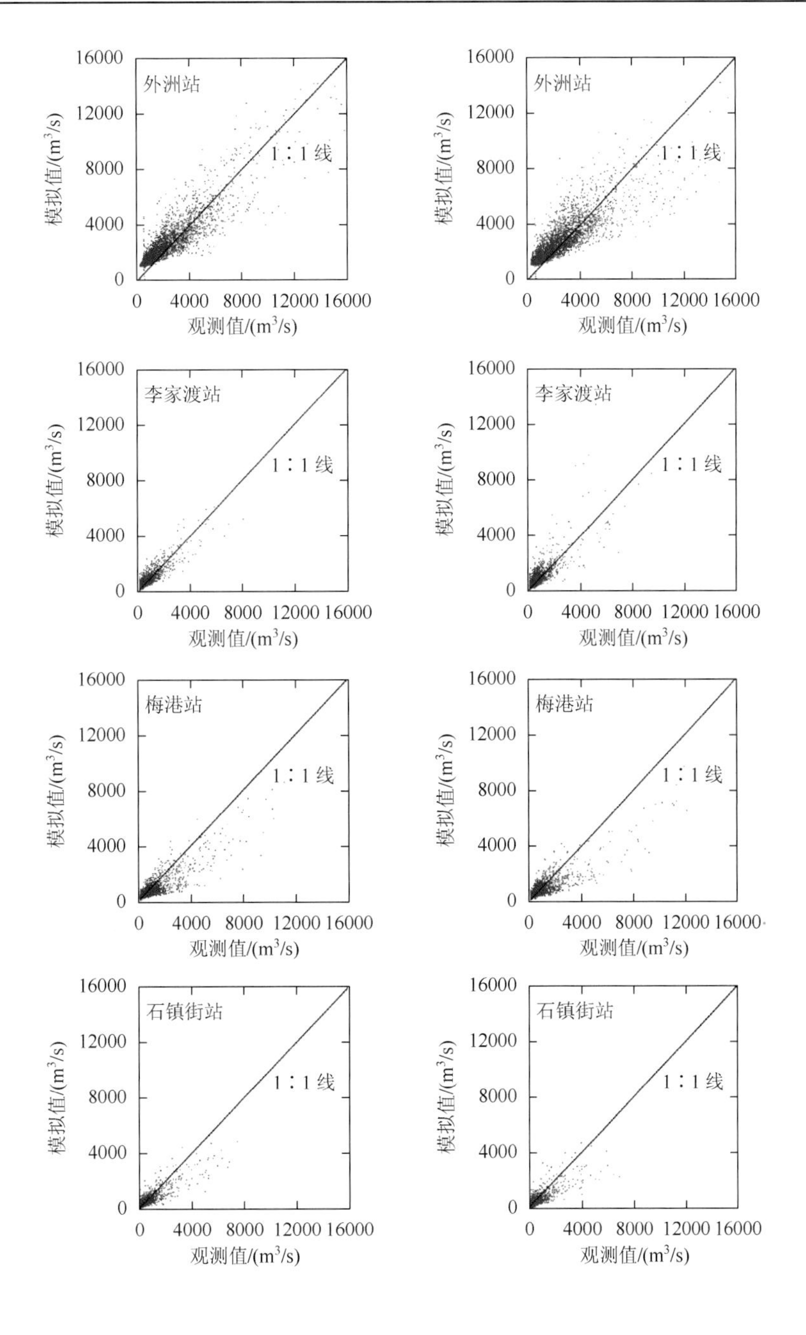

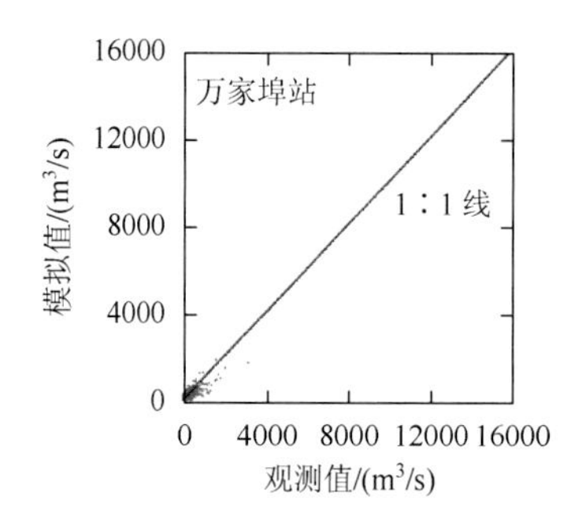

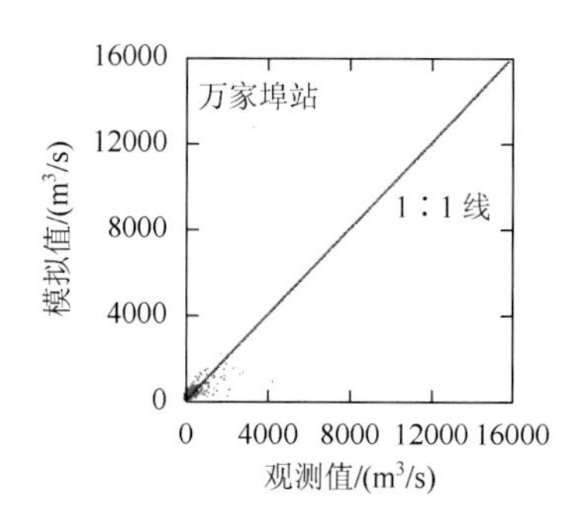

图 10-3　分布式水文模型 WATLAC 模拟“五河”径流率定（1986～1995 年）与验证（1996～2005 年）

表 10-3　分布式水文模型 WATLAC 模拟“五河”径流率定（1986～1995 年）与验证（1996～2005 年）结果评价

子流域	水文站点	率定期			验证期		
		E_{ns}	R^2	R_e/%	E_{ns}	R^2	R_e/%
赣江	外洲站	0.83	0.81	12.0	0.73	0.76	9.0
抚河	李家渡站	0.82	0.74	14.0	0.70	0.71	10.6
信江	梅港站	0.80	0.75	3.4	0.75	0.78	3.2
饶河	石镇街站	0.77	0.79	7.4	0.70	0.71	6.8
修水	万家埠站	0.75	0.70	11.0	0.71	0.71	13.6

10.2.4　水位预测模型

根据鄱阳湖水位变化的主要影响因素，基于已有数据资料开展 BP 神经网络模型的训练与测试。鄱阳湖水位预测的 BP 神经网络模型的输入层为流域“五河”径流（水文站资料）以及长江上游的气候条件（气象站资料），输出层为鄱阳湖湖口站水位（水文站资料），以此为目标变量来开展 BP 神经网络模型的训练与测试（图 10-4）。

对于未来气候变化下的湖泊水位预测，月水位变化的预测结果要比日水位变化的预测结果更具有客观性和可信度，因此，从湖泊月水位变化来开展分析研究。图 10-5 所示结果表明，BP 神经网络模型在训练期和测试期均取得了较好的水位动态模拟效果，客观地呈现了鄱阳湖月水位变化的基本特征，但在水位极值的模拟方面存在一定的误差，原因可能是鄱阳湖湖盆地形变化下水位数据序列的不一致性。总的来看，除了个别月份的低枯水位，BP 神经网络模型体现了其强大的预测模拟能力，训练期与测试期内月水位拟合的 R^2 和 E_{ns} 基本为 0.81～0.84（图 10-5）。从长期的水位预测目标来看，该模拟精度可以用于后期的水位预测需求。

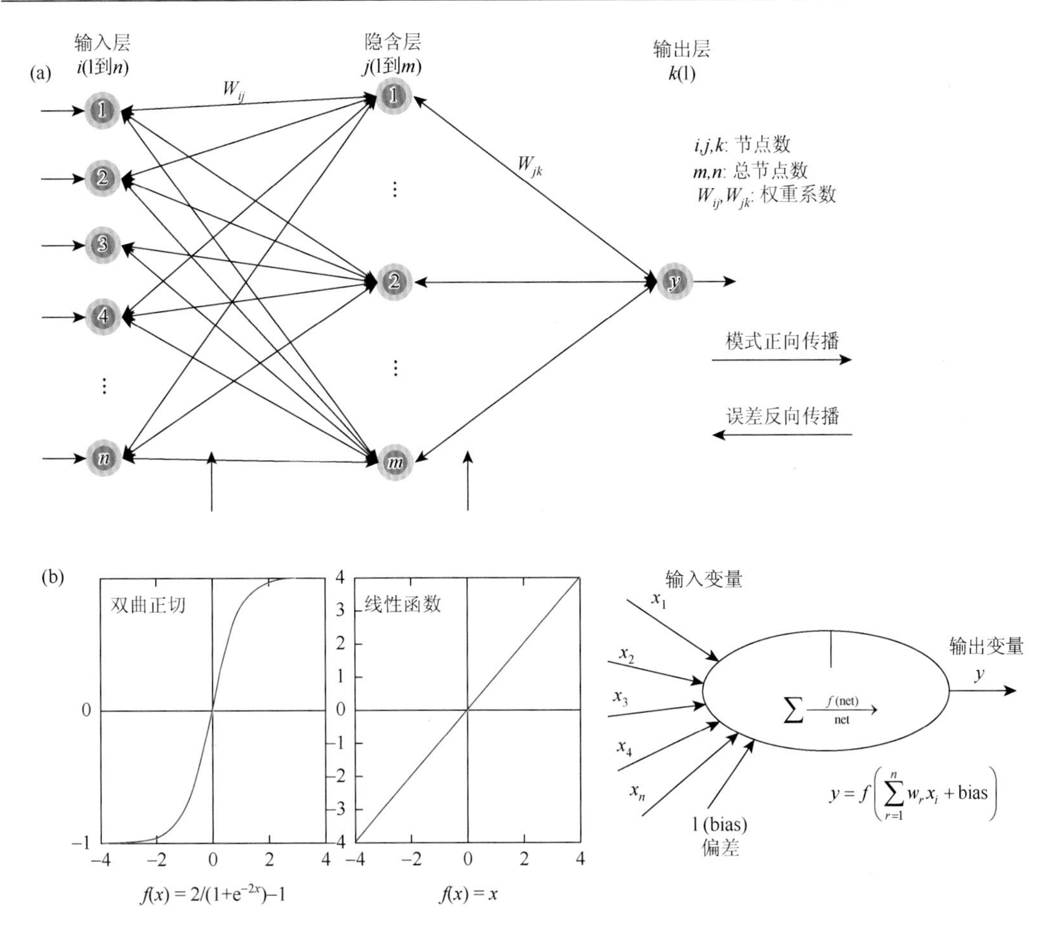

图 10-4　BP 神经网络水位预测模型基本结构（a）与传递函数（b）

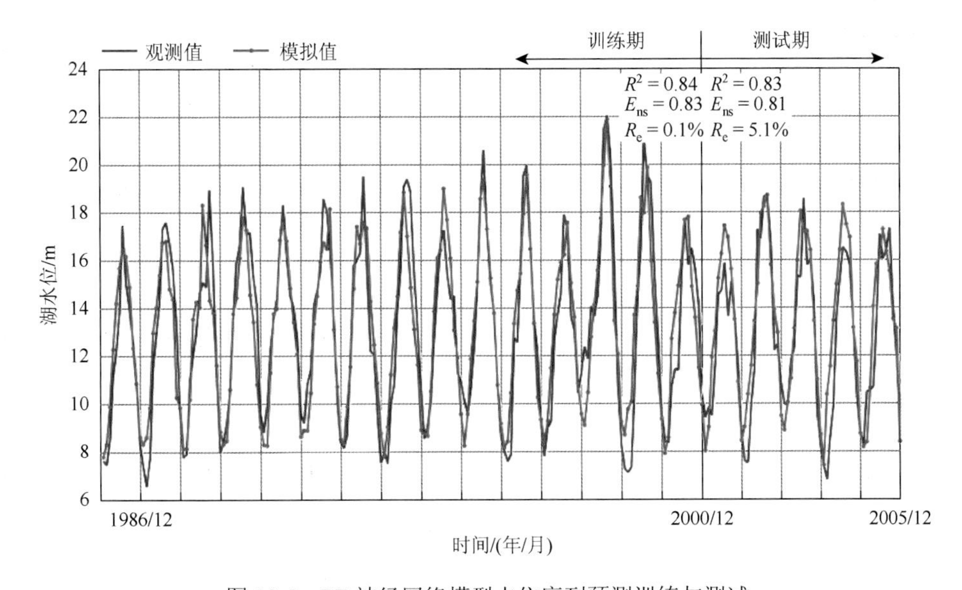

图 10-5　BP 神经网络模型水位序列预测训练与测试

10.3　流域径流未来变化趋势

10.3.1　降水和气温变化

COSMO-CLM 区域气候模式的预测结果表明（图 10-6），未来三种气候变化情景下（RCP2.6-低排放，RCP4.5-中排放和 RCP8.5-高排放），鄱阳湖流域“五河”未来月平均降水量的变化趋势与变化格局基本一致，但在不同气候情景下，月平均降水量的预测值存在明显差异，原因主要与气候模式的排放情景有关。总体来看，未来该地区的月平均降水量在年内 3～10 月呈增加趋势，其中，9 月和 10 月的最大增加幅度分别为 62%和 50%（RCP8.5 情景）。未来月平均降水量很有可能在秋末和冬季呈现减小趋势，最大的减小量分别发生在 11 月（18%）和 1 月（39%）。此外，从平均意义而言，未来三种气候变化情景下，鄱阳湖流域月平均降水量波动范围为 41～350mm，呈现了其年内的分配格局。相对于月平均降水量的变化，在不同气候变化情景作用下，未来月平均温度在年内呈现出较为一致的变化趋势，充分表明了鄱阳湖流域未来很有可能会出现暖冬和暖春现象。RCP2.6、RCP4.5

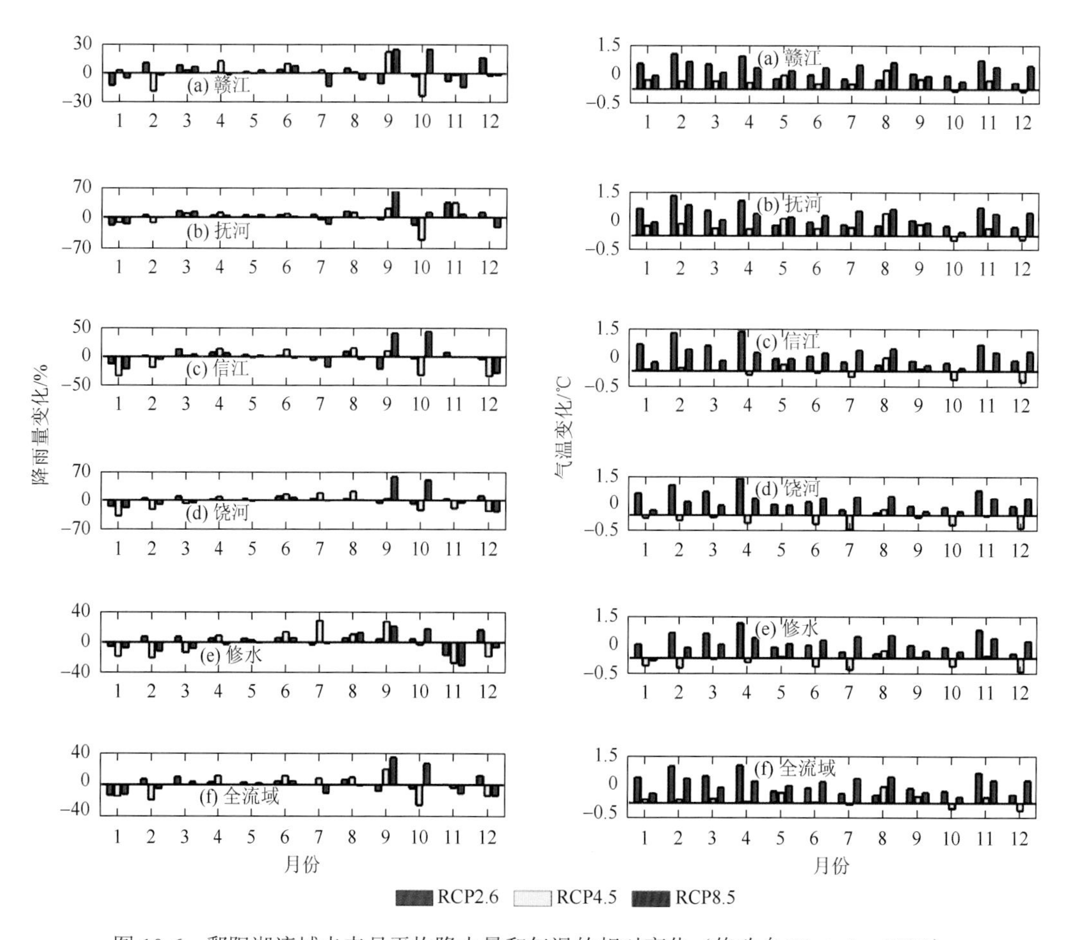

图 10-6　鄱阳湖流域未来月平均降水量和气温的相对变化（修改自 Li et al.，2016）

和 RCP8.5 三种情景预测结果显示，未来鄱阳湖流域平均气温分别会上升 0.3～1.4℃、0.2～0.7℃和 0.2～1.2℃，表明未来鄱阳湖流域将会进一步变暖。

空间上，大部分气象站点的未来年平均降水量呈增加趋势。相对于基准期，流域南部山区的增加幅度（>5%）要明显大于北部广大地区，且部分站点呈现出略为下降的变化趋势（图 10-7（a））。就不同气候排放情景的综合评估结果而言，鄱阳湖流域大部分气象站点的年平均气温呈明显的增加趋势（可大于 0.5℃），但部分站点的年平均气温则呈明显降低的变化趋势，如 RCP4.5 气候变化情景（图 10-7（b））。总体而言，鄱阳湖流域大部分地区的年平均降水量和年平均气温均呈增加趋势，近湖区的少部分地区呈略微下降趋势。

10.3.2 流域“五河”入湖径流变化

流域“五河”径流预测结果表明，在季节变化尺度上，“五河”径流在冬季呈明显减小趋势，减小幅度为–13%～–1%，这主要与冬季降水减少和温度升高密切相关（图 10-6）。此外，夏季“五河”径流增加趋势较为明显，而不同的气候情景影响下，春秋季节径流变化趋势略为复杂（图 10-8）。

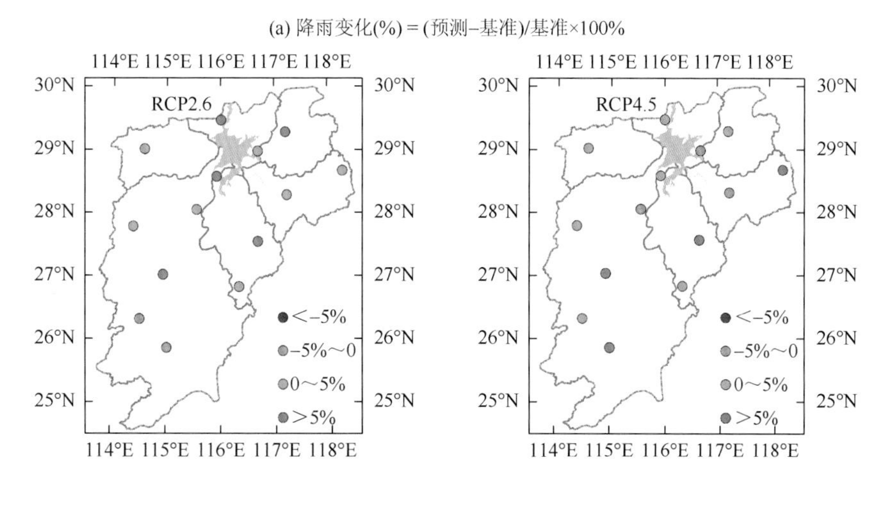

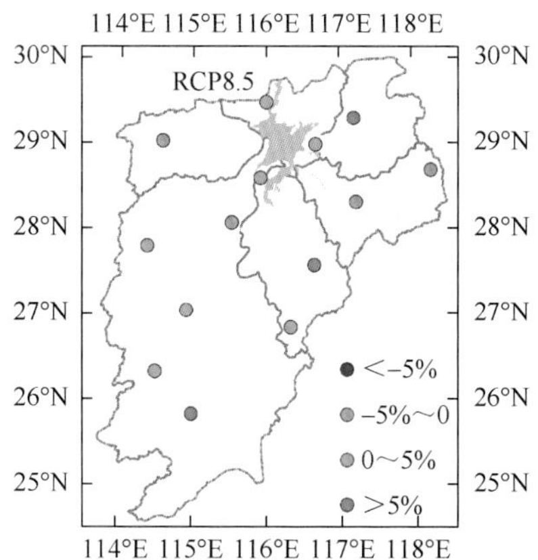

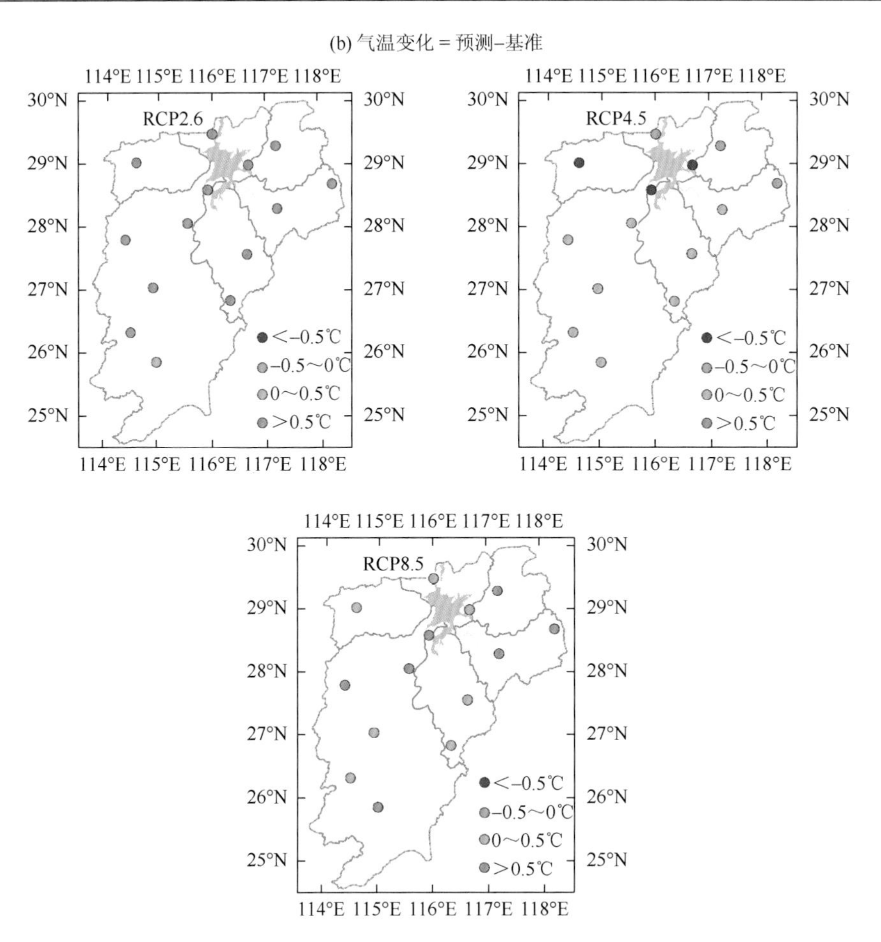

图 10-7　未来气候变化情景下鄱阳湖流域（a）年平均降水量和（b）年平均气温的相对变化（修改自 Li et al.，2016）

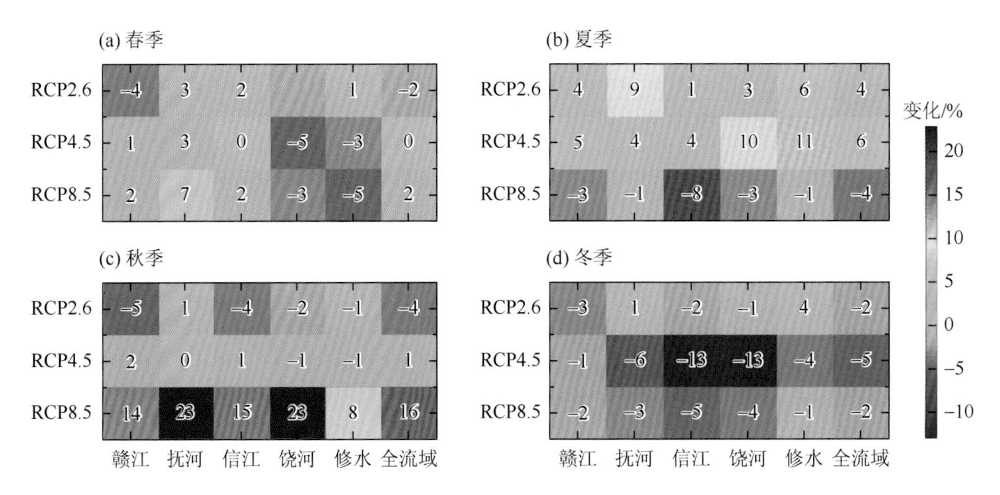

图 10-8　鄱阳湖流域“五河”未来径流的季节性相对变化（修改自 Li et al.，2016）

图 10-9 为三种不同情景下鄱阳湖流域“五河”未来月平均径流的相对变化。可见，RCP2.6

和 RCP4.5 的预测结果均表明未来夏季的径流呈现增加趋势，最大增幅可达 11%。对于整个鄱阳湖流域来说，其入湖平均径流变化范围为 2340～9100m^3/s。对于不同的子流域而言，“五河”月径流的变化趋势基本一致，也就是说，平均月径流在 1 月、2 月、7 月和 11 月呈明显地减少趋势，最大降幅可达 20%，而在 6 月的最大增幅可达 16%。总的来说，流域“五河”的未来月平均径流变化趋势既表现出时间尺度上的一致性，又表现出其区域尺度的空间变异性，这主要与降水和温度的空间分布特征有关。

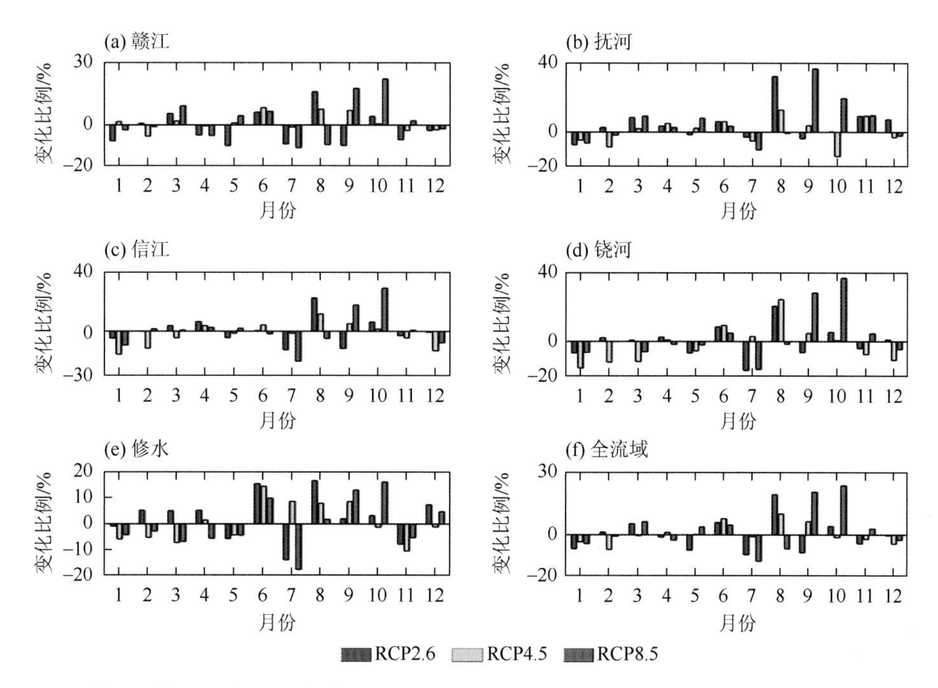

图 10-9　三种不同情景下鄱阳湖流域“五河”未来月平均径流的相对变化（修改自 Li et al.，2016）

从流域“五河”径流的极端水情特征而言，鄱阳湖流域未来很有可能会出现“洪季更洪，枯季更枯”的局面（图 10-10 和图 10-11）。“五河”径流概率分布曲线表明，未来“五

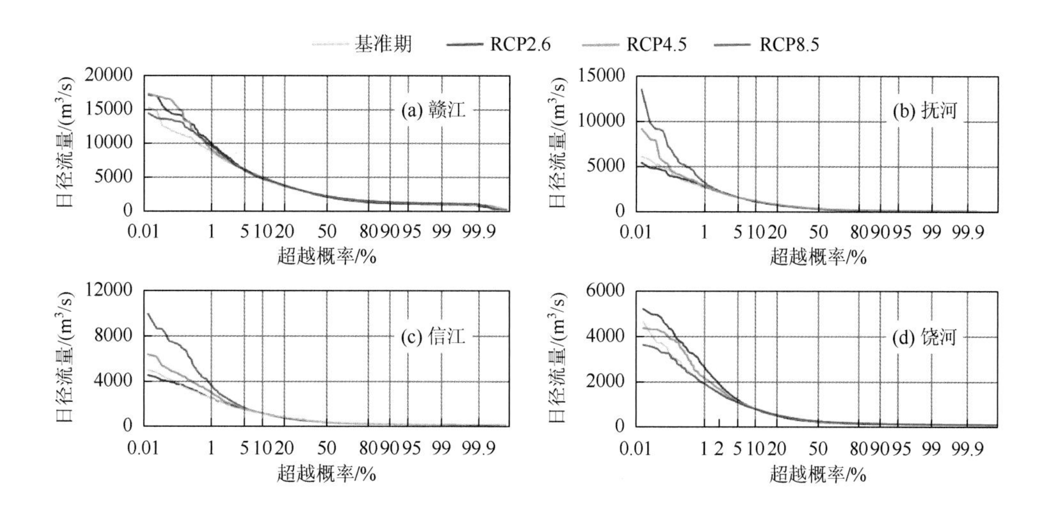

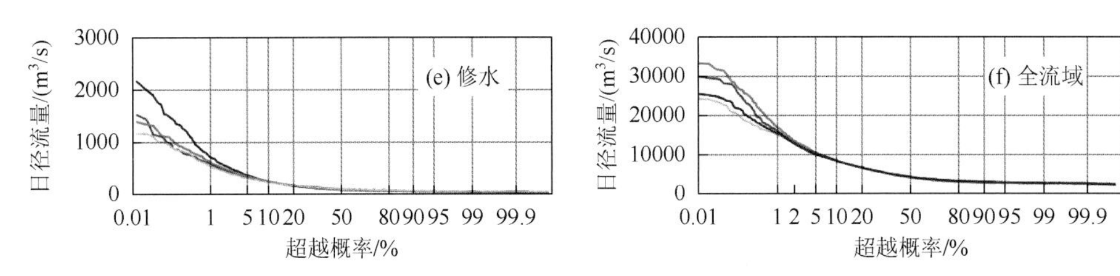

图 10-10　鄱阳湖流域“五河”未来径流变化预测的超越概率图（修改自 Li et al.，2016）

河”高洪流量有进一步增加的变化趋势，且“五河”高洪流量增加幅度不同，为 1000～10000m^3/s，流域洪水灾害很有可能会加剧。相比而言，鄱阳湖“五河”未来低枯流量的变化趋势不是非常明显（图 10-10）。用 Q10 分位数和 Q90 分位数来进一步表征鄱阳湖流域“五河”未来洪枯径流变化态势（图 10-11）。结果表明，受未来夏季径流增加和冬季径流减少的影响，未来流域“五河”汛期的洪峰流量（Q10 分位数）呈明显增加的变化趋势，且增加幅度同基准期相比要更为明显；而枯季的低枯流量（Q90 分位数）则呈减少的变化趋势。综上所述，鄱阳湖流域的水情特征可能会在洪旱季节表现得更为突出，洪水与干旱仍将是未来该地区所面临的严重水资源问题，这将为鄱阳湖流域水资源管理与优化配置带来威胁和挑战。

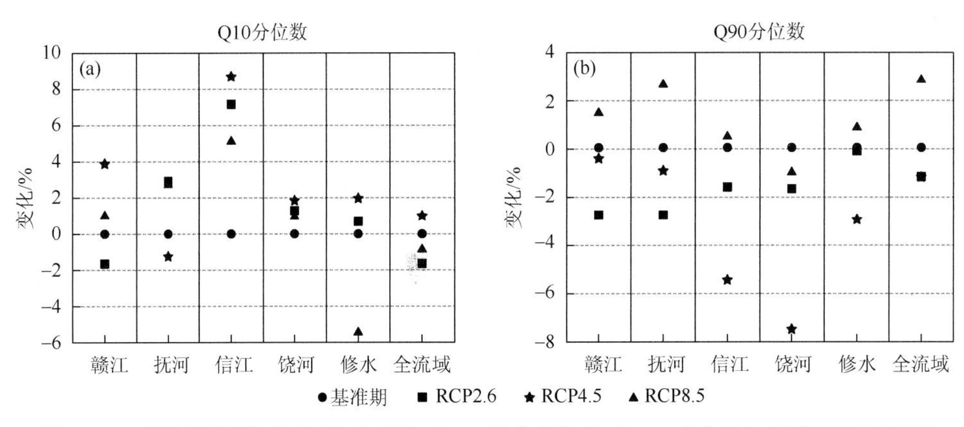

图 10-11　鄱阳湖流域“五河”未来洪（Q10 分位数）枯（Q90 分位数）径流预测变化图（修改自 Li et al.，2016）

10.4　湖泊水位变化

基于 BP 神经网络模型的预测结果表明，未来鄱阳湖洪水期水位将呈明显的增加趋势，水位增加主要集中在每年的 4～8 月，湖泊水位平均增幅约为 1.4m，枯水期的水位则呈降低的变化趋势，水位降低主要发生在每年 9 月至次年 3 月，水位平均降幅可达 1.1m，未来鄱阳湖区很有可能发生严重的洪旱灾害以及极端水文事件（图 10-12）。对比发现，未来湖泊水位变化最为明显的月份主要是在 5～6 月以及 10～11 月，这主要与上游流域“五河”来水以及长江水情变化特征密切相关。总体而言，在季节变化尺度上，湖泊水位与流域“五河”来水变化趋势基本保持一致（图 10-10 和图 10-11），表明流域“五河”径流变化对湖泊水位起到了重要的作用。从长时期的平均意义来看，鄱阳湖未来水位变化同样可能出现“洪季更洪，枯季更枯”的格局。

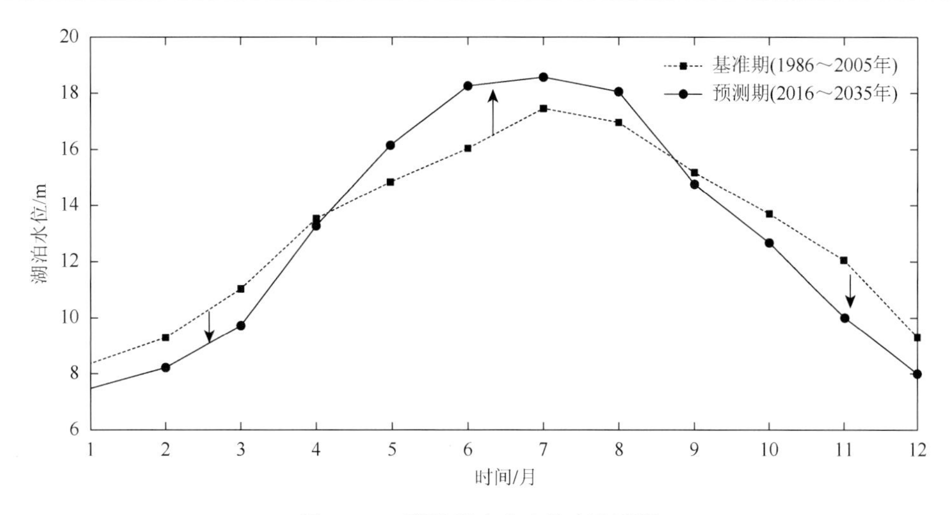

图 10-12　鄱阳湖未来水位变化预测

预测期水位为 RCP2.6、RCP4.5、RCP8.5 三种情景的平均值，箭头方向表示水位增加或者下降

10.5 小　　结

本章以气候变化下的水资源问题为研究核心，基于鄱阳湖气候-水文预测模拟的总体思路，依托区域气候模式、分布式水文模型以及统计预测模型等研究方法，重点通过流域降水和气温、流域“五河”径流以及湖泊水位等关键水文变量来预估鄱阳湖未来水文情势变化，为鄱阳湖洪旱灾害的防治与管理提供决策依据。主要得出以下几点结论。

（1）鄱阳湖流域未来月平均降水量变化范围为 41～350mm，降水量在年内的 3～10 月呈增加趋势，月平均降水量很有可能在秋末和冬季呈现减小趋势。鄱阳湖流域月平均气温在年内呈现出较为一致的变化趋势，未来很有可能会出现暖冬和暖春现象。RCP2.6、RCP4.5 和 RCP8.5 预测结果综合显示，未来鄱阳湖流域平均气温会分别上升 0.3～1.4℃，0.2～0.7℃和 0.2～1.2℃，鄱阳湖流域将会进一步变暖。

（2）流域“五河”未来月平均径流的变化趋势基本一致，月平均径流在 1 月、2 月、7 月和 11 月呈明显地减少趋势，最大降幅可达 20%，而在 6 月的最大增幅可达 16%。流域“五河”的未来月平均径流变化趋势既表现出时间尺度上的一致性，又表现出其区域尺度的空间变异性，这主要与降水和温度的空间分布特征有关。

（3）受未来夏季径流增加和冬季径流减少的影响，未来流域“五河”汛期的洪峰流量会有所增加，而枯季的低枯流量则呈减少的变化趋势。未来鄱阳湖洪水期水位将呈明显增加的趋势，湖泊水位平均增幅约为 1.4m，枯水期的水位则呈降低的趋势，水位平均降幅可达 1.1m。与流域“五河”来水变化趋势相同，鄱阳湖未来水位变化同样可能出现“洪季更洪，枯季更枯”的趋势，未来湖区洪旱灾害问题仍是该地区所面临的严重问题之一。

参 考 文 献

陶辉，黄金龙，翟建青，等. 2013. 长江流域气候变化高分辨率模拟与 RCP4.5 情景下的预估. 气候变化研究进展，9(4)：246-251.

Fischer T，Menz C，Su B D，et al. 2013. Simulated and projected climate extremes in the Zhujiang River Basin South China，using the regional climate model COSMO-CLM. International Journal of Climatology，33：2988-3001.

Huang J，Tao H，Fischer T，et al. 2015. Simulated and projected climate extremes in the Tarim River Basin using the regional climate model CCLM. Stochastic Environmental Research and Risk Assessment，29：2061-2071.

Li H B，Sheffield J，Wood E F. 2010. Bias correction of monthly precipitation and temperature fields from Intergovernmental Panel on Climate Change AR4 models using equidistant quantile matching. Journal of Geophysical Research，115：985-993.

Li Y L，Tao H，Yao J，et al. 2016. Application of a distributed catchment model to investigate hydrological impacts of climate change within Poyang Lake catchment（China）. Hydrology Research，47：120-135.

Schoetter R，Hoffmann P，Rechid D，et al. 2012. Evaluation and bias correction of regional climate model results using model evaluation measures. Journal of Applied Meteorology and Climatology，51：1670-1684.

Steppeler J，Doms G，Schattler U，et al. 2003. Meso-gamma scale forecasts using the non-hydrostatic model. Meteorology and Atmospheric Physics，82：75-96.

Teutschbein C，Seibert J. 2012. Bias correction of regional climate model simulations for hydrological climate-change impact studies: review and evaluation of different methods. Journal of Hydrology，456-457：12-29.

Wang W G，Shao Q X，Yang T，et al. 2013. Changes in daily temperature and precipitation extremes in the Yellow River Basin，China. Stochastic Environmental Research and Risk Assessment，27：401-421.

第 11 章　结语与展望

11.1　结　　语

鄱阳湖作为长江中游地区典型的大型通江湖泊，其水文情势变化与区域水、生态、环境、经济等诸多问题息息相关。在过去 60 年里，鄱阳湖水文情势已发生了不同程度的变化，尤其是近 10 年来的水文情势更是备受关注。气候变化对鄱阳湖流域水文要素产生了重要的影响，人类活动的叠加进一步导致了江湖关系的改变，进而使得鄱阳湖季节性洪旱问题以及洲滩湿地植被产生了不同的响应。本章对鄱阳湖气候、流域水文、湖泊水动力、湿地植被、水情预测等方面所取得的进展进行了梳理与总结，并展望未来的主要研究方向与着力突破的研究领域。

（1）2000 年后鄱阳湖水文情势发生显著变化。鄱阳湖水文情势变化的影响因素众多，在多因素叠加作用下年内和年际水位均呈现出不稳定的变化特征，且水位和水面积变化幅度较为明显。从长时列数据资料分析可知，湖口站、星子站、都昌站和康山站的平均水位均呈微弱的下降趋势，2000 年后鄱阳湖水文情势处于新的阶段，表现在湖泊水位显著偏低，水位下降趋势尤为明显，湖泊水面积呈减小趋势，且在该时期达到历史最低值。

统计发现，1953～2014 年，鄱阳湖空间不同站点的年平均水位变化斜率为–0.013～–0.002，表明湖区水位整体呈下降趋势。鄱阳湖年平均水位的最低值大多出现在 2000 年后，主要分布在 2005 年和 2011 年前后，低于历史其他年份平均值近 1m。此外，鄱阳湖水位变化在 2000 年前后存在着明显的突变特性，突变点主要出现在 2000 年、2001 年与 2003 年，达到了 95%的显著性水平，鄱阳湖水文情势已发生了新的变化，其主要受流域来水以及长江水情变化的影响。鄱阳湖水面积变差系数的波动范围为 26%～53%，表明鄱阳湖水面积年际变率较大。1991～2000 年，湖泊水面积正距平的年份有 8a，表明湖泊水面积总体偏高，该年代际的平均水面积约偏高 155km^2，而 2000 年后负距平的年份有 8a，湖泊水面积持续走低。其中，2011 年湖泊水面积距平更是达到整个历史序列的最低值，该年代际的平均水面积偏低了 213km^2。

（2）鄱阳湖流域蒸发和径流变化主要受气候变化的影响。1959～2012 年，鄱阳湖流域蒸发皿蒸发量在 1973 年出现突变点，且在 1995 年左右其下降趋势转为上升趋势。其中，鄱阳湖水体对蒸发皿蒸发量有显著的影响：较大气象因子变化率和敏感系数导致湖边蒸发皿蒸发量的变化趋势明显大于远离湖泊的台站。1960～2007 年，鄱阳湖流域的径流变化及其影响因素存在明显的时空差异性。从流域水热收支平衡的角度发现，相对于 20 世纪 60 年代，1970～2007 年径流的变化主要是气候变化引起的，人类活动对径流的影响起到了次要作用。

1959～1973 年，显著下降的气温是蒸发皿蒸发量下降的主导因子，其对蒸发皿蒸发量变化的贡献量为 81.4%；1974～1995 年，下降的风速和辐射是蒸发皿蒸发量下降的主导因素，其对蒸发皿蒸发量变化的贡献量分别为 55.4%和 50.9%；1996～2012 年，四个气象因子对蒸发皿蒸发量变化的贡献量大致相等。就径流而言，过去 50 年间气候变化引起的径流增加量为 75.3～261.7mm，其相对贡献量为 105%～212%；人类活动对径流变化的贡献量为 5.4%～56.3mm，其相对贡献量为–5%～–112%。值得注意的是，抚河流域由于人类用水的加剧，其 2000s 径流的减少主要是由人类活动引起的。

（3）三峡水库蓄水运行对长江干流径流影响显著。2003 年三峡水库运行后，水库通过调节长江中下游的季节流量直接影响江湖作用，叠加气候变化的影响使得江湖作用更加复杂。由于三峡水库蓄水引起的长江水位下降对鄱阳湖的排空作用明显，加剧了鄱阳湖枯水期的干旱程度。近 10 年来，长江倒灌频次与倒灌强度均呈显著下降趋势，但倒灌强度比倒灌频次呈现出更为显著的下降趋势，这主要与江湖关系影响下的长江水情变化密切相关。

数据分析表明，长江作用主要发生在 7～9 月，而鄱阳湖作用主要发生在 4～6 月，10 月的长江作用强于鄱阳湖作用，而 12 月～次年 3 月的鄱阳湖作用要强于长江作用，表明了江湖关系的季节性变化与转变。与三峡水库运行前相比，三峡水库运行后，长江干流 1～6 月流量有所增加，三峡水库放水造成的长江中游流量的增加可导致 4～6 月长江作用增强，同时长江流量 9～11 月的流量减小，特别是三峡水库 10 月的集中蓄水，使长江流量减小了 30%。这种影响在近坝区的宜昌站最为显著，在远坝区的大通站最为微弱。模拟结果显示，三峡工程显著改变了坝下长江干流的径流过程，5 月水库汛前腾空，径流量小幅上涨；9 月之后，水库蓄水，干流流量明显减少。情景模拟显示，三峡水库运行期间大约 5%下泄水量受到损失，这可能与水库渗流等因素有关。三峡工程导致鄱阳湖湖口秋季平均水位下降了约 2m，其对水文水动力的影响由湖口向湖区上游逐渐减弱，但影响距离可达康山湖区，加剧了枯水期鄱阳湖的低水位及干旱程度。

（4）鄱阳湖季节性低枯水位受其流域降水、长江来水和湖泊地形变化的共同影响。近 50 多年的水文数据表明，鄱阳湖的水位变化存在典型的年代差异。自 2000 年以来，水位下降趋势明显，低枯水位现象频发。鄱阳湖低水位主要为季节性低水，近年多表现为秋季低水，但春季低水在历史上也不鲜见。春季涨水期，流域起主要作用，长江影响相对较小；秋季退水期，长江则占绝对主导作用。从作用范围来看，流域的影响主要集中在上游河道区域，而长江的影响主要集中在入江通道并可影响至湖区中部。在 1963 年春季的低水位事件中，流域和长江的影响分别占 70%和 30%，而在 2006 年秋季的低水位事件中，二者比例分别约为 5%和 95%。

地形变化主要发生在北部入江通道，河道下切、展宽使得湖泊出流加快，水位下降，进一步加剧了水位低枯程度。地形变化对不同时期的水位影响范围和量级并不相同。水位越低，受地形变化影响越大。当湖口站为低于 9m 的低水位时，湖区内水位受地形影响降幅最大，为 1～2m，最大影响区为都昌站以北入江通道；当湖口站为 15m 以上的高水位时，水位降幅最大不超过 0.4m。地形变化使得 2006 年全年出湖总流量增加了 6%，对星子站秋季低水位的贡献约占 14.4%。

（5）鄱阳湖洪水主要受流域降水影响，长江高水位是洪水发生的必要条件。20 世纪 90 年代是鄱阳湖在洪水发生频率最多、危害程度最大的时期，这一方面是由于该时期长江中上游及鄱阳湖流域的大量降水；另一方面，剧烈的人类活动如湖区的围垦、上游植被破坏引起入湖泥沙增加等使鄱阳湖容积在 90 年代达到历史最小，这也是导致该时期大洪水频发的重要原因。2000 年以后，虽然降水减少是鄱阳湖洪水减少的主要原因，但剧烈的人类活动的影响比历史时期更强，退田还湖的实施、鄱阳湖采砂、入湖泥沙减少等增加了鄱阳湖的有效库容，再加之三峡工程的调控等对近 10 年洪水的减少也起到了重要作用。

同时，“五河”入流对鄱阳湖 4～5 月水位的影响最大，平均为 0.15～0.4m，而对 7～8 月水位的影响仅为 0.1～0.2m；长江来水对鄱阳湖 7～8 月水位的影响最大，平均为 0.75～2.6m，而对 4～5 月水位的影响为 0.1～0.5m。在 4～5 月，长江与“五河”对鄱阳湖水位的影响量基本接近，但“五河”引起的水位增加以湖中部地区最为明显，而长江对鄱阳湖北部入江通道区水位影响最大，往南影响量则逐渐减小。自 6 月以后，长江对鄱阳湖水位的影响（0.6～2.6m）远大于“五河”对其（0.1～0.25m）的影响程度。

（6）未来气候变化情景下，鄱阳湖湖区洪旱灾害可能呈进一步加剧态势。不同气候变化情景模拟结果显示，未来整个鄱阳湖流域的月平均气温在年内呈现出较为一致的变化趋势，该地区很有可能会出现暖冬和暖春现象。水文预测结果表明，未来流域“五河”的月径流变化趋势既表现出时间尺度上的一致性，又表现出其区域尺度上的空间变异性，这主要与气候模式预测的降水和气温变化有关，也是驱动流域水文过程的主要气候要素。总的来说，鄱阳湖流域“五河”来水与湖区水位均有可能出现“洪季更洪、枯季更枯”的变化趋势。

从 RCP2.6、RCP4.5 和 RCP8.5 预测结果可以得出，同基准年相比（1986～2005 年），2016～2035 年鄱阳湖流域平均气温会分别上升 0.3～1.4℃，0.2～0.7℃和 0.2～1.2℃，表明未来该流域总体上将会进一步变暖。流域“五河”月径流的年内变化趋势基本保持一致，平均月径流在 1 月、2 月、7 月和 11 月呈明显地减少趋势，最大降幅可达 20%，而在 6 月的最大增幅可至 16%。受未来流域夏季径流增加以及冬季径流减少的影响，流域“五河”汛期的洪峰流量会有所增加，而枯季的低枯流量则呈减少的变化趋势。此外，未来鄱阳湖洪水期的水位将呈明显的增加趋势，湖泊水位平均增幅约为 1.4m，枯水期的水位则呈降低趋势，水位平均降幅可达 1.1m。因此，在未来气候变化影响下，鄱阳湖地区的洪旱问题很有可能会进一步加剧，对该地区的水资源与生态环境等将会带来严重威胁。

（7）鄱阳湖洲滩湿地植被分布受湖泊水位和湿地地下水埋深的共同作用。从整个鄱阳湖湿地来看，21 世纪以来，上游来水减少以及三峡水库蓄水等导致鄱阳湖丰水期水位下降及枯水期提前等水文变化，给湿地植被带来了一系列的影响，如高滩地植被退化，水陆过渡带局部植被发生演替，低滩地新出露的区域水生植被减少等。从典型断面来看，鄱阳湖湿地植物群落的空间结构主要受地下水埋深、土壤含水量和养分元素的影响，影响大小表现为水文要素＞pH＞土壤养分。不同水文情势下，植物群落补给水分来源和蒸腾用水存在显著差异。茵陈蒿群落丰水年以地下水补给为主，而平、枯水年以降水和土壤水储量为主要补给源；芦苇群落丰、平、枯水年分别以湖水、湖水和地下水、地下水和降水补给为主；灰化薹草群落各水文年都以降水和土壤水储量补给为主。

鄱阳湖湿地三种优势植物群落空间分布的最适淹水历时为藜蒿群落（129d）＜南荻群落（148d）＜苔草群落（162d）；最适淹没深度同样为藜蒿群落（0.7m）＜南荻群落（1.1m）＜苔草群落（1.4m）；而最适淹水频率则无明显区别。高水位 2012 年生长旺季，地下水最大可提供茵陈蒿群落蒸腾的全部水分，湖水和地下水对芦苇群落蒸腾的贡献率达 97%；而低水位 2013 年，地下水对茵陈蒿群落蒸腾用水的贡献率仅为 6%，对芦苇群落的贡献率为 79%。地下水补给量对茵陈蒿群落和芦苇群落植被蒸腾的贡献率与地下水埋深均呈负线性关系，生长旺季地下水位每下降 1m，贡献率降低 25%。

11.2 展　　望

本书围绕通江湖泊所关注的热点问题以及区域的重大科学问题，以大型河-湖-江系统为研究对象，分析了鄱阳湖流域气象水文变化及其影响因素；评估了长江干流径流情势的演变特征以及近年来江湖关系变化的成因；定量分辨了流域和长江水情变化对通江湖泊水量平衡以及水文水动力过程的影响方式与程度；阐释了通江湖泊洪水与干旱事件的发生特征与形成机制；揭示了关键水文、气象及土壤因子对洲滩湿地优势植物群落生态用水过程的驱动机制；对河-湖-江相互作用机理与水文生态效应等方面有了新的认识。

本书主要结合数理统计模型、水文水动力联合模型、遥感反演以及界面水分交换运移模拟等综合方法，研究鄱阳湖及其流域水循环、湿地生态变化问题，取得了较为全面的认识和理解。尽管如此，本书仍然存在很多科学问题有待于进一步探索。本节对需要探索和深入研究的科学问题进行分析归纳，并就今后的研究发展方向和可能取得的突破途径与方式等进行展望。

（1）加强区域水热收支状况的研究，多角度深入探讨流域气候变化及人类活动对湖泊-流域水循环的影响机理。长期以来，人们都是基于物理成因一致的长期观测资料来认识水文规律，分析水资源变化。然而随着气候变化以及人类社会经济的发展，水文水资源系统正发生着显著的变化。作为当前国家和地方正在实施的环鄱阳湖生态经济区建设和“山江湖”综合开发战略的重要区域，其气候和下垫面正在发生显著的改变。人类活动作为主导因素所导致的土地利用/覆盖变化（LUCC），通过改变下垫面的物理特性（粗糙度、反照率、土壤含水量等）而影响流域内地表和大气之间的水分和能量交换，进而影响湖泊-流域生态水文过程。全国森林资源调查结果显示，该区域的森林覆盖率从 20 世纪 80 年代初的 31.5%上升到了 2012 年的 63%。因此，在探讨鄱阳湖湖泊-流域水资源变化机理研究中，应多角度地分析流域水文循环的驱动因子，尤其是加强对区域水热收支状况的研究，从而深入探讨流域植被覆盖、农业活动等人类活动对湖泊-流域水循环的影响机理。

此外，当前由于全球气候变暖、城市化进程加快使得水循环速率加快，水循环系统的稳定性降低，干旱、洪涝以及旱涝交替等极端气候事件呈现出广发、频发的态势，对人类的生命、生活和社会经济发展等产生了严重的影响。鄱阳湖河-湖关系复杂、流域面积巨大、湖泊水情对“五河”入流变化敏感，流域上旱涝状况的时空分布对湖区水情有着重要的影响。因此，研究鄱阳湖流域极端气候事件对流域水循环的影响机理，探讨其对水循环过程的“累积”和“滞后”效应是合理评估极端气候事件对湖泊-流域水循环过程影响的重要内容。

（2）深入研究长江与湖泊的水文连通性及水文水动力效应。江湖交汇区是鄱阳湖与长江相互联系、相互作用、相互影响的纽带，是江湖水沙、物质、能量连通及交换的重要通道，受鄱阳湖流域和长江流域气候变化及人类活动的共同影响。三峡工程的运行改变了长江流量的季节分配，使得干流河道持续冲刷，同时，鄱阳湖大规模采砂活动使得入江通道地形下切严重，这些变化均促使长江的顶托和拉空作用发生了相应的调整。江湖交汇区即是受江湖作用变化最强烈的区域。

受江湖作用变化影响，江湖交汇区的水流结构及水沙交换均发生了重大变化，这对江湖调蓄能力、水生生物的多样性、江湖湿地生态环境的稳定性、水资源的保护与开发等方面都有着非常重要的影响。因此，辨析江湖关系变化和湖区人类活动等因素对江湖交汇区水文连通性的影响，研究其进一步对湖区水动力、泥沙、营养盐、藻类、水生生物的运移和时空分布等影响，阐明湖区水量与水生态环境对江湖水文连通性变化的适应机制等，是未来研究鄱阳湖江湖变化水文水动力效应的重要方向。

（3）完善湿地生态水文多过程观测，创新研发洲滩湿地水文与生态耦合模型。湿地的植被特征和空间分布是多种环境要素综合作用的结果，但其他环境因子对植被的影响也不容忽视，如土壤盐度、氧化还原环境、泥沙沉积、淹水历时等。此外，考虑植被根系吸水的一维界面水分交换运移模型仅有植被对水文过程的单向影响是不完整的，湿地生态水文过程研究还应考虑水文过程对植被光合作用、呼吸代谢、分解代谢及蒸腾作用等的影响，并描述植被动态变化对水文过程的反馈。

因此，湿地生态水文模型应充分描述植被与水文过程相互作用和互为反馈的机制。一方面，水循环过程尤其是土壤水的时空变化决定了植被的生长动态、形态功能和空间分布格局；另一方面，植被通过生物物理过程与生物化学循环过程作用于水循环过程。因此，未来应自主研发水文过程与植被生长以及竞争双向耦合模型。植被为水文模型提供动态变化的叶面积指数、根系深度、枯枝落叶层厚度等，水文模拟为生态过程模拟提供土壤含水量的动态变化等。在模型机理上充分考虑了水分与植被的互馈机制，为研究湿地水文与植被演替和恢复过程的作用机理提供有效的手段。基于内部耦合模型，研究长期水文条件变化对湿地植被演替规律和恢复过程的影响机理，是当前气候变化背景下湿地保护和重建中亟须解决的关键问题。

（4）加强流域污染物输移与河湖水生态环境效应研究。鄱阳湖为江西省湖区居民生活、农业灌溉和工业生产等提供了重要的淡水资源，湖泊水生态环境状态关乎生产生活用水安全与生态服务功能的正常发挥。根据1980年以来鄱阳湖水环境的监测结果，鄱阳湖处于水环境变差、局部湖区轻-中度富营养化的状态中，这反映了流域污染物输入、气象水文条件变化与人类活动等综合作用的结果。时间尺度上，由于气象水文条件、污染物来源与农业活动等的变化，河流水质呈现较大的年内和年际变化；空间尺度上，由于气象水文条件、土地利用、土壤类型、农业耕作方式和人类活动强度等的差异，河流水质具有空间变化。由于流域污染物输入、湖区水量、水文水动力条件、人类活动、湿地分布等因素的变化，湖泊水生态环境也具有较大的时空变化。

气候变化与人类活动在一定程度上改变了流域水文过程与鄱阳湖水文情势，进而影响了污染物输移和转化。流域-湿地-湖泊系统水文过程、营养盐输移与生物地球化学过程是入湖河流与鄱阳湖水生态环境的主要影响因素。未来需要加强对流域-湿地-湖泊综合系统水文与污染物迁移转化的研究；开展气象、水文、水质、水生态要素的原位高频监测；构建包含流域水文与污染物输移转化模拟、湿地生态水文与生物地球化学过程模拟、湖泊水动力水质模拟的综合模拟平台；揭示水文过程与碳、氮、磷等生源要素输移降解的时空变化；预测入湖河流与鄱阳湖水量水质对气象水文条件和人类活动变化的响应，为鄱阳湖流域综合管理和水生态环境保护提供科学参考。

（5）注重湖泊与流域的整体化研究，支撑湖泊流域综合管理。湖泊流域研究是一个复杂的系统问题，不同专业背景的研究人员虽有合作，但多学科交叉与综合研究尚不够充分，缺乏从整体上对湖泊流域诸多过程的定量描述。在目标导向的基础上，应充分考虑区域管理的问题，尤其是水-生态-经济的综合协调管理、自然过程与人类活动的耦合机理等。这些问题促使我们从水资源整体的观念、从系统的视角来开展未来的科学研究。

对于鄱阳湖这样一个受多过程交互作用影响的通江湖泊系统而言，湖泊-流域-长江之间的水文水动力过程联合模拟对于有效管理区域水资源具有重要的理论与实践意义。尽管目前在湖泊水文情势各个影响因素的贡献分量研究方面取得了一些客观认识，对该系统的过程和机理有了颇为深入的理解，但对系统各组分的刻画仍较为零散。亟需从湖泊-流域系统出发，发展自然和人为过程耦合的模拟模型，预测气候变化和流域开发双重作用下，流域水与物质的通量变化及其对湖泊水环境和水生态的影响，为湖泊-流域综合管理，保障流域的可持续发展提供支撑。